高职高专"十一五"规划教材

C#程序设计项目实训教程

CHENGXU SHEJI
XIANGMU SHIXUN JIAOCHENG

黄锐军　编著

化学工业出版社

·北京·

本书根据高职高专的教学特点，用项目驱动的方式进行编排和讲解，全书包含八个项目及一个综合项目，每个单元都设计成案例展示、技术要点、程序设计、模拟训练、应用拓展等几个部分，使读者在明确要完成一个任务的前提下去学习知识，训练技能，边学边做，不断学习与提高，实践性很强。

本书通过大量的项目案例，主要介绍了 C#语言基础知识、分支程序的设计、各种循环程序的设计方法与语句结构、数组的应用、函数的设计、面向对象的程序设计方法、文件操作、用库存储类与数据访问类两种访问数据库的方法等知识。同时书中还配有大量练习，希望通过这些练习能进一步锻炼和培养读者编程的能力。本书的所有案例都在 Visual Studio 2005 的集成环境下运行通过。

本书主要作为高职高专计算机专业的教材，也可以作为计算机培训教材和相关技术人员参考。

图书在版编目(CIP)数据

C#程序设计项目实训教程/黄锐军编著. —北京：化学工业出版社，2010.1
高职高专"十一五"规划教材
ISBN 978-7-122-07522-2

Ⅰ. C⋯ Ⅱ. 黄⋯ Ⅲ. C语言-程序设计-高等学校：技术学院-教材 Ⅳ. TP312

中国版本图书馆 CIP 数据核字（2010）第 000330 号

责任编辑：王听讲　　　　　　　　　　文字编辑：陈　元
责任校对：战河红　　　　　　　　　　装帧设计：刘丽华

出版发行：化学工业出版社（北京市东城区青年湖南街 13 号　邮政编码 100011）
印　　装：化学工业出版社印刷厂
787mm×1092mm　1/16　印张 19¾　字数 514 千字　2010 年 2 月北京第 1 版第 1 次印刷

购书咨询：010-64518888（传真：010-64519686）　　售后服务：010-64518899
网　　址：http：//www.cip.com.cn

凡购买本书，如有缺损质量问题，本社销售中心负责调换。

定　价：36.00 元　　　　　　　　　　　　　　　　　　　版权所有　违者必究

前　言

　　C#语言是微软.Net技术的核心编程语言，它继承了C语言的编程风格，语法严谨、功能强大、内容丰富、使用灵活方便，既可以编写Windows桌面程序，又可以编写Web网络程序，可视化效果好、编程速度快，所以得到广泛应用。这本书以项目化、工作过程化的方式，深入浅出地介绍了C#语言的Windows程序开发方法，读者可以把它作为学习C#程序设计的基础教材。

　　要学好一门语言，不应该拘泥于该语言的语法细节，重点是要大量使用该语言来编写程序，从实践中来学习与巩固它的基本知识。因此本书的特点是实践性强，采用项目驱动的方式讲解要掌握的知识与内容，每个单元都设计成案例展示、技术要点、程序设计、模拟训练、应用拓展等几个部分，使读者在明确要完成一个任务的前提下去学习知识，训练技能，边学边做，不断学习与提高。同时书中还配有大量练习，希望通过这些练习能进一步锻炼和培养读者编程的能力。本书的所有案例都在Visual Studio 2005的集成环境下运行通过。

　　全书包含八个项目及一个综合项目。项目实训1是一个完成学生成绩统计的项目，主要介绍了C#语言基础知识。项目实训2是一个所得税计算器的项目，主要介绍了分支程序的设计。项目实训3是关于整数分解的项目，介绍了各种循环程序的设计方法与语句结构。项目实训4是关于单词统计的项目，主要介绍了数组的应用。项目实训5是自编日历的项目，介绍了函数的设计。项目实训6是有关学生信息管理的项目，介绍了面向对象的程序设计方法。项目实训7是一个记事本程序的项目，介绍了文件操作。项目实训8是有关学生记录管理的项目，介绍了用库存储类与数据访问类两种访问数据库的方法。综合实训设计了一个日记本程序，讲解了综合应用C#开发Windows的基本方法，目的是巩固所学的知识，重点培养读者的编程能力。

　　本书可以作为高职高专计算机相关专业的教材，建议总学时安排在60~80学时之间，其中讲授与上机实习的学时比例在1:1左右。读者可以到化学工业出版社教学资源网站（http://www.cipedu.com.cn）免费下载使用本书的相关资源和电子教案。

　　本书在编写过程中得到了田维琪、曾月芬、余珊珊、黄兵、曾子英、黄晓羽、赖唤勇、黄博建、黄子昱等人的帮助，在此表示衷心的感谢！

　　由于作者水平有限，书中难免有些不足之处，敬请广大读者批评指正。

黄锐军

2009年10月于深圳

目 录

项目实训 1 学生成绩统计 ... 1
项目案例 1.1 学生信息输入输出 ... 1
1.1.1 案例展示 ... 1
1.1.2 技术要点 ... 1
1.1.3 程序设计 ... 4
1.1.4 模仿训练 ... 7
1.1.5 应用拓展 ... 8
项目案例 1.2 学生平均成绩计算 ... 8
1.2.1 案例展示 ... 8
1.2.2 技术要点 ... 9
1.2.3 程序设计 ... 11
1.2.4 模仿训练 ... 12
1.2.5 应用拓展 ... 12
项目案例 1.3 学生成绩累计计算 ... 14
1.3.1 案例展示 ... 14
1.3.2 技术要点 ... 14
1.3.3 程序设计 ... 15
1.3.4 模仿训练 ... 16
1.3.5 应用拓展 ... 17
项目案例 1.4 字符与字符编码 ... 18
1.4.1 案例展示 ... 18
1.4.2 技术要点 ... 18
1.4.3 程序设计 ... 20
1.4.4 模拟训练 ... 20
1.4.5 应用拓展 ... 20
实训 1 学生成绩统计程序 ... 21
练习题 ... 23

项目实训 2 所得税计算器 ... 24
项目案例 2.1 所得税缴纳情况判断 ... 24
2.1.1 案例展示 ... 24
2.1.2 技术要点 ... 24
2.1.3 程序设计 ... 27
2.1.4 模仿训练 ... 27
2.1.5 应用拓展 ... 28

项目案例 2.2　所得税最高税率判断 28
 2.2.1　案例展示 28
 2.2.2　技术要点 28
 2.2.3　程序设计 30
 2.2.4　模仿训练 31
 2.2.5　应用拓展 32
项目案例 2.3　所得税输入异常捕捉 33
 2.3.1　案例展示 33
 2.3.2　技术要点 33
 2.3.3　程序设计 34
 2.3.4　模仿训练 35
 2.3.5　应用拓展 35
项目案例 2.4　所得税覆盖税率判断 36
 2.4.1　案例展示 36
 2.4.2　技术要点 37
 2.4.3　程序设计 37
 2.4.4　模仿训练 39
 2.4.5　应用拓展 40
实训 2　所得税计算器程序 41
练习题 43

项目实训 3　整数的分解 45

项目案例 3.1　整数的因数分解 45
 3.1.1　案例展示 45
 3.1.2　技术要点 45
 3.1.3　程序设计 47
 3.1.4　模拟训练 47
 3.1.5　应用拓展 48
项目案例 3.2　整数是否是素数的判断 49
 3.2.1　案例展示 49
 3.2.2　技术要点 49
 3.2.3　程序设计 52
 3.2.4　模拟训练 53
 3.2.5　应用拓展 53
项目案例 3.3　整数的素数因数分解 54
 3.3.1　案例展示 54
 3.3.2　技术要点 54
 3.3.3　程序设计 56
 3.3.4　模拟训练 57
 3.3.5　应用拓展 57
实训 3　整数的分解 58

练习题 ... 61

项目实训 4 单词统计 ... 62

项目案例 4.1 字符数组与字符串转换 ... 62
4.1.1 案例展示 ... 62
4.1.2 技术要点 ... 62
4.1.3 程序设计 ... 63
4.1.4 模拟训练 ... 64
4.1.5 应用拓展 ... 64

项目案例 4.2 字母统计与 ListBox 列表显示 ... 66
4.2.1 案例展示 ... 66
4.2.2 技术要点 ... 66
4.2.3 程序设计 ... 67
4.2.4 模拟训练 ... 68
4.2.5 应用拓展 ... 69

项目案例 4.3 字母统计与数组排序 ... 72
4.3.1 案例展示 ... 72
4.3.2 技术要点 ... 72
4.3.3 程序设计 ... 74
4.3.4 模拟训练 ... 76
4.3.5 应用拓展 ... 76

项目案例 4.4 字母统计与 ListView 列表显示 ... 77
4.4.1 案例展示 ... 77
4.4.2 技术要点 ... 77
4.4.3 程序设计 ... 80
4.4.4 模拟训练 ... 81
4.4.5 应用拓展 ... 81

项目案例 4.5 单词统计与动态存储 ... 83
4.5.1 案例展示 ... 83
4.5.2 技术要点 ... 83
4.5.3 程序设计 ... 84
4.5.4 模拟训练 ... 86
4.5.5 应用拓展 ... 86

实训 4 单词统计程序 ... 88

练习题 ... 92

项目实训 5 我的日历 ... 94

项目案例 5.1 日历某年是否是闰年的判断 ... 94
5.1.1 案例展示 ... 94
5.1.2 技术要点 ... 94
5.1.3 程序设计 ... 97
5.1.4 模拟训练 ... 98

  5.1.5　应用拓展 ··· 99

 项目案例 5.2　日历某日期是第几天的计算 ··· 100
  5.2.1　案例展示 ·· 100
  5.2.2　技术要点 ·· 100
  5.2.3　程序设计 ·· 102
  5.2.4　模拟训练 ·· 104
  5.2.5　应用拓展 ·· 105

 项目案例 5.3　日历某日期是星期几的计算 ··· 107
  5.3.1　案例展示 ·· 107
  5.3.2　技术要点 ·· 107
  5.3.3　程序设计 ·· 109
  5.3.4　模拟训练 ·· 112
  5.3.5　应用拓展 ·· 115

 项目案例 5.4　日历与时间的显示 ··· 116
  5.4.1　案例展示 ·· 116
  5.4.2　技术要点 ·· 116
  5.4.3　程序设计 ·· 118
  5.4.4　模拟训练 ·· 121
  5.4.5　应用拓展 ·· 122

 实训 5　我的日历程序 ·· 123
 练习题 ·· 128

项目实训 6　学生信息管理 ·· 129

 项目案例 6.1　学生类与对象的建立 ··· 129
  6.1.1　案例展示 ·· 129
  6.1.2　技术要点 ·· 129
  6.1.3　程序设计 ·· 134
  6.1.4　模拟训练 ·· 135
  6.1.5　应用拓展 ·· 136

 项目案例 6.2　学生类的变量与属性 ··· 137
  6.2.1　案例展示 ·· 137
  6.2.2　技术要点 ·· 137
  6.2.3　程序设计 ·· 139
  6.2.4　模拟训练 ·· 141
  6.2.5　应用拓展 ·· 142

 项目案例 6.3　学生类的继承与派生 ··· 143
  6.3.1　案例展示 ·· 143
  6.3.2　技术要点 ·· 143
  6.3.3　程序设计 ·· 146
  6.3.4　模拟训练 ·· 150
  6.3.5　应用拓展 ·· 152

项目案例 6.4 学生类的照片处理 ··· 153
 6.4.1 案例展示 ··· 153
 6.4.2 技术要点 ··· 153
 6.4.3 程序设计 ··· 155
 6.4.4 模拟训练 ··· 158
 6.4.5 应用拓展 ··· 160
项目案例 6.5 学生类对象与数组存储 ··· 160
 6.5.1 案例展示 ··· 160
 6.5.2 技术要点 ··· 160
 6.5.3 程序设计 ··· 162
 6.5.4 模拟训练 ··· 164
 6.5.5 应用拓展 ··· 165
项目案例 6.6 学生类对象与列表存储 ··· 166
 6.6.1 案例展示 ··· 166
 6.6.2 技术要点 ··· 166
 6.6.3 程序设计 ··· 167
 6.6.4 模拟训练 ··· 171
 6.6.5 应用拓展 ··· 172
项目案例 6.7 学生信息对话框的建立 ··· 172
 6.7.1 案例展示 ··· 172
 6.7.2 技术要点 ··· 172
 6.7.3 程序设计 ··· 175
 6.7.4 模拟训练 ··· 178
 6.7.5 应用拓展 ··· 179
实训 6 学生信息管理程序 ·· 180
练习题 ··· 189

项目实训 7 我的记事本 ··· 191
项目案例 7.1 记事本程序文件的读写 ··· 191
 7.1.1 案例展示 ··· 191
 7.1.2 技术要点 ··· 191
 7.1.3 程序设计 ··· 193
 7.1.4 模拟训练 ··· 194
 7.1.5 应用拓展 ··· 195
项目案例 7.2 记事本程序的菜单设计 ··· 197
 7.2.1 案例展示 ··· 197
 7.2.2 技术要点 ··· 197
 7.2.3 程序设计 ··· 199
 7.2.4 模拟训练 ··· 201
 7.2.5 应用拓展 ··· 202
项目案例 7.3 记事本程序工具栏与状态栏设计 ··························· 203

  7.3.1 案例展示 ·· 203
  7.3.2 技术要点 ·· 203
  7.3.3 程序设计 ·· 205
  7.3.4 模拟训练 ·· 207
  7.3.5 应用拓展 ·· 207
 项目案例 7.4 　记事本程序的模态对话框设计 ·· 209
  7.4.1 案例展示 ·· 209
  7.4.2 技术要点 ·· 209
  7.4.3 程序设计 ·· 210
  7.4.4 模拟训练 ·· 211
  7.4.5 应用拓展 ·· 212
 项目案例 7.5 　记事本程序的非模态对话框设计 ·· 213
  7.5.1 案例展示 ·· 213
  7.5.2 技术要点 ·· 213
  7.5.3 程序设计 ·· 214
  7.5.4 模拟训练 ·· 217
  7.5.5 应用拓展 ·· 218
 实训 7 　我的记事本程序 ·· 220
 练习题 ··· 233
项目实训 8 　学生记录管理 ·· 236
 项目案例 8.1 　学生记录的数据访问类读取 ·· 236
  8.1.1 案例展示 ·· 236
  8.1.2 技术要点 ·· 236
  8.1.3 程序设计 ·· 239
  8.1.4 模拟训练 ·· 241
  8.1.5 应用拓展 ·· 242
 项目案例 8.2 　学生记录的数据访问类更新 ·· 244
  8.2.1 案例展示 ·· 244
  8.2.2 技术要点 ·· 244
  8.2.3 程序设计 ·· 245
  8.2.4 模拟训练 ·· 247
  8.2.5 应用拓展 ·· 249
 项目案例 8.3 　学生记录的数据存储类读取 ·· 251
  8.3.1 案例展示 ·· 251
  8.3.2 技术要点 ·· 251
  8.3.3 程序设计 ·· 253
  8.3.4 模拟训练 ·· 255
  8.3.5 应用拓展 ·· 256
 项目案例 8.4 　学生记录的数据存储类更新 ·· 257
  8.4.1 案例展示 ·· 257

  8.4.2 技术要点……257
  8.4.3 程序设计……259
  8.4.4 模拟训练……262
  8.4.5 应用拓展……263
 实训 8 学生信息管理程序……264
 练习题……274
综合实训 我的日记本……277
 实训 1 基于磁盘文件存储的"我的日记本"……277
 实训 2 基于数据库存储的"我的日记本"……294
参考文献……306

项目实训 1　学生成绩统计

项目功能：统计学生的平价成绩、总成绩等。
学习范围：语言基础、Windows 程序基本控件的使用、数据类型、信息输入输出对话框、数据类型转换、算术计算。
练习内容：针对该知识与能力范围的知识练习与多个项目实训练习。

项目案例 1.1　学生信息输入输出

1.1.1　案例展示

编写一个 C#程序，输入学生的学号与姓名，按确定按钮后显示出输入的值，如图 1-1 所示。

1.1.2　技术要点

计算机存储的数据多种多样，但每种数据是有类型的，有些数据可以做传统意义的加减乘除运算，有些数据只能做简单的输入输出。

图 1-1　学生信息

1. 字符串与变量

学生学号、姓名这样的数据，只是一个个字符（char）构成的一串文字，称为字符串（string）。这种数据一般只用来输入输出进行显示，字符串与字符串之间不做传统意义上的加减乘除运算。字符串用一对英文的双引号引起来，例如"张三"、"李四"、"1234","a"都是 string 类型的字符串数据。注意不能用中文的双引号引起来。这里学号完全由数字组成，也是字符串，因为学号的数字并不代表一个数学中的数，例如"1234"并不代表数学中的 1234 这个整数。

计算机中为要存储一个字符串数据，就必须在内存中开辟一个空间来存储它。显然空间的大小与字符串的长度有关，字符串越长，所要的空间越大，反之要的空间越小。为了在这个空间中存放字符串，还必须为这个空间取一个名字，这个名字就是变量名。在 C#中用 string 定义变量空间，例如：

```
string a,b,c;
a="1000";
b="张三";
c="";
```

第一条语句定义了 a、b、c 这样三个字符串变量空间，第二、三、四条语句分别使变量 a、b、c 中存储了字符串"1000"、"张三"及一个空字符串（空字符串不包含任何字符）。

语句是程序的基本单位，每条语句都执行一定的功能。在 C#中语句用分号结束，C#中程序是一条条语句组成的，执行时也是按语句的先后顺序一条条执行的。每条语句不一定占一行，一行可以有多条语句，一条语句也可以分几行来写，但一条语句占一行会使程序美观，

例如下列程序语句是正确的:
　　string a,b,c; a="1000"; b="张三"; c="";
　　在指定的空间中存储的字符串数据是可以随时改变的,新的数据进来后旧的数据就被覆盖了,例如:
　　string a,b,c;
　　a="1000";
　　b="张三";
　　a=b;
　　那么执行后 a 中的数据为"张三",原来的数据"1000"已经不存在了。

2．变量名称

　　变量是有名字的存储单元,它的值可以通过程序改变。程序中用到的变量要定义或声明,定义的方式为:

　　数据类型　变量1,变量2,……;

　　每个变量都必须有一个名称,变量名称是一个用户定义的变量名字。变量的名字一般遵循下面的规则:

　　(1) 变量名一般以字母开始,后面可以跟若干个英文字母或数字或下划线,不能包含空格;

　　(2) 变量名区分大小写,例如变量 A 与变量 a 是不相同的;

　　(3) 变量名不宜太长,一般最好有一定的含义,例如用 math 及 english 分别表示学生的数学成绩与英语成绩就是比较好的命名方法;

　　(4) C#定义了很多关键字,用户不能定义与关键字重名的变量,否则会引起混乱。

　　根据这些原则,sno、sname、age、math、english 等变量名字是合法的,而 2x、x y 等变量名是不合法的。

　　在定义变量时,可以同时定义几个同类型的变量,还可以在定义时说明它的初始值,例如:

　　string sno,sname="张三";

　　则定义变量 sno 及 sname,而且 sname 有初始值为"张三"。

3．认识 C#开发环境

　　启动 Visual Studio 2005 后会出现一个起始页面,执行"文件→新建→项目"后出现如图 1-2 所示的对话框。

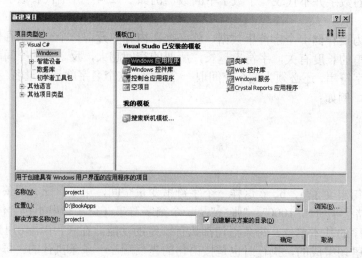

图 1-2　新建项目

在对话框中选择项目编程语言为"Visual C#",在模板中选择"Windows 应用程序",输入项目的名称(例如 project1),选择项目存放的位置(例如 D:\BookApps)后确定,随后出现图 1-3 所示的界面。

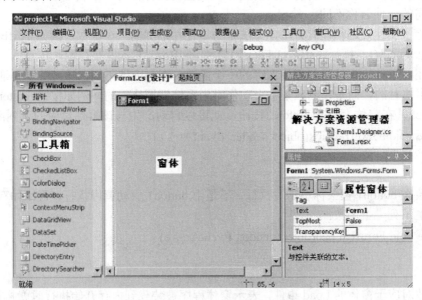

图 1-3　Visual Studio 2005 开发环境

在这个界面中有几个子窗体:
(1)工具箱

工具箱中有 Windows 常用的控件,例如项目中用到的标签(Label)、按钮(Button)等。控件往往是为了完成输入输出的一些部件,例如标签控件 Label 常用来显示一个字符串,文本框(TextBox)控件用来输入字符串,按钮(Button)用来响应鼠标的单击事件并使程序执行一段代码。

(2)窗体

窗体是设计 Windows 程序的基本界面,系统已经建立了一个名称 Name 为 Form1 的窗体,用户只要把控件(对象)放在这个窗体上就可以。

(3)属性窗体

它是设置控件属性的窗体,窗体与控件的属性都可以在这个窗体中设置。要改变窗体及标签的文字就要改变它们的属性,例如把 label1 的 Text 属性设置为"学号",则窗体上 label1 的显示文本就变为"学号"。

(4)解决方案资源管理器

该窗体包含项目中使用的文件,例如 Form1.cs 就是其中一个文件,C#的源程序文件扩展名都为".cs"。

4. 窗体与控件

在窗体上放任何一个控件,该控件都有一个名称(Name),例如放一个标签(Label),系统为它设置的名称为 label1,再放一个标签在窗体上,系统为它设置的名称为 label2,如再放一个文本输入框(TextBox),系统为它设置的名称为 textBox1 等。名称是程序识别不同控件的标记,每个控件都有一个名称,不同的控件名称不同。

每个控件都有很多的属性,属性是与控件捆绑的一个变量参数,因此属性也是有不同数据类型的。例如标签上的文字"学号"就是标签的 Text 属性决定的，文本框中的文字也是 Text 属性决定的，而窗体的 Text 属性决定了窗体的标题，它们的类型都是 string。一般一个控件有多个属性，不同的对象有不同的属性，但任何控件都有一个属性 Name，它是对象的名称，不同的控件名称不同。

控件除了属性外还往往有方法，方法是与该控件捆绑的一个函数。例如 TextBox 文本框有一个方法 Focus()，执行 textBox1.Focus()会使 textBox1 文本框获得输入焦点。

控件还有事件，事件是与控件捆绑的一个函数，但与方法不同，该函数不是通过控件本身主动调用执行的，而是在响应某一个动作时由系统调用执行的。例如按钮 button1 有一个事件为 Click，在窗体上双击 button1 按钮，就可以自动产生与该事件对应的下列函数：

private void button1_Click(object sender, EventArgs e)
{
}

该函数在 button1 被鼠标单击时执行，不是由 button1 主动调用执行。再比如双击窗体本身，会产生下列一个函数：

private void Form1_Load(object sender, EventArgs e)
{
}

该函数对应于窗体的 Load 事件，表示窗体程序被装载到内存开始执行时就执行该函数，这是一个重要的函数，常用它来执行程序的初始化。

1.1.3 程序设计

1．程序设计步骤

用 C#设计程序的步骤一般分为以下几步：

（1）界面的设计

既在窗体界面上安排所需的控件。

（2）设置控件的属性

在属性窗口中设置控件的属性以满足程序的需要。

（3）编写程序代码

在代码窗口中编写 C#的程序语句。

（4）调试与执行程序

找出并修正程序的错误，执行程序查看是否达到目的。

（5）保存程序文件

最后保存程序文件，关闭项目。

根据不同的程序，设计的步骤可能有所不同，但这几个基本步骤大致相同。

2．界面设计

C#是可视化的程序设计，界面设计简单，一切都是所见即所得。界面设计在窗体上完成，把控件放置在窗体上，调整它们的位置，设置它们的属性，就可以做出一个漂亮的程序界面。程序界面用于响应鼠标操作与键盘等的输入操作，同时用来显示数据与结果。

在窗体 Form1 上放置三个标签控件 Label，名称（Name）分别为 label1、label2、label3，其中 label1、label2 依次设置它们的 Text 属性为"学号"、"姓名"，在每个标签的旁边依次放置两个文本输入框（TextBox），名称（Name）依次为 textBox1、textBox2，分别用于输入对应的数据。最后在窗体上放一个按钮（Button），名称为 button1，设置 Text 属性为"确定"。

注意这些控件的 Text 属性都是 string 类型的数据,这些属性设置归纳为表 1-1。

表 1-1 属性设置

控 件	名 称	属 性
窗体 Form	Form1	Text="文本框与字符串"
文本框 TextBox	textBox1	Text=""
	textBox2	Text=""
标签	label1	Text="学号"
	label2	Text="姓名"
按钮 Button	button1	Text="确定"

3. 代码设计

代码设计在代码窗口中完成,双击窗体进入代码编辑窗口,在 Form1_Load 函数中编写代码:

```
private void Form1_Load(object sender, EventArgs e)
{
    textBox1.Focus();
    label3.Text = "";
}
```

双击按钮 button1,进入代码编辑窗口,在 button1_Click 函数中编写代码:

```
private void button1_Click(object sender, EventArgs e)
{
    string sno, sname;
    sno = textBox1.Text;
    sname = textBox2.Text;
    label3.text = "学号:" + sno + "  姓名: " + sname;
}
```

执行该程序,效果如图1-1。

4. 程序说明

为了说明各个语句或一段语句的功能,可以在程序中插入注释语句。注释语句是不被计算机执行的语句,它仅对程序进行注解作用,目的是方便阅读程序。C#中的注释语句有两种形式:

(1)用/*及*/包含的一段文字;
(2)用 "//" 开始一直到本行结束都看成是注释语句。

在编辑器中注释语句默认为绿颜色。在学生信息输入程序中可看到程序代码由几个部分组成,下面把程序代码加上注释语句,就可以看到各个部分的结构与功能如下:

```
/*
    C#程序的开始部分总有一些 using 的语句,它们是对.Net 系统的库引用,例如
    using System;
    表示对系统的引用。这部分系统自动产生,用户不要改变它们。
*/
using System;
using System.Collections.Generic;
```

```csharp
using System.ComponentModel;
using System.Data;
using System.Drawing;
using System.Text;
using System.Windows.Forms;
/*
    namespace 是程序的命名空间，project1 是该空间的名称，它在建立项目时由用户确定，一旦确定，不要轻易改变。
*/
namespace project1
{
/*
    Form1 是程序窗体的名称，该名称默认为 Form1，Form1 是从系统的 Form 派生出来的一个窗体，大多数程序都只用到这个窗体。
*/
public partial class Form1 : Form
{
    /*
        程序由一组函数组成，函数是一段程序代码的总和，这段代码被包含在一对大括号中，每个函数都有一个名字。该程序包含了 Form1、button1_Click、Form1_Load 三个函数，它们并列存放在 public partial class Form1:Form 的框架中，出现的先后顺序可以改变，不影响程序功能。
    */
    public Form1()
    {
/*
        该函数是系统启动时的初始化函数，用户不要改动它。
*/
        InitializeComponent();
    }
    private void button1_Click(object sender, EventArgs e)
    {
        /*
            这个函数 button1_Click 是在 button1 按钮被点击时执行的，函数是一段程序代码的总和。这段代码被包含在一对大括号中。一个 C#程序往往由多个函数组成，函数与函数之间并列排列，前后顺序不影响程序功能。
        */
    string sno, sname, sex;   //sno 学号，sname 姓名
        sno = textBox1.Text;    //从 textBox1 输入学号
        sname = textBox2.Text;   //从 textBox2 输入姓名
//用 label3 显示学号、姓名
label3.Text = "学号:" + sno + "  姓名: " + sname;
```

}
private void Form1_Load(object sender, EventArgs e)
{
/*
这个函数是在界面设计时双击 Form1 窗体自动产生的，它是窗体在装载也就是程序启动时的执行的函数。程序启动时设置 label3 的 Text 为空字符串，这样在程序启动时 label3 就不显示任何文字了。语句 textBox1.Focus()是 textBox1 调用方法 Focus()，程序启动后 textBox1 获取焦点。
*/
textBox1.Focus();
label3Text = "";
}
}
}

加上注释语句的程序与去掉注释语句的程序功能上是完全一样的，加上注释语句只是方便阅读，但如加的注释太多也会降低程序的可阅读性，在程序的关键部位适当加上注释语句是必要的。

特别注意,在 C#中任何变量与函数名称等标识符号都是大小写敏感的,既大小写不一样,例如语句 label3.Text=""写成下列都是不对的:

label3.text="";
Label3.Text="";
Label3.text="";

当为标签与文本框的 Text 属性设置一个字符串时，该字符串就显示在标签上或者文本输入框上，例如：

label3.Text="学号:" + sno + " 姓名: " + sname；

1.1.4 模仿训练

Windows 程序的结果输出中，可以用标签（Label）进行输出显示，也可以用 Windows 的消息框（MessageBox）输出显示。如果用 MessageBox 显示，则程序会弹出一个消息对话框窗体，如图1-4所示。

用消息框显示结果，可以调用它的 MessageBox.Show 方法，基本的结构如下：

MessagBox.Show(string text,string caption);

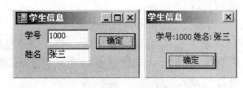

图 1-4 消息框显示

它有两个参数，第一个 text 是要显示的字符串，第二个是要显示的对话框的标题，其中标题参数是可以省略的，可以不指定标题。

如把项目的程序改为 MessageBox 显示结果，程序变为：

private void button1_Click(object sender, EventArgs e)
{
　　string sno, sname,s;   //sno 学号，sname 姓名
　　sno = textBox1.Text;   //从 textBox1输入学号
　　sname = textBox2.Text;   //从 textBox2输入姓名
　　s= "学号:" + sno + " 姓名: " + sname ;

```
MessageBox.Show(s, "学生信息");
}
```

1.1.5 应用拓展

把一个控件放在窗体上后，该控件有一个位置和大小的问题，可以用窗体的坐标来描述它们。窗体的坐标以左上角为坐标原点，从左向右为 X 方向，从上到下为 Y 方向，坐标单位为象数。

一个长方形的控件用它的左上角坐标（Left,Top）来决定它的位置，Left 是 X 坐标，Top 是 Y 坐标，用宽度（Width）和高度（Height）来决定它的大小，如图 1-5 所示。

1．控件位置

左上角坐标用控件的 Left 属性和 Top 属性来表示，例如把 label1 控件的左上角设置为(10,20)的语句是：

label1.Left=10;
label1.Top=20;

2．控件尺寸

控件的大小尺寸用宽度 Width 属性、高度用 Height 属性来表示，例如把 label1 控件的宽度与高度设置为 200 像素与 100 像素的语句为：

label1.Width=200;
label1.Height=100;

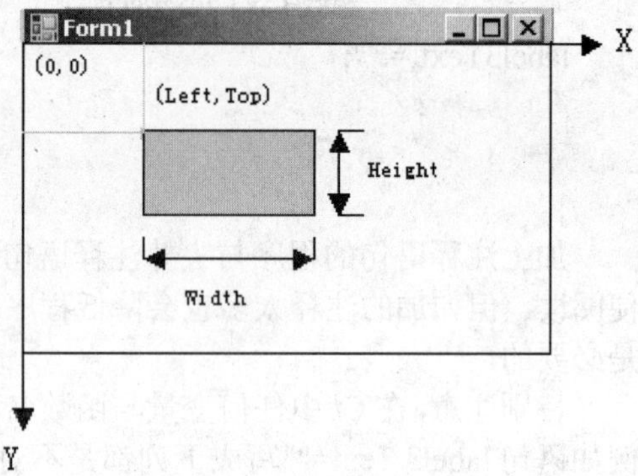

图 1-5 窗体坐标

3．位置对象与尺寸对象

C#是面向对象的程序设计语言，一个坐标（X,Y）可以封装在一个叫 Point 的对象里，一个 Point 对象包含一个（X,Y）的数对，表示平面上的一个点。C#中所有控件的左上角坐标对象都用 Location 属性来表示，该属性的值是一个 Point 对象，对象必须用 new 来建立。例如把 label1 控件的左上角设置为（20,30）的语句可以写成：

label1.Location=new Point(20,30);

这里的 new 表示建立一个对象 Point(20,30)，对象必须建立后才可以使用，下列语句是错误的：

label1.Location=Point(20,30);

控件的尺寸与位置坐标一样，C#也有一个 Size 对象表示（Width,Height）的一个数对，所有控件的 Size 属性就是这个尺寸的对象。例如把 label1 对象的宽设置为 200，高设置为 100，可以写成：

label1.Size=new Size(200,100);

一样的道理，不能写成：

label1.Size=Size(200,100);

项目案例 1.2 学生平均成绩计算

1.2.1 案例展示

在程序窗体上有三个输入框，输入数学、英语、物理的成绩后按"计算"按钮计算并显示它们的平均分，如图 1-6 所示。

1.2.2 技术要点

计算机存储的数据多种多样,但每种数据是有类型的。有些数据可以做传统意义上的加减乘除运算,有些数据数据只能做简单的输入输出。

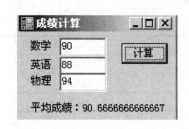

图1-6 计算平均成绩

1. 整数与变量

学生的成绩一般为数学中的一个整数(int),这种数据可以进行传统意义上的加减乘除算术运算。在C#中整数数据在内存中统一占4个字节,是这个数的二进制补码数。用int定义整数的变量,例如:

int math;

math=90;

则math变量中存储的是整数90。也可以在变量定义时就对它赋一个值,下面一条语句等效于上面的两条语句:

int math=90;

2. 浮点数据与变量

学生的平均成绩未必是一个整数,一般为数学中的一个实数,例如平均成绩90.5是带小数的浮点实数,不是整数。在C#中用double来表示这一类浮点数,用double可以定义存储浮点数的变量空间,例如:

double ave;

ave=90.5;

或者:

double ave=90.5;

注意实数也包含了整数,但在计算机中这两种类型的存储与运算机制是不同的,int整数的存储和运算都是准确的,double实数的存储与运算都是近似的,因此能用整数表示的数据,最好不要用实数表示,例如成绩能用整数表示,就不用实数表示,但平均成绩一般不是整数,只能用double类型的浮点数。整数、浮点这一类的数学数据统称为数值数据。

3. 整数与浮点数的转换

进行浮点数转整数时,由于整数不包含小数部分,因此浮点数的小数部分会自动丢掉(不是四舍五入),而且要用(int)进行强制类型转换,例如:

double ave=90.5;

int math;

math=(int)ave; // math 的值为 90

其中 ave 前的(int)表示强制类型转化,把 ave 浮点数转为 int 整数。反过来,整数转浮点数时总是可以进行的,可以用(double)把一个整数强制转为浮点数,例如:

int math=90;

double m;

m=(double)math; //m 的值为 90.0

实际上整数是浮点实数的一个特例,因此当整数转浮点数时可以不用(double)的强制类型转换,但反过来把浮点实数转为整数时要求用(int)进行强制类型转换。

4. 算术运算

算术运算最常用的是加、减、乘、除四则运算,分别用"+"、"-"、"*"、"/"等符号来表示,此外还有对整数进行的求余数运算等运算,如表1-2所示。

表 1-2　算术运算符号

运算符号	说　明	实用类型	举　　例
+	加法运算	实数、整数	23.0+32.0=5.0；23+32=55
-	减法运算	实数、整数	23.0-32.0=-9.0；23-32=-9
*	乘法运算	实数、整数	23.0*32.0=736.0；23*32=736
/	除法运算	实数、整数	23.0/32.0=0.71875
%	余数运算	整数	9 % 4=1

在 C#中两个整数在运算过程后结果还是一个整数，因此特别要注意两个整数除法的结果，例如 5/2 结果应该为 2.5，但在 C#中结果为 2，因为 5、2 都是整数，结果也只能是整数。为了得到 5/2 的正确值，应该把其中一个转为浮点数，(double)5/2 或者 5/(double)2 结果都是 2.5，它们先把 5 或者 2 变为 double 类型，然后再进行运算。但(double)(5/2)结果为 2，因为系统会先进行 5/2 的运算，整数结果为 2，之后转为浮点数，结果还是 2。当一个整数与与一个浮点数进行运算时，整数会变为浮点数参加运算，结果是浮点数。只有在两个运算的数都为整数时，才按整数法则运算，结果仍然是整数。

除法运算中除数不能为零，不然会出现错误。算术运算与算术表达式是完成算术运算的关系式，主要由算术运算符号、常量、变量及括号组成，计算时先计算括号中的值，再按先乘除，后加减的四则混合运算法则计算。

5．数据的转换

计算机中的数据在存储与运算时是按照类型进行的，但输入与输出往往是按字符串进行的。例如在窗体的文本输入框（TextBox）中输入的成绩数据 90，仅仅是键盘中输入的"9"与"0"组成的字符串，并不是计算机中的整数 90，因此需要把字符串"90"转换整数 90。

（1）字符串转数值

在 C#中字符串转为整数类型的数据可以用 int 的 Parse 函数，例如：

string s="90";

int math;

math=int.Parse(s);

则字符串"90"就转为整数 90 了。注意不能把数据存储在不对应的变量中，例如下列语句是错误的：

int math;

math="90";

如要把字符串转为浮点数，则用 double 的 Parse 的函数，例如下列程序把"90.5"转为 90.5：

string s="90.5";

float ave;

ave=double.Parse(s);

（2）数据转字符串

在输出结果时往往是一个字符串表示，因此整数、浮点数等数据都要转为字符串进行输出。在 C#中，无论什么类型的数据，都可以用数据本身的 ToString()函数来完成到字符串的转化，例如：

int math=90;

double ave="90.5";

string s,t;

```
s=math.ToString();
t=ave.ToString();
```
则整数 90 转为字符串"90"存储在 s 变量中，浮点数 90.5 转为"90.5"存储在变量 t 中。

6．字符串的连接

在输出结果时，为了一次性把结果呈现出来，需要把多个字符串进行连接组合。一个字符串连接另一个字符串组合成另一个更长的字符串，可以用简单的"+"完成，例如：

```
int math=90;
double ave="90.5";
string s;
s="数学: "+math.ToString()+" 平均: "+ave.ToString();
```

那么字符串 s 为"数学: 90 平均: 90.5"。

1.2.3 程序设计

1．界面设计

在窗体 Form1 上放置四个标签控件，名称（Name）分别为 Label1～Label4，其中 label1～label3 依次设置它们的 Text 属性为"数学"、"英语"、"物理"，在每个标签的旁边依次放置三个文本输入框（TextBox），名称（Name）依次为 textBox1～textBox3，分别用于输入对应的成绩数据。最后在窗体上放一个按钮（Button），名称为 button1，设置 Text 属性为"计算"，属性设置如表 1-3 所示。

表 1-3 属性设置

控件	名称	属性
窗体 Form	Form1	Text="成绩计算"
文本框 TextBox	textBox1	Text=""
	textBox2	Text=""
	textBox3	Text=""
标签 Label	label1	Text="数学"
	label2	Text="英语"
	label3	Text="物理"
	label4	Text=""
按钮 Button	button1	Text="计算"

2．代码设计

代码设计在代码窗口中完成，双击窗体进入代码编辑窗口，在 Form1_Load 函数中编写代码：

```
private void Form1_Load(object sender, EventArgs e)
{
    label4.Text = "";
}
```

双击按钮 button1，进入代码编辑窗口，在 button1_Click 函数中编写代码：

```
private void button1_Click(object sender, EventArgs e)
{
    int math, english, physics;  //math 数学、english 英语、physics 物理
    double ave;      //平均成绩
```

```
        math = int.Parse(textBox1.Text);    //math 从 textBox1输入
        english = int.Parse(textBox2.Text); //english 从 textBox2输入
        physics = int.Parse(textBox3.Text); //physics 从 textBox3输入
        ave = (double)(math + english + physics) / 3; //计算
        label4.Text = "平均成绩：" + ave.ToString();    //显示
}
```
执行程序，输入成绩后计算效果如图1-6。

1.2.4 模仿训练

如果学生的总成绩由平时成绩、期中成绩及期末成绩组成，其中各成绩的权重为20%、30%、50%，输入平时成绩、期中成绩及期末成绩，计算总成绩。

1.2.5 应用拓展

1. 整数

整数是程序中用得最多的一种数据类型，根据范围的不同可以分为字节（sbyte 及 byte）、短整数（short 及 ushort）、整数（int 及 uint）、长整数（long 及 ulong），每种类型又分为有符号与无符号的两种，无符号的整数类型以 u 字母开始，表示 unsigned 既无符号。各种类型占的字节空间大小不同，范围也不同，如表1-4 所示。

表1-4 整数类型

数 据 类 型	字 节	范 围
sbyte	1	-128 到 127
byte	1	0 到 255
short	2	-36768 到 32767
ushort	2	0 到 65535
int	4	-2,147,483,648 到 2,147,483,647
uint	4	0 到 4,294,967,295
long	8	-9,223,372,036,854,775,808 到 9,223,372,036,854,775,807
ulong	8	0 到 18,446,744,073,709,551,615

整数的常数与数学表示没有什么区别，例如 123、-123、45678 等。一般程序中大多数情况下用的普通整数 int。如要刻意节省空间，在够用的范围内可以考虑使用 sbyte 类型或 short 类型。如数据非常大，则可以考虑使用 long 类型。

整数类型也可以用十六进制和八进制表示，其中 0x 表示一个十六进制数，整数如以 0 开始则表示一个八进制数。例如 0x41 表示十六进制整数，对应十进制数 65，而 041 为八进制数，对应十进制数 33。

范围小的整数转范围大的整数时可以安全转换，因为范围大的变量可以存储范围小的整数数据，既 sbyte→short→int→long 的转换是安全的，例如：

```
short s=123;
int i;
i=s; //正确，i=123
```

范围大的整数转范围小的整数时可能会导致数据丢失，因为范围小的变量不能存储范围大的整数数据，既 long→int→short→sbyte 的转换是不安全的，可能出错，只有在保证范围小的整数变量能存储所转的数据的情况下转换才成功，例如：

sbyte s;
int i=1234;
s=i; //不正确，s 不能存储 1234 这个数

整数在计算机中是用其二进制补码来存储与计算的，C#中可以通过 ToString 的方法显示出一个整数的二进制补码，例如：

int m=13;
string s=m.ToString("X8");

其中 m.ToString("X8")把 m 转为十六进制的数据，长度为 4 个字节，字符串长度为 8，可看到 s 的值为"0000000D"，既 13 这个整数在计算机中用 4 个字节存储，这个字节串表示十六进制 0x0000000D，是 13 的二进制数据。而-13 的补码是 0xFFFFFFF3，如果读者有整数补码的知识，可以验证一下。

在 4 个字节的空间中，能存储的最大正整数是 0x7FFFFFFF，也就是十进制数 2 147 483 647，能存储的最小负整数的补码是 0x80000000，代表负整数-2 147 483 648。

设计一个简单的程序，在窗体上放一个文本框 textBox1，一个按钮 button1，一个标签 label1，编写下列程序：

```
private void button1_Click(object sender, EventArgs e)
{
    int m;
    m = int.Parse(textBox1.Text);
    label1.Text=m.ToString("X8");
}
```

输入任何一个整数，都可以看到该整数的内存补码，如图 1-7 所示。

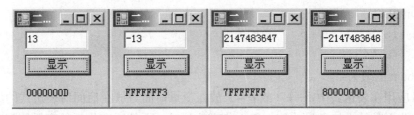

图 1-7 整数的补码

2. 浮点数

浮点数常数与数学中表示的实数常数没有什么区别，例如 90.2、93.0 等。浮点格式存储的数据一般不能保证精确表示一个数，但是有一定精度，一般存储空间越大，精度越高。double 类型的数据精度是比较高的，在 C#中还有另外一种精度比较低的浮点数类型 float 类型，它占的存储空间比 double 类型的小，也能表示浮点数，float 类型与 double 相比较没有太大区别，只是精度比 double 类型的精度低。在常数中往往在后面加 F 或 f 号表 float 类型常数，如没有 F 或 f 则表示 double 类型常数。例如 90.2F 是 float 类型的数，90.2 为 double 类型的数。

在数值比较大或比较小时，float、double 的数据可以用指数形式表示。例如 30000000000.0 可以表示为 3E10，0.0000524 表示为 5.24E-5，其中 E 后面的为一个整数，表示 10 的指数部分。

项目案例 1.3 学生成绩累计计算

1.3.1 案例展示

计算学生的数学、英语科目的成绩，并记录每次计算的过程及总共计算的次数，如图 1-8 所示。

1.3.2 技术要点

1. 自加、自减运算符

在程序中有很多运算都是在原来值的基础上增加 1 或者减少 1，例如：

图 1-8　累计计算成绩

int count=0;

count=count+1;

作用就是 count 增加 1 后变成 1。在 C#中这一类的运算可以用++或者--运算完成。其中++自加运算的作用是把一个变量的值增加 1，可以把++放在变量的前面，也可以放在变量后面，例如：

int count=0;

++count;

count++;

最后 count 的值是 2。而--运算是把一个变量的值减少 1，同样可以把--放在变量的前面，也可以放在变量后面，例如：

int count=0;

--count;

count--;

最后 count 的值为-2。

当变量应用在表达式中，++（或者--）放在变量前面与放在后面对表达式的结果是不一样的。放在前面时是先使变量的值加 1（或者减少 1），再使用变化后的变量值到表达式中，但如放在后面则是先使用变量的值，才使变量的值加 1（或者减少 1），例如：

int a=10,b,c;

b=++a;　//a 先加 1，a 变成 11，b 也为 11

c=a++;　//a 先把值给 c，c 为 11，之后 a 加 1 变为 12

b=--a+2;//a 的值先减少 1 使 a=10，然后 b=10+2=12

c=a--+2;//a 的值 10 用于表达式计算使 c=10+2=12，之后 a=10

用++及--的理由是这种运算书写简单，而且在计算机中运算速度比+或者-的快。

2. 数值运算

在 C#中有大量的数值类型数据，它们都可以进行数学运算，数据在混合运算时遵循的原则如图 1-9 所示。其中横向的箭头表示必定的转化，如字节 sbyte 类型与短整数 short 类型必定转为整数 int 类型，单精度 float 类型必定转为 double 类型。例如两个 float 类型的数据相加时，先转为 double 类型后才进行相加。

箭头表示当运算对象为不同类型时的转换方向。例如 int 类型数据与 double 类型数据运算时先将 int 类型数据转为 double 类型数据之后才开始运算，运算结果为 double 类型。

3．多行文本框

文本框 TextBox 常常用来输入数据，但也可以用来显示数据，设置它的 Text 属性就可以把要显示的字符串显示在文本框中。但文本框的数据是可以通过键盘修改的，为了数据不被修改，则需要设置 TextBox 的 ReadOnly 属性为 true，其

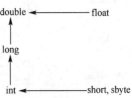

图 1-9　数据类型转换

中 true 是一个逻辑值，表示"真"。文本框的 ReadOnly 值默认是 false，即逻辑值"假"，一旦文本框的 ReadOnly 值为 true，此文本框的文本 Text 就不可以用键盘修改，只能通过程序修改，从而就把文本框变成了像标签那样的显示控件。

文本框还可以设置为多行文本的格式，可以输入与显示多行文本。这只要设置它的 MultiLine（中文含义是"多行"）属性为 true，就可以用鼠标调整文本框的大小。如再设置 ScrollBars 属性（中文含义是"滚动杠"）为 Both，则还可以控制文本框在必要时出现滚动杆，为了让文本框出现水平滚动杆，还要设置 WordWrap 属性为 false。

文本框通过其 AppendText 方法可以在原基础上增加字符串，例如：

textBox1.AppendText("新字符串");

则 Text 的值在原来基础上增加了"新字符串"，功能等效于：

textBox1.Text=textBox1.Text+"新字符串";

在文本中可以用回车换行来使文本另起一行，C#中回车换行符号是"\r\n"，因此：

textBox1.AppendText("新的一行字符串\r\n");

可以在增加"新的一行字符串"后换一行。控制文本框为多行文本的属性如表 1-5 所示。

表 1-5　多行文本属性

属　　性	功　能　说　明
MultiLine 属性	如果该控件是多行的则为 true，否则为 false
ScrollBars 属性	它指示多行 TextBox 控件显示时是不带滚动条、带有水平滚动条、带有垂直滚动条还是同时带有这两种滚动条，可以是下列值之一： a．Both　同时显示水平滚动条和垂直滚动条 b．Horizontal　只显示水平滚动条 c．None　不显示任何滚动条 d．Vertical　只显示垂直滚动条
WordWrap 属性	如果多行文本框控件可换行，则为 true；如果当用户键入的内容超过了控件的右边缘时，文本框控件自动水平滚动，则为 false，默认为 true
AppendText 方法	该方法向文本框增加一个字符串

1.3.3　程序设计

1．界面设计

在窗体 Form1 上放置三个标签 Label 控件，一个按钮 Button，四个文本框 TextBox，设置它们的属性如表 1-6 所示。

表 1-6 设置属性

控件	名称	属性
窗体 Form	Form1	Text="成绩计算"
标签 Label	label1	Text="数学"
	label2	Text="英语"
	label3	Text="次数"
按钮 Button	button1	Text="计算"
文本框 TextBox	textBox3	ReadOnly=true
	textBox4	ReadOnly=true;MultiLine=true;ScrollBars=Both;WodWrap=false;

2. 代码设计

代码设计在代码窗口中完成，进入代码编辑窗口，在 Form1_Load 函数及 button1_Click 函数中编写代码：

```csharp
private void Form1_Load(object sender, EventArgs e)
{
    textBox3.Text="0"; //初始次数为0
}

private void button1_Click(object sender, EventArgs e)
{
    int math, english; //math 数学、english 英语
    double ave;   //平均成绩
    int count;
    string s;
    math = int.Parse(textBox1.Text);   //math 从 textBox1输入
    english = int.Parse(textBox2.Text); //english 从 textBox2输入
    ave = (double)(math + english) / 2; //计算
    count = int.Parse(textBox3.Text); //次数
    ++count;
    s = count.ToString()+"---数学:" + math.ToString() +
    " 英语:" + english.ToString() +" 平均:" + ave.ToString();
    textBox4.AppendText(s+"\r\n");   //增加一行显示
    //清空输入框以便接受下次输入
    textBox1.Text = "";
    textBox2.Text = "";
    textBox3.Text = count.ToString(); //显示次数
}
```

执行该程序输入多次的成绩就可以看到每次成绩的计算结果，而且可以看到输入了多少次。

1.3.4 模仿训练

密码文本框实际上也是一个普通的文本框，不同的是在输入文本时显示的不是文本本

身，通常为一个"*"号。这是由文本框的 PasswordChar 属性决定的，如果该属性为空，则文本框为正常的，如 PasswordChar 不为空，例如为"*"，则输入任何文字都显示"*"号。如图 1-10 所示为普通文本框与密码框，设计程序实现这样一个用户与密码输入程序。

图 1-10　文本密码框

1.3.5　应用拓展

要把多行文本框显示在窗体的下端，并且让文本框的宽度与窗题一样，随窗体的变化而变化，可以控件文本框的 Dock 属性。很多控件都有 Dock 属性，Dock 属性指定控件停靠的位置和方式，DockStyle 是下列值之一。

（1）Bottom　该控件的下边缘停靠在其包含控件的底部；
（2）Fill　控件的各个边缘分别停靠在其包含控件的各个边缘，并且适当调整大小；
（3）Left　该控件的左边缘停靠在其包含控件的左边缘；
（4）None　该控件未停靠；
（5）Right　该控件的右边缘停靠在其包含控件的右边缘；
（6）Top　该控件的上边缘停靠在其包含控件的顶端。

如图 1-11 所示是 Dock 值的各种情况时多行文本框的位置。

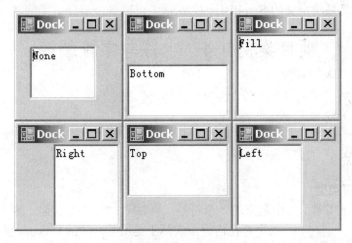

图 1-11　不同 Dock 值的控件位置

在程序中有些数据是相关的，有一定的含义，它们本质上是整数，但为了方便常用一个字符串来表示它们，这些数据就构成一个集合，这个集合称为枚举集合，相应的数据类型称为枚举类型。实际上 DockStyle 就是这样一种枚举类型，它的定义如下：

enum DockStyle={None,Top,Bottom,Left,Right,Fill}；

其中 enum 是 C#的关键字，表示定义枚举类型 DockStyle，这个类型中有 None, Top, Bottom, Left, Right, Fill 等值，用 DockStyle 加小数点的形式连接使用，例如 DockStyle.Bottom 等。枚举类型的数据也可以定义变量，例如：

DockStyle a=DockStyle.Bottom,b;
b=DockStyle.Fill;

那么 a、b 都是枚举类型 DockStyle 的变量。

枚举类型实际上是整数类型的另一种符号化的表示形式，以便在程序中方便使用，在内存中存储的是它的对应整数值，默认情况下第一个枚举数的值为 0，后面每个枚举数的值依次递增 1。因此 DockStyle 类型的值对应的整数值如表 1-7 所示。

表 1-7 DockStyle 的值

枚 举 值	整 数 值	枚 举 值	整 数 值
DockStyle.None	0	DockStyle.Left	3
DockStyle.Top	1	DockStyle.Right	4
DockStyle.Bottom	2	DockStyle.Fill	5

由于枚举类型的根本是整数，因此可以实现枚举类型与整数类型的相互转换，例如：
DockStyle a,b=DockStyle.Bottom;
int x=(int)b;   // x=2
a=(DockStyle)x; //a=DockStyle.Bottom

在枚举类型转为字符串时，直接转为枚举字符串形式，这使得枚举类型在输出非常直观，例如：
DockStyle a=DockStyle.Top;
string s=a.ToString();   // s="Top"

实际上 C#中很多控件的属性都是枚举类型的值，例如 TextBox 的 ScrollBars 也是枚举类型的值，其类型是系统定义的 ScrollBars 枚举，读者可以进一步分析了解。

项目案例 1.4　字符与字符编码

1.4.1　案例展示

编写程序在文本框中输入一个字符，显示出该字符的内存编码，如图 1-12 所示。

1.4.2　技术要点

1. C#中字符类型

字符常数就是用单引号引起来的一个符号，例如'a'、'0'、'我'、'你'、'$'等都是字符常数。

图 1-12　字符编码

字符在内存中实际上是用其对应的 Unicode 编码的整数来表示的，一个字符占两个字节。这两个字节的数也可以写成十六进制，用'\uxxxx'来表示，其中 xxxx 是 4 个十六进制数字，'\u'是引导符号。

对于英文字符，两字节中的 Unicode 编码中有一个字节为 0，另一个字节的值实际上为其对应的 ASCII 码值。ASCII 是美国信息标准交换码，它用 7 位二进制数据对所有的英文符号进行编码，每一个英文字符都对应一个 7 位二进制数据。理解英文 ASCII 码与 Unicode 码的结构对于今后编写程序是十分有益的，总的来说有以下几个特征：

（1）英文字母'A'的 Unicode 码是'\u0041'，,'B'的是'\u0042'，……，'Z'的是'\u005a'；

（2）英文字母'a'的 Unicode 码是'\u0061' ,'b'的是'\u0062'，……，'z'的是'u007a'；

（3）数字'0'的 Unicode 码是'\u0030'，'1'是'\u0031'，……，'9'是'\u0039'；

（4）回车是'\u000d'，换行是'\u000a'，空格是'\u0020'，Tab 制表符是'\u0009'，Backspace 退格是'\u0008'；

(5) 对于中文字符,两字节 Unicode 编码中一般都不为 0,情况比英文字符的编码复杂,这里不再叙述。

在使用中有一些字符是不好表示的,例如回车、换行、退格等,这些字符可用其 Unicode 码值来表示,具体来说就是用'\uxxxx'的形式。实际上任何字符都可以用其 Unicode 码的值来表示,例如回车可以表示为'\u000d'。由于回车等是常用的符号,因此 C#中还用转义字符'\r'来表示。如表 1-8 所示列出了常用符号的转义字符表示方法及其 Unicode 码值,例如'\n'表示换行,'\r'表示回车,'\''表示一个单引号,'\"'表示一双引号,'\\'表示一个反斜杠。

表 1-8 常用符号的转义表示方法及编码值

符 号 含 义	转 义 表 示	ASCII	\uxxxx
响铃	\a	7	'\u0007'
退格	\b	8	'\u0008'
换行	\n	10	'\u000a'
回车	\r	13	'\u000d'
制表符	\t	9	'\u0009'
单引号	\'	39	'\u0027'
双引号	\"	34	'\u0022'
反斜杠	\\	92	'\u005c'

2. 字符与整数

每个字符在内存中是一个 2 字节的 Unicode 码整数,因此字符与整数之间有密切的关系,实际上它们之间可以互相转换,例如:

char a='A';

int n=(int)c;   //n=0x41

char b=(char)n; //b='A'

既可以把一个 char 字符类型的数据转为一个 2 字节的整数,同时一个 2 字节的整数也可以转为一个字符的数据。

整数是可以运算的,字符是不可以运算的,但由于它们可以相互转换,因此字符类型的数据在某种意义上来说也变得可以运算了。例如可以实现小写英文字母与大写英文字母之间的转换,假设 c 是大写字母,则:

c=(char)((int)'a'+(int)c-(int)'A');

把 c 转为小写字母。反之如 c 为小写字母,则:

c=(char)((int)'A'+(int)c-(int)'a');

把 c 转为大写字母。

3. 文本框按键事件

在 C#的控件中,很多控件都有各种各样的事件,例如按钮 Button 有 Click 点击事件,当鼠标点击时会触发对应的函数,让该函数执行。同样文本框 TextBox 也有很多事件,其中一个是 KeyPress 事件,该事件在是在文本框中被键盘输入一个字符时触发的。在窗体上放一个文本框,名称为 textBox1,选择 textBox1 然后在属性窗体中选择"事件"页面,看到的是 textBox1 所具有的各种各样的事件,如图 1-13 所示。

图 1-13 KeyPress 事件

找到 KeyPress 后在右边双击,就可以得到一个对应的事件函数如下:
private void textBox1_KeyPress(object sender, Key- PressEventArgs e)
{
}

该函数中有一个系统变量 e,它是一个事件对象变量,其中的 e.KeyChar 就是键盘按下的字符。只要把 e.KeyChar 转为整数,再用十六进制的格式显示其值,它就是该字符在内存中的 Unicode 编码值。

程序中为了控制输入的字符过多,可以设置 textBox1 的 MaxLength 属性为 1,这个属性用来控制文本框能输入的最大的字符数量,设置为 1 表示只能输入一个字符,这样便于观察字符的编码。

1.4.3 程序设计

1. 界面设计

在窗体 Form1 上放置一个标签控件 Label、一个文本框 TextBox,设置属性如表 1-9 所示。

表 1-9 设置属性

控 件	名 称	属 性
窗体 Form	Form1	Text="字符编码"
标签 Label	label1	Text=""
文本框 TextBox	textBox1	MaxLength=1

2. 代码设计

进入 textBox1_KeyPress 事件函数代码编辑窗口,在其中编写代码如下:
private void textBox1_KeyPress(object sender, KeyPressEventArgs e)
{
    char c = e.KeyChar; //获取输入字符
    int x = (int)c;   //转为整数
    label1.Text = x.ToString("X4"); //用十六进制输出
}

执行该程序输入一个字符就可以看到该字符的编码,如用 BackSpace 键删除该字符还可以看到编码是 0008,这是 BackSpace 键的 Unicode 编码。

1.4.4 模拟训练

用此程序输入不同的字符,观察并总结下列字符的编码规则:
(1) 大写英文字母'A'~'Z';
(2) 小写英文字母'a'~'z';
(3) 数字'0'~'9';
(4) 回车 Enter、空格、Tab 制表符、Backspace 退格等键;
(5) 中文字符。

1.4.5 应用拓展

汉字的编码是比较复杂的,常用的汉字编码是汉字内码(ANSI 编码),在 C#中使用的是 Unicode 编码，这两个编码是不同的，但有联系。

例如用 Windows 记事本输入"C#程序"，然后选择用 ANSI 的编码方式存盘到文件 Ansi.txt，那么该文件中汉字是以汉字内码的形式存储在磁盘中的。但如选择用 Unicode 的编码方式存储到文件 Unicode.txt，则该文件中的汉字是以 Unicode 编码存储的。另外还可以观察到文件 Ansi.txt 是 6 个字节的，但 Unicode.txt 文件是 10 个字节的，这充分说明这两个文件是用不同的编码方式存储"C#程序"这几个字符的。

如果用 ANSI 的编码形式打开 Ansi.txt 文件，那么可以看到正确的"C#程序"，但如用 Unicode 的编码打开文件 Ansi.txt，则看到的是乱码，如图 1-14 所示。同样的道理，如用 ANSI 编码打开 Unicode.txt 也会看到乱码，但用 Unicode 编码打开 Unicode.txt 就不会。

图 1-14　用 ANSI 编码及 Unicode 编码打开的 Ansi.txt 文件

理解计算机中数据的存储与字符的编码是十分重要的，这对于程序的编写十分有意义。例如字符串的排序是基于字符的编码大小进行的，如果理解字符的编码就容易理解字符串的排序。

实训 1　学生成绩统计程序

1．程序功能简介

该程序用于统计学生的成绩，在输入学号与成绩后，计算总分与平均分，统计输入的学生人数，如图 1-15 所示。

2．程序技术要点

在把控件放在窗体上时系统会自动为每个控件设置一个默认的名称，而大多数简单的程序往往都使用这些默认的控件名称。但如程序比较复杂，则最好是修改这些控件的名称，使它们变得有意义。例如总分的显示框默认是 textBox4，把它改名为 txtsum，显然 txtsum 的可读性比 textBox4 的好。

3．程序界面设计

在主窗体 Form1 上放置五个 Label 标签控件，一个 Button 按钮控件，一个 TextBox 文本框，设置属性如表 1-10 所示。

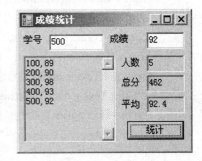

图 1-15　统计学生成绩

表 1-10　控件设置属性

控　件	名　称	属　性
窗体 Form	Form1	Text="成绩统计"
按钮 Button	button1	Text="统计"

续表

控件	名称	属性
标签 Label	label1	Text="学号";
	label2	Text="成绩";
	label3	Text="人数"
	label4	Text="总分"
	label5	Text="平均"
文本框 TextBox	txtno	Text=""
	txtmark	Text=""
	txtcount	Text=""; ReadOnly=true
	txtsum	Text=""; ReadOnly=true
	txtave	Text=""; ReadOnly=true
	txtshow	MultiLine=true; ScrollBars=Both; WordWrap=false; ReadOnly=true

4. 程序代码设计

根据程序功能要求，编写程序代码如下：

```
private void button1_Click(object sender, EventArgs e)
{
    string no;
    int mark, count, sum;
    float ave;
    no = txtno.Text;    //获取学号
    mark = int.Parse(txtmark.Text);    //获取成绩
    count = int.Parse(txtcount.Text);    //获取人数
    sum = int.Parse(txtsum.Text);    //获取总分
    sum = sum + mark;    //总分累计
    count = count + 1;    //人数累计
    ave = (float)sum / count;    //平均成绩
    txtcount.Text = count.ToString();    //显示人数
    txtsum.Text = sum.ToString();    //显示总分
    txtave.Text = ave.ToString();    //显示平均分
    txtshow.AppendText(no + "," + mark.ToString() + "\r\n");//显示到多行文本框
}

private void Form1_Load(object sender, EventArgs e)
{
    txtcount.Text = "0";    //人数初始为 0
    txtsum.Text = "0";    //总分初始为 0
}
```

5. 程序功能评述

执行该程序，连续输入多个学生的学号与成绩，便可以统计总分与平均分等。读者特别

注意在输入成绩时要保证成绩数据是有效的，如输入错误的成绩，例如输入"96 分"，则程序会出现错误，因为在把 in.Parse("96 分")转为成绩整数时会出现错误，该字符串不是一个有效的整数。在后面的项目中将介绍如何防止这种类型的错误。

练 习 题

1. Label 控件和 TextBox 控件都可以显示信息，两者有什么区别？
2. 控件的 Name 和 Text 属性有什么不同？
3. 整数类型 int 与实数类型都变了 double 有什么区别？
4. 定义 a,b,c 为整数变量，s ,t 为字符变量。
5. 简述 C#语言程序的结构。
6. 找出下列标识符号中合法的变量变量名：
   abc、z、z123、&ad、my.age、my_age、student、person.name、12x、x y
   Int、char、345、ABdf、c&d、string*、_322、alpf_beat、JOHN.smith、3ab
7. 说明注释语句的作用。
8. 把下列的数学式写成 C#语言的表达式：
   （1） b^2-4ab （2） x^2+x+1 （3） $x+1$ （4） ax^2+bx+c （5） $\dfrac{x+1}{x-1}$

9. 为使用户启动窗口（窗体名为 Form1）时，会显示一行信息："欢迎光临！"， 应在该窗体的哪个事件过程中，编写什么样的程序代码？请写出相应的事件过程名以及该过程内的程序代码。

10. 某窗口内的命令按钮"加倍"（名称属性为 button1）具有这样的功能：将文本框 textBox1 中输入的数值加倍后显示其结果，请写出该命令按钮的单击事件过程内的程序代码。

11. 设计一个程序，在窗体上有一个文本框及一个标签，使程序运行时用户在文本框中每输入一个字，在标签上都能立即显示文本框中当前的整个字符串。

12. 设计一个程序，在两个文本框中输入矩形的两条边，计算矩形的周长及面积，结果一个标签输出。

13. 输入一个 32~127 之间的数据，把它看成是字符的 ASCII 码，输出对应的字符，看看有什么结果。

14. 一所学校今年招生 1000 人，假如按每年 10%的比例增长，则 5 年后招生多少人？
15. 从键盘输入一个 4 位正整数，按其数字相反的顺序输出，例如输入 1234 则输出 4321。
16. 编一个 C#程序，输入一个同学的 4 门课成绩，计算其平均成绩。

项目实训 2 所得税计算器

项目功能：根据国家个人个人所得税的规则，在输入总收入后计算应交纳的税收。
学习范围：条件判断、if 及 select 分支结构、程序异常处理。
练习内容：针对该知识与能力范围的知识练习与多个项目实训练习。

项目案例 2.1 所得税缴纳情况判断

2.1.1 案例展示

输入一个人的个人收入，判断是否要缴纳个人所得税，按规定收入超过 2000 元时要缴纳个人所得税，如图 2-1 所示。

图 2-1 判断所得税

2.1.2 技术要点

1．关系运算

根据我国规定个税起征点是 2000 元，当收入超过 2000 元时要缴纳个人所得税。判断是否超过 2000 元就是一个关系运算，一个关系运算就是关于数据的大小比较的运算，共有 6 种关系运算，如表 2-1 所示。

表 2-1 关系运算

数学符号	关系运算符号	说　　明	举　　例
>	>	大于	5>2
≥	>=	大于或等于	4>=3
<	<	小于	5<6
≤	<=	小于或等于	5<=6
=	==	等于	5==5
≠	!=	不等于	2!=3

关系运算符用于连接两个表达式，形成关系运算表达式，例如：
income<2000;
income>2000;
关系运算表达式的结果是一个为 true 或 false 的逻辑值。例如 income<2000，则可能 income

大于2000，此时income<2000结果为false，也有可能income小于2000，此时income<2000结果为true。

在C#中有一种数据类型称为布尔（bool）类型，布尔类型也称为逻辑类型，它只有两个值，既true与false。true表示真，false表示假。可以在程序中定义该类型的变量，例如：

double income=2000;
bool x, y;
x = income < 100;   //x=false
y = income > 100; //y=true
MessageBox.Show(x.ToString()+" "+y.ToString());

布尔值也可以通过ToString()转为字符串，如布尔值为true，则ToString()转为"True"，如布尔值为false，则ToString()转为"False"。注意true与字符串"true"及"True"是不同的，false与字符串"false"及"False"也不同。数值的比较与数学上的意义一样，例如3>2为true，-3>-2为false。

除了数值可以比较大小外，字符也可以比较大小。字符的比较是用字符的Unicode码进行的，例如"a">"A"为true，因为"a"的Unicode值比"A"的大。在字符比较中有以下规律：
空格<"0"<"1"<……<"9"<"A"<"B"<……<"Z"<"a"<"b"<……<"z"<汉字

2. 逻辑运算

逻辑运算是指对逻辑值的运算，主要有"与(&&)"、"或(||)"、"非(!)"三种运算，三种运算的关系如表2-2所示。

表2-2 逻辑运算

运算	举例	说明
&&	A && b	二元运算，仅当a、b两者都为true时结果才为true，不然为false
||	A || b	二元运算，只要a、b两者之一为true结果就为true，不然为false
!	!a	一元运算，当a为true时结果才为false，a为false时结果为true

在&&、||、!三种运算中，非运算!级别最高，&&次之，||运算级别最低。例如逻辑式a&&b || !c 是先运算!c，之后运算 a && b，最后运算||。

非运送作用在&&、||及!运算中有如下规则：
（1）!(a && b) 等价于 !a || !b；
（2）!(a || b) 等价于 !a && !b；
（3）!(! a) 等价于 a。
这些运算规则十分重要，在将来的程序条件中常常用到。

3. 逻辑运算表达式

逻辑运算常常与关系运算相组合，形成逻辑运算表达式。在这种表达式中，关系运算要先于逻辑运算，例如：

a+b>c&&a+c>b&&b+c>a;
a>b||a>c；
!a||b>c;

其中 a+b>c&&a+c>b&&b+c>a 表示只有当 a+b>c，同时 a+c>b，同时 b+c>a 三个都成立时，结果才为真；a>b||a>c 表示只要 a>b 与 a>c 之一成立，结果就为真；!a||b>c 表示只要!a 为真（既 a=0）与 b>c 之一成立，结果就为真。例如：

a=1; b=3; c=2;

a+b>c&&a+c>b&&b+c>a 的值为假，因为尽管 a+b>c 及 b+c>a 为真，但 a+c>b 为假；
a>b||a>c 的值为假，因为 a>b 及 a>c 都是假；
!a||b>c 的值为真，因为!a 为假，但 b>c 为真；

逻辑运算表达式中只要含义一样，可以有多种书写方法，例如 income 应在 0~1000 之间可以表示为 income>=0&&income<=1000，也可以表示为!income<0||income>1000。

4．if 条件语句

（1）简单 if 条件语句

格式是：

if(条件) 语句;

它的含义是当条件成立时，便执行指定的语句，执行完后接着执行 if 后下一条语句；如条件不成立，则该语句不执行，转去 if 的后下一条的语句，如图 2-2 所示。

实际上 if 语句在满足条件时可以执行多条语句，这些语句必须放在一对{}中，这种放在一对{}中的语句称为复合语句，格式为：

if(条件)
{
　// 当条件成立时执行这一组语句
}

（2）二分支 if 条件语句

格式是：

if(条件) 语句 1;

else 语句 2;

它的含义是当条件成立时，便执行指定的语句 1，执行完后接着执行 if 后下一条语句；如条件不成立，则执行指定的语句 2，执行完后接着执行 if 后下一条语句，程序流程如图 2-3 所示。

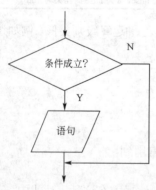
图 2-2　if 语句的执行流程

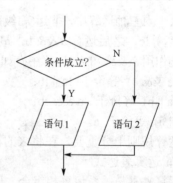
图 2-3　二分支 if 条件语句的流程

二分支 if 语句与简单 if 语句一样，语句 1 与语句 2 可以是多条语句，这些语句必须放在一对{}中。

有了 if 语句，判断所得税的程序就可以编写如下：

double income = double.Parse(textBox1.Text); //所得税值
if (income>2000) label1.Text="要缴纳所得税";
else label1.Text="无需缴纳所得税";

当收入 income 的值大于2000时，显示"要缴纳所得税"，如值小于2000则显示"无需缴纳所得税"。

2.1.3 程序设计

1．界面设计

在窗体 Form1 上放置一个个标签 Label，一个文本框 TextBox，一个按钮 Button 控件，设置属性如表 2-3 所示。

表 2-3 设置属性

控件	名称	属性
窗体 Form	Form1	Text="所得税"
标签 Label	label1	Text=" "
按钮 Button	button1	Text="判断"
文本框 TextBox	textBox1	

2．代码设计

代码设计在代码窗口中完成，双击窗体，在 Form1_Load 函数中编写代码：

```
private void Form1_Load(object sender, EventArgs e)
{
    label1.Text = "";
}
```

双击按钮 button1，在 button1_Click 函数中编写代码：

```
private void button1_Click(object sender, EventArgs e)
{
    double income = double.Parse(textBox1.Text); //所得税值
    if (income >2000) label1.Text="要缴纳所得税";
    else label1.Text="无需缴纳所得税";
}
```

执行该程序，效果如图 2-1 所示。

2.1.4 模仿训练

在 if 语句中可以是复合语句，而在复合语句中又可以嵌套另一个 if 语句，这样可以组成多级 if 语句嵌套。修改程序当输入的值小于 0 时，给出错误提示，参考程序如下：

```
private void button1_Click(object sender, EventArgs e)
{
    double income = double.Parse(textBox1.Text);
    if (income < 0) MessageBox.Show("输入错误");
    else
    {
        if (income > 2000) label1.Text = "要缴纳所得税";
        else label1.Text = "无需缴纳所得税";
    }
}
```

2.1.5 应用拓展

条件表达式的格式是：

条件？表达式 1：表达式 2;

它的含义是当条件成立时，便执行表达式 1 并返回结果；如不然就执行表达式 2 并返回结果，条件表达式的结果不是表达式 1 就是表达式 2，因条件而定。

条件表达式因其结构简单，计算方便，在程序中广泛使用，例如判断所得税的语句可以方便写为：

double income = double.Parse(textBox1.Text); //所得税值
label1.Text=(income>2000?"要缴纳所得税":"无需缴纳所得税");

由此可见用条件表达式可以使一些简单的条件分支语句转为简单的语句来表达，使程序更加简洁。

项目案例 2.2 所得税最高税率判断

2.2.1 案例展示

输入个人收入，判断要缴纳的最高所得税率是多少，如图 2-4 所示。

2.2.2 技术要点

根据我国规定个税起征点是 2000，当超过 2000 时个人所得税的计算方法如表 2-4 所示。在已经知道收入的情况下要计算个人所得税，显然要判断收入的值的范围，根据不同的收入值，选取不同的所得税率进行计算。

图 2-4 显示最高所得税率

表 2-4 个人所得税率

级 数	全月应纳税所得额	税率%
1	不超过 500 元的	5
2	超过 500 元至 2000 元的部分	10
3	超过 2000 元至 5000 元的部分	15
4	超过 5000 元至 20000 元的部分	20
5	超过 20000 元至 40000 元的部分	25
6	超过 40000 元至 60000 元的部分	30
7	超过 60000 元至 80000 元的部分	35
8	超过 80000 元至 100000 元的部分	40
9	超过 100000 元的部分	45

一般解决一个问题时，要用到分支语句的多重嵌套与多重结构，if 语句有这样的多重结构。在多个条件的语句中，往往要把分支语句写成多重的嵌套形式。例如收入 income 分为无效、大于 2000 与小于 2000 三种情况，则分支语句为：

double income;
string s;
if(income<0) s="无效";

```
else
{
   if(income>2000) s="必须缴纳";
   else s="无需缴纳";
}
```
实际上该程序的嵌套部分可以简化成下列形式：
```
double income;
string s;
if(income<0) s="无效";
else if(income>2000) s="必须缴纳";
   else s="无需缴纳";
```
可以把多重嵌套的分支语句的写成多分支的if语句结构，多分支if条件语句的格式是：

if(条件1) 语句1;
else if(条件2) 语句2;
else if(条件3) 语句3;
……
else if(条件n) 语句n;
else 语句n+1;

它的含义是当条件1成立时，便执行指定的语句1，执行完后，接着执行if后下一条语句；如条件1不成立，则判断条件2，当条件2成立时，执行指定的语句2，执行完后，接着执行if后下一条语句；如条件2不成立，则继续判断条件3，……，判断条件n，如成立执行语句n，接着执行if后下一条语句；如条件n还不成立，则最后只有执行语句n+1，执行完后，接着执行if后下一条语句，程序流程如图2-5所示。

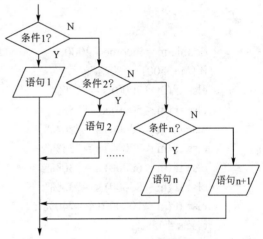

图2-5 if多分支语句的流程

有了多分支的条件语句，判断所得税最高税率的程序可以直观地写成下面形式：
```
double income = double.Parse(textBox1.Text);
string s;
if (income < 0) s = "输入错误";
else if (income < 2000) s = "无需缴纳所得税";
else
{
    double m= = m - 2000;
    if (m< 500) s = "5%";   //①
    else if (m>=500&&m< 2000) s = "10%"; //②
    else if (m>2000&&=m < 5000) s = "15%"; //③
    else if (m>=5000&&m < 20000) s = "20%"; //④
    else if (m>=20000&&m < 40000) s = "25%"; //⑤
```

```
            else if (m>=40000&&m < 60000) s = "30%";
            else if (m>=60000&&m < 80000) s = "35%";
            else if (m>=80000&&m < 100000) s = "40%";
            else s="45%";
            s="最高税率"+s;    }
        label1.Text =s;
```
但实际上该程序的逻辑还可以进一步简化，仔细分析每条语句：

如收入 income 超出 2000 的部分 m 在 500 之内，则执行语句①；

如语句①的条件没有成立，则 m>=500，执行语句②判断，如此时 m<2000，则必然同时 m>=500，因此语句②可以简化为 else if(<2000) s="10%";

如语句的条件②没有成立，则 m>=2000，，因此语句③可以简化为 else if(m<5000) s="15%";

......，如此类推，程序可以简化为下列形式：

```
double income = double.Parse(textBox1.Text);
string s;
if (income < 0) s = "输入错误";
else if (income < 2000) s = "无需缴纳所得税";
else
{
    double m = income - 2000;
    if (m < 500) s = "5%";
    else if (m < 2000) s = "10%";
    else if (m < 5000) s = "15%";
    else if (m < 20000) s = "20%";
    else if (m < 40000) s = "25%";
    else if (m < 60000) s = "30%";
    else if (m < 80000) s = "35%";
    else if (m < 100000) s = "40%";
    else s="45%";
    s="最高税率"+s;
}
label1.Text =s;
```
通过该程序，在知道收入时便可以知道最高所得税率。

2.2.3 程序设计

1．界面设计

在窗体 Form1 上放置一个标签控件 Label，一个文本框 TextBox，一个按钮控件 Button，设置属性如表 2-5 所示。

表 2-5 设置属性

控件	名称	属性	控件	名称	属性
窗体 Form	Form1	Text="所得税"	按钮 Button	button1	Text="判定"
标签 Label	label1	Text=""	文本框 TextBox	textBox1	

2. 代码设计

进入代码编辑窗口，编写代码程序代码如下：

```csharp
private void button1_Click(object sender, EventArgs e)
{
    double income = double.Parse(textBox1.Text);
    string s;
    if (income < 0) s = "输入错误";
    else if (income < 2000) s = "无需缴纳所得税";
    else
    {
        double m = income - 2000;
        if (m < 500) s = "5%";
        else if (m < 2000) s = "10%";
        else if (m < 5000) s = "15%";
        else if (m < 20000) s = "20%";
        else if (m < 40000) s = "25%";
        else if (m < 60000) s = "30%";
        else if (m < 80000) s = "35%";
        else if (m < 100000) s = "40%";
        else s="45%";
        s="最高税率"+s;
    }
    label1.Text =s;
}
```

2.2.4 模仿训练

输入一个学生的整数成绩 m，按[90,100]、[80，89]、[70，79]、[60，69]、[0，59]的范围分别给出 A、B、C、D、E 的等级，或者显示成绩无效，如图 2-6 所示。

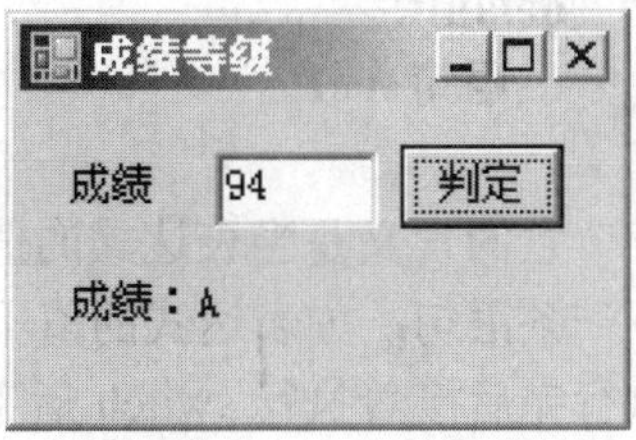

在窗体 Form1 上放置两个标签控件 Label，一个文本框 TextBox，一个按钮控件 Button，进入代码编辑窗口编写程序，参考程序如下：

```csharp
private void button1_Click(object sender, EventArgs e)
{
    int m = int.Parse(textBox1.Text);
    string s;
    if(m<0||m>100) s="无效成绩";
    else if(m>=90) s="A";
    // 如 m>=90成立，等级为 A
    else if(m>=80) s="B";
    // 如 m>=90不成立，则 m<90，如 m>=80又成立，则 m 在[80，89]之间，等级为 B
    else if(m>=70) s="C";
```

图 2-6 判断成绩等级

```
        // 如 m>=80不成立，则 m<80，如 m>=70又成立，则 m 在[70，79]之间，等级为 C
        else if(m>=60) s="D";
        // 如 m>=70不成立，则 m<70，如 m>=60又成立，则 m 在[60，69]之间，等级为 D
        else s="E";
        // 如 m>=60不成立，则 m<60，等级为 E
        label2.Text = "成绩：" + s;
    }
    private void Form1_Load(object sender, EventArgs e)
    {
        label2.Text = "";
    }
```

2.2.5 应用拓展

在 C#中除了 if 可以构成多分支的语句外，switch 语句也可以构成多分支的语句结构，switch 多分支程序结构语句的格式是：

switch (表达式)
{
case value 1:
　　语句 **1;**
　　break;
case value 2:
　　语句 **1;**
　　break;
……
case value n:
　　语句 **n;**
　　break;
default:
　　语句 **n+1;**
}

它的含义是当表达式的值为 value1 时便执行指定的语句 1，执行完后接着执行 switch 后下一条语句；如表达式的值不为 value1，则判断是否为 value2，如是则执行指定的语句 2，执行完后接着执行 switch 后下一条语句；如不是 value2，则继续判断是否为 value3，……，判断是否为 value n，如是则执行语句 n，接着执行 switch 后下一条语句；如还不为 value n，则最后只有执行语句 n+1，执行完后接着执行 switch 后下一条语句。

break 语句是中断语句，在 switch 中起到重要作用，当某个语句 k 执行完后，由于 break 的作用才使 switch 结束，转去 switch 的下一条语句，如没有 break 语句，则语句 k 执行完后，接着执行下面语句 k+1 的语句，并且会一直下去。显然 default 中没必要用 break 语句，因为它已经是最后的语句。

switch 语句也可以用多分支 if 语句来代替，显然可以写成如下形式：
if(表达式==value 1) 语句 1;
else if(表达式==value 2) 语句 2;

else if(表达式==value 3) 语句 3;
……
else if(表达式==value n) 语句 n;
else 语句 n+1;
因此在程序中一般能用 switch 语句实现的功能也可以用 if 语句来实现。

项目案例 2.3　所得税输入异常捕捉

2.3.1　案例展示

在判断所得税时如输入的值是无效的，例如输入 2500 时输入了￥2500，则程序会出现异常并终止程序，本案例对程序进行改进，在输入的数据不是有效的数据时，能显示错误信息，不会让程序出现异常终止，如图 2-7 所示。

2.3.2　技术要点

在把文本框 textBox1 中输入的字符串转为数值时，如输入的字符串本身不是数值的格式就会出现错误，例如执行时输入￥2500，则出现如图 2-8 所示的数值转换异常错误。

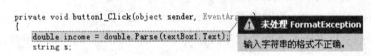

图 2-7　处理错误输入　　　　　　　　图 2-8　数值转换错误

原因是在 int.Parse(textBox1.Text)的转换过程中，因为 textBox1 输入的文本为"￥2500"，不是一个正常的数值，系统无法转换它成为一个数值时发生了异常错误。这种错误是在程序输入了错误的数据时执行的过程中发生的，是执行期间的错误。C#中用 try...catch 的结构来捕获这种错误，try 结构语句格式如下：

try
{
　　语句块 1
}
catch(Exception ex)
{
　　语句块 2
}

它的执行规则是先执行语句块 1，如语句块 1 的各条语句都能正确执行，不出现任何运行错误，则在执行完语句块 1 的最后一条语句后，try 语句执行完毕，转 try 结构语句后的一条语句执行。如在执行语句块 1 的语句过程中出现运行错误，则就停止语句块 1 的执行，这个错误被系统捕捉到，转去执行语句块 2，当语句块 2 执行完后，try 语句执行完毕。其中语句块 1 是要尝试（try）执行的程序段，语句块 2 是在语句块 1 发生运行错误并且被捕捉（catch）到后执行的程序段。如图 2-9 所示为 try 的执行过程。

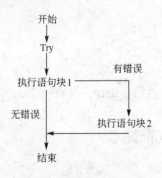

图 2-9 try 的执行流程

在 try 语句中,ex 是捕捉到的错误对象,Exception 是.Net 的一个类,专门表示错误异常,ex 是 Exception 类的对象(ex 是变量名,用户可以改变它)。ex 有一个最重要的属性就是 Message,它是系统给出的错误信息字符串。

如把程序修改成下列形式,程序在输入错误的数据后就不会异常终止了,因为出现的异常被捕捉了。

```
string s;
try
{
    double income = double.Parse(textBox1.Text);
    if (income < 0) s = "输入错误";
    else if (income < 2000) s = "无需缴纳所得税";
    else s = "必须缴纳所得税";
}
catch (Exception exp) { s = exp.Message; }
```

异常是程序运行时的一种错误,在字符串不是一个有效数值时 int.Parse(字符串)会抛出一个异常,该异常可以在程序中被捕捉到,那么这个异常是如何抛出的呢?在 C#中抛出异常的语句是 throw 语句,格式如下:

throw new Exception(异常信息)

其中 throw 为抛出语句,new Exception(异常信息)表示建立一个异常类 Exception 的对象,该对象用指定的字符串设置其 Message 属性。例如在 button1_Click 函数中写编写如下程序:

```
private void button1_Click(object sender, EventArgs e)
{
    throw new Exception("这个异常是我抛出的!");
}
```

那么点击 button1 时就会抛出一个异常,使程序异常终止。

当然正常的程序中一般不会无缘无故地抛出一个异常,一般 throw 语句常常与 if 语句合并使用,当发生某种情况时就抛出异常,例如成绩 income 无效时可以抛出一个异常:

if (income<0) throw new Exception("无效!");

2.3.3 程序设计

1. 界面设计

在窗体 Form1 上放置一个标签 Label,一个文本框 TextBox,一个按钮 Button 控件,设置属性如表 2-6 所示。

表 2-6 设置属性

控 件	名 称	属 性	控 件	名 称	属 性
窗体 Form	Form1	Text="所得税"	按钮 Button	button1	Text="判断"
标签 Label	label1	Text=" "	文本框 TextBox	textBox1	

2. 代码设计

代码设计在代码窗口中完成,编写代码如下:

```
private void button1_Click(object sender, EventArgs e)
{
    string s;
    try
    {
        double income = double.Parse(textBox1.Text);
        if (income < 0) s = "输入错误";
        else if (income < 2000) s = "无需缴纳所得税";
        else s = "必须缴纳所得税";
    }
    catch (Exception exp) { s = exp.Message; }
    label1.Text =s;
}
```

2.3.4 模仿训练

修改所得税判断程序，在输入的收入值小于 0 时抛出异常，并捕捉这个异常，如图 2-10 所示。

参考编写程序如下：

```
private void button1_Click(object sender, EventArgs e)
{
    string s;
    try
    {
        double income = double.Parse(textBox1.Text);
        if (income < 0) throw new Exception("输入错误");
        else if (income < 2000) s = "无需缴纳所得税";
        else s = "必须缴纳所得税";
    }
    catch (Exception exp) { s = exp.Message; }
    label1.Text =s;
}
```

图 2-10 抛出并捕捉异常

2.3.5 应用拓展

1. 限制文本框的输入

在输入收入时应该使文本框只接受数值输入，不允许有非法的字符输入，可以通过文本框的 KeyPress 事件控制字符的输入。该事件函数如下：

```
private void textBox1_KeyPress(object sender, KeyPressEventArgs e)
{
}
```

该函数的系统变量 e 的 e.KeyChar 是用户输入的键盘字符，如果设置 e.KeyChar 为字符 '\u0000'，则该对应的字符就不允许输入，例如：

```
private void textBox1_KeyPress(object sender, KeyPressEventArgs e)
```

```
{
    e.KeyChar='\u0000';
}
```
则什么字符都不允许在该文本框输入。通过条件判断语句可以控制哪些字符不允许输入，例如：
```
private void textBox1_KeyPress(object sender, KeyPressEventArgs e)
{
    char c=e.KeyChar;
    if(!(c>='0'&&c<='9'||c=='\u0008')) e.KeyChar='\u0000';
}
```
那么就只允许 0~9 的数字字符及 BackSpace 键输入，这样就保证了文本框只可以输入数字构成一个整数，而不允许输入别的任何字符。

2．异常处理嵌套

异常处理语句 try 与条件语句等一样，可以进行嵌套，例如在一个 try 语句的尝试执行代码部分有另外一个 try 语句的结构如下：
```
try
{
    ......
        try
        {
        ......
        }
catch(Exception ex1)
{
        ......
}
......
}
catch(Exception ex2)
{
    ......
}
```

注意这里用了 ex1 与 ex2 两个异常对象变量。try 语句可以进行多重嵌套，实际上在任何一段结构化的语句块中都可以有 try 语句出现，任何一个程序段抛出的异常都又对应的异常捕捉语句来捕捉该异常，如果没有被捕捉到，则会扩展到外一层的异常捕捉语句。

在 C#中，异常抛出与异常处理是比较复杂的，是哪层的异常捕捉语句起作用，是由该捕捉语句中的异常类决定的，本节这里只讲解了它最基本的应用，更多的使用方法读者可以参看 MSDN 的帮助信息。

项目案例 2.4　所得税覆盖税率判断

2.4.1　案例展示

输入个人收入，判断计算个人所得税用到的最高所得税率或者覆盖到的那些所得税率。

例如输入 5000 元，则多出部分是 3000 元是要计算所得税的，其中 500 元部分用 5%计算，多出的 1500 元部分用 10%计算，最后多出的 1000 元用 15%计算，覆盖的所得税率是 5%、10%、15%，如图 2-11 所示。

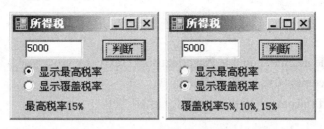

图 2-11　判断最高与覆盖税率

2.4.2　技术要点

1．单选按钮 RadioButton

单选钮 RadioButton 是一组按钮，也称为无线按钮，它提供一个多选一的选择，例如在用户选择性别输入时，在"男"与"女"之间选择一个。

单选钮最重要的问题就是判断哪一个被选中，通过程序判断哪个被选中，从而决定程序的走向。它的 Checked 属性是判断的依据，若选中了则 Checked 为 true；反之 Checked 则为 false。

2．复选框 CheckBox

复选框（CheckBox）是一组多选的控件，每个复选框都可以选择或不选择，一个复选框选择的状态与别的复选框没有什么联系。

复选框最重要的问题就是判断它是否被选中，通过程序判断是否被选中，从而决定程序的走向。它的 Checked 属性是判断的依据，若选中了则 Checked 为 true；反之 Checked 则为 false。

如图 2-12 所示是单选按钮与复选框的差异，单选按钮只可以在"男"与"女"之间选择一个，而复选按钮可以同时选择"C#"与"Java"两项。

2.4.3　程序设计

1．界面设计

开始一个标准 Windows 应用程序，在 Form1 中放两个单选按钮 RadioButton，一个标签 Label，一个按钮 Button，各个属性设置如表 2-7 所示。

图 2-12　单选按钮与复选框

表 2-7　属性设置

控　件	名　称	属　性
窗体	Form1	Text="所得税"
单选按钮	radioButton1	Text="显示最高税率"
	radioButton2	Text="显示覆盖税率"
标签	label1	Text=""

2．代码设计

代码设计在代码窗口中完成，编写代码如下：

```csharp
private void button1_Click(object sender, EventArgs e)
{
    string s;
    try
    {
        double income = double.Parse(textBox1.Text);
        if (income < 0) s = "输入错误";
        else if (income < 2000) s = "无需缴纳所得税";
        else
        {
            double m = income - 2000;
            if (radioButton1.Checked)
            {
                //确定最高税率
                if (m < 500) s = "5%";
                else if (m < 2000) s = "10%";
                else if (m < 5000) s = "15%";
                else if (m < 20000) s = "20%";
                else if (m < 40000) s = "25%";
                else if (m < 60000) s = "30%";
                else if (m < 80000) s = "35%";
                else if (m < 100000) s = "40%";
                else s = "45%";
                s = "最高税率" + s;
            }
            else
            {
                //确定覆盖税率
                if (m < 500) s = "5%";
                else if (m < 2000) s = "5%,10%";
                else if (m < 5000) s = "5%,10%,15%";
                else if (m < 20000) s = "5%,10%,15%,20%";
                else if (m < 40000) s = "5%,10%,15%,20%,25%";
                else if (m < 60000) s = "5%,10%,15%,20%,25%,30%";
                else if (m < 80000) s = "5%,10%,15%,20%,25%,30%,35%";
                else if (m < 100000) s = "5%,10%,15%,20%,25%,30%,35%,40%";
                else s = "5%,10%,15%,20%,25%,30%,35%,40%,45%";
                s = "覆盖税率" + s;
            }
```

```csharp
            }
        }
        catch (Exception exp) { s = exp.Message; }
        label1.Text =s;
    }

    private void Form1_Load(object sender, EventArgs e)
    {
        label1.Text = "";
    }

    private void textBox1_KeyPress(object sender, KeyPressEventArgs e)
    {
        //限制输入的值为整数
        char c = e.KeyChar;
        if (!(c >= '0' && c <= '9' || c == '\u0008')) e.KeyChar = '\u0000';
    }
```

程序中使用了 textBox1 文本框的 KeyPress 事件函数，控制在文本框 textBox1 中只可以输入数字构成的正整数。

2.4.4 模仿训练

执行并分析下列程序，说明计算覆盖税率的方法是否正确，并说明原因。

```csharp
    private void button1_Click(object sender, EventArgs e)
    {
        string s;
        try
        {
            double income = double.Parse(textBox1.Text);
            if (income < 0) s = "输入错误";
            else if (income < 2000) s = "无需缴纳所得税";
            else
            {
                double m = income - 2000;
                if (radioButton1.Checked)
                {
                    if (m < 500) s = "5%";
                    else if (m < 2000) s = "10%";
                    else if (m < 5000) s = "15%";
                    else if (m < 20000) s = "20%";
                    else if (m < 40000) s = "25%";
```

```
                    else if (m < 60000) s = "30%";
                    else if (m < 80000) s = "35%";
                    else if (m < 100000) s = "40%";
                    else s = "45%";
                    s = "最高税率" + s;
                }
                else
                {
                    s = "覆盖税率";
                    if (m >= 100000) s = "45%";
                    if (m >= 80000) s = s + ",40%";
                    if (m >= 60000) s = s + ",35%";
                    if (m >= 40000) s = s + ",30%";
                    if (m >= 20000) s = s + ",25%";
                    if (m >= 5000) s = s + ",20%";
                    if (m >= 2000) s = s + ",15%";
                    if (m >= 500) s = s + ",10%";
                    s = s+",5%";
                }
            }
        }
        catch (Exception exp) { s = exp.Message; }
        label1.Text = s;
    }
}
```

2.4.5 应用拓展

如果把多个单选按钮同时放在一个窗体 Form1 上，则它们形成一个分组，程序运行后只能选择其中的一个。但有时需要对单选按钮进行分组，例如在输入学生信息时既要选择性别，也要选择学生年龄段，如果把四个 RadioButton 放在一个窗体上，用 RadioButton1 与 RadioButton2 表示性别，用 RadioButton3 与 RadioButton4 表示年龄段，则执行时只能在这四个中选择一个，不能进行两种不同的选择。为此这四个单选按钮需要进行分组，把 RadioButton1 与 RadioButton2 分为一组，RadioButton3 与 RadioButton4 分为另外一组。

实行分组的一个方法是用 GroupBox 容器控件，该控件在工具箱的容器分类中，具体做法如下。

（1）在窗体上放一个 GroupBox 控件，名为 GroupBox1。

（2）选择 GroupBox1，使它的四周出现小点，在工具箱中选择 RadioButton 并双击之，一个单选按钮 RadioButton1 就出现在 GroupBox1 中。同样的方法再在 GroupBox1 中放另外一个单选按钮 RadioButton2。移动 GroupBox1，如发现 RadioButton1 与 RadioButton2 会一起随 GroupBox1 移动，说明 RadioButton1 与 RadioButton2 被包含在 GroupBox1 中，GroupBox1 被看成是一个包含控件的容器，它包含了 RadioButton1 与 RadioButton2，它们形成一个组。设置 RadioButton1、RadioButton2、GroupBox1 的 Text 属性分别为"男"、"女"、"性别"。

（3）同样的方法再在窗体上放一个 GroupBox 控件 GroupBox2，在 GroupBox2 中放

RadioButton3 与 RadioButton4，使 RadioButton3 与 RadioButton4 被包含在 GroupBox2 中，形成另外一个分组。设置 RadioButton3、RadioButton4、GroupBox2 的 Text 属性分别为"少年"、"青年"、"年龄"。

如图 2-13 所示，运行程序可看到性别组的选择与年龄组的选择无关。

实际上 GroupBox 是一种控件容器，一个控件容器可以包含很多个控件，同时也可以包含别的控件容器。窗体本身就是一个控件容器，它可以包含很多控件，同时可以包含别的控件容器，例如该窗体就包含了 GroupBox1 与 GroupBox2 两个控件容器。

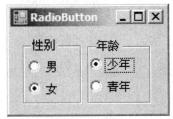

图 2-13 对 RadioButton 分组

实训 2 所得税计算器程序

1．程序功能简介

在程序的文本框中输入个人收入值后计算应该缴纳的个人所得税的金额，如图 2-14 所示。

2．程序技术要点

根据我国规定个税起征点是 2000 元，当超过 2000 元时个人所得税的计算方法如表 2-4 所示。例如一个人的收入是 3500 元，则其中 3500-2000=1500 的部分要上缴所得税，按规定所得税是 500*5%+(1500-500)*10%=，在已经知道收入的情况下要计算个人所得税，显然要判断收入的值的范围，根据不同的收入值，选取不同的所得税率进行计算。

图 2-14 计算个人所得税

3．程序界面设计

在窗体 Form1 上放置两个标签 Label，一个文本框 TextBox、一个按钮 Button，设置属性如表 2-8 所示。

表 2-8 设置属性

控件	名称	属性
窗体 Form	Form1	Text="个人所得税计算器"
标签 Label	label1	Text="输入个人收入"
	label2	Text=""
按钮 Button	button1	Text="计算"
文本框 TextBox	textBox1	Text=""

4．程序代码设计

根据收入的范围与所得税的关系，设计程序如下：
```
private void button1_Click(object sender, EventArgs e)
{
    try
    {
        //个人收入
```

```csharp
            int w = int.Parse(textBox1.Text);
            //超出 2000 部分
            int s = w - 2000;
            double t=0;
            //计算所得税
            if (s > 0)
            {
                //计算各个阶段的基础值
                double t500 = 500 * 0.05;
                double t2000 = t500+ (2000 - 500) * 0.1;
                double t5000 = t2000 + (5000 - 2000) * 0.15;
                double t20000 = t5000+(20000 - 5000) * 0.2;
                double t40000= t20000+ (40000 - 20000) * .25;
                double t60000 = t40000+(60000 - 40000) * .3;
                double t80000= t60000+(80000 - 60000) * .35;
                double t100000= t80000+ (100000 - 80000) * .40;
                //计算所得税
                if (s < 500) t = s * 0.05;
                else if (s < 2000) t = t500 + (s - 500) * 0.1;
                else if (s < 5000) t = t2000 + (s - 2000) * 0.15;
                else if (s < 20000) t = t5000 + (s - 5000) * .2;
                else if (s < 40000) t = t20000 + (s - 20000) * .25;
                else if (s < 60000) t = t40000 + (s - 40000) * .3;
                else if (s < 80000) t = t60000 + (s - 60000) * .35;
                else if (s < 100000) t = t80000 + (s - 100000) * .4;
                else t = t100000 + (s - 100000) * .45;
            }
            label2.Text = "应该缴纳："+t.ToString()+"元";
        }
        catch(Exception exp) { label2.Text=exp.Message; }           }
}

private void textBox1_KeyPress(object sender, KeyPressEventArgs e)
{
    //限制文本框只能输入整数
    char c=e.KeyChar;
    if(!(c>='0'&&c<='9'||c=='\u0008')) e.KeyChar='\u0000';
}
```

其中在程序中先计算各个阶段的基础值，这些值在后面的所得税计算中要用到，例如输入收入是 5000 元，则 3000 元要缴纳所得税的部分中 500*5%+1500*10%是基础值 t2000，最后多出的 1000 按 15%计算，加上 t2000，结果就是要计算的所得税。

5．程序功能评述

程序中控制了收入值的输入只可以是一个正整数，这样做增强了程序的健壮性，一般在计算时不会出现问题，即便出现问题，那么也会由异常捕捉的语句处理，因此程序的功能是比较完备的。读者可以修改文本框的 KeyPress 事件的代码，允许用户输入浮点数，这样就更实用了。

练 习 题

1．如 a=1、b=2、c=2、d=0 写出下列的逻辑值：
（1） a>b&&b>c||a+b<c
（2） !(a>b&&c>d)
（3） c+d<=b+d&&d<c||2*b>c
（4） d<b||c>a+b+d&&b<c+a

2．有一个数 x 在区间[-5,5]内，写出其条件表达式。

3．写出下面表达式的值（设 a=1,b=2,c=3,x=4,y=5）
（1） a+b>c&&b==c
（2） !a<b&&b!=c||x+y<=3
（3） a+(b>=x+y)&&c-a&&y-x
（4） !(x=a)&&(y=b)

4．switch 语句中如没有 break 会怎样？

5．编一个程序输入一整数，判断它是一个正数，零或负数，分别给出三种不同的输出信息。

6．输入一个正整数，判断它是奇数还是偶数。

7．输入一个字母，判断它是否为小写英文字母。

8．编一个程序输入考试成绩 m，用 Select 语句根据 m 值给出以下信息输出：（1） m<0 或 m>100，不合理分数；(2)0<=m<60 时，不及格；(3)60<=m<80 时，良好；(4)80<=m<=100 时，优秀；(5)、从键盘输入 a、b、c 三个数，按大小顺序输出它们。

9．输入三角形的三边 a、b、c，根据它们的值判断：(1) 是否是三角形；(2) 是否是等腰三角形；(3) 是否是等边三角形。如能构成三角形则进一步计算其面积。三角形的面积 s 可以用以下公式计算：s=Math.sqrt(p*(p-a)*(p-b)*(p-c))，其中 p=(a+b+c)/2。

10．输入一个星期的前两个英文字母，判断并输出它代表星期几。输入一个时间，分别按时间的早、中、晚输出"Good Morning"、"Good Afternoon"、"Good Evening"。

11．用 switch 语句编写程序，输入 1~9 的数，输出对应的汉字一、二、……、九。

12．输入一天内的两个时间 h1:m1:s1（时：分：秒）及 h2:m2:s2，判断这两个时间的早晚顺序。

13．输入同一年内的两个日期，计算它们之间间隔的天数（提示：先计算它们各自相对于当年元旦的天数）。

14．输入两个整数 a、b 及一个操作符号+、-、*、/，根据输入计算操作式的值，例如输入 10,20,+，则计算 10+20，结果是 30。

15. 税收部门制定的纳税标准是：2000 元内不纳税，2000~4000 元部分按 2%纳税，4000~6000 元部分按 3%纳税，6000 元以上部分按 5%纳税。编写一个程序输入一个人的收入，计算他应缴的税。

16. 某企业发放的奖金根据利润提成。利润低于或等于 10 万元时，奖金可提 12%；利润高于 10 万元，低于 20 万元时，高于 10 万元的部分，可提成 8.5%；利润在 20 万元到 40 万元之间时，高于 20 万元的部分，可提成 6%；利润在 40 万元到 60 万元之间时，高于 40 万元的部分，可提成 4%；利润在 60 万元到 100 万元之间时，高于 60 万元的部分，可提成 2.5%；利润高于 100 万元时，超过 100 万元的部分按 1%提成，从键盘输入当月利润，求应发放奖金总数。

项目实训 3　整数的分解

项目功能：输入一个整数后把它分解成若干个素数因数的积，如整数是偶数也可以分解成两个素数的和。
学习范围：循环语句程序的设计方法，相关的控件的使用，掌握程序的逻辑设计。
练习内容：针对该知识与能力范围的知识练习与多个项目实训练习。

项目案例 3.1　整数的因数分解

3.1.1　案例展示

输入一个整数，查找它的所有因数，既那些不超过它自己的所有能整除它的数，例如 24 的因数有 1、2、3、4、6、8、12、24，如图 3-1 所示。

3.1.2　技术要点

1. 循环执行

设输入的正整数为 n，根据因数的规则设计一个变量 m，它的值是 1~n 之间的一个整数，用 m 去除 n，如能除尽则 m 是 n 的一个因数。显示需要尝试每一个这样的 m，

图 3-1　查找因数

既 m=1，2，3，…，n，才能找到所有的因数。应用程序语句的结构，程序应如下：
（1）设置 m=1；
（2）n%m 是否为 0，如是则记录 m 是一个因数；如不是则不记录；
（3）m++，如 m<=n 则重复（2），不然就结束。
这里（3）转（2）的过程是不断重复循环的，是个循环结构。能实现这样的循环的语句有 do、while、for 等循环语句。

2. 循环语句

（1）do 循环
其结构如下：
do
{
　　语句；
　　[break;]
} while(条件);
该段程序首先执行指定的语句，它可以是一条语句或多条语句，执行完大括号内的语句之后就判断条件。条件是一个逻辑表达式，它的值如为真则就重复循环执行指定的语句，一直到条件为假为止该循环才结束，程序的流程如图 3-2 所示。
查找 n 的因数的 do 循环编写如下：

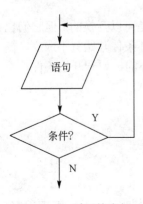

图 3-2　do 循环的流程

```
int m=1,n; //n 是整数
string s="";
do
{
   if(n%m==0) s=s+m.ToString()+" ";
   m++;
} while(m<=n);
//字符串 s 中存储的就是所有的因数
```

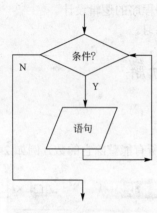

图 3-3　while 循环的流程

（2）while 循环

while 循环结如下：

while(条件)
{
　　语句；
　　[break;]
}

其中条件是一个逻辑表达式，它的值为真或假，语句可以是一个单一的语句，也可以是一个复合语句。该循环的执行规则是先判断条件是否成立，之后才决定是否执行循环语句，如条件不成立则结束循环，如条件成立则再次执行循环语句，只要条件成立则一直执行循环语句，程序流程如图 3-3 所示。

查找 n 的因数的 while 循环编写如下：

```
int m=1,n; //n 是整数
string s="";
while(m<=n)
{
   if(n%m==0) s=s+m.ToString()+" ";
   m++;
}
//字符串 s 中存储的就是所有的因数。
```

（3）do 与 while 循环比较

从形式上看 do 循环与 while 循环很相似，在大多数情况下它们是可以互换的，但它们也有一些差异。do 循环是先执行循环体再判断循环条件，因此哪怕循环条件开始就不成立，循环也会执行一次。但 while 循环是先判断条件才决定是否要执行循环的，如一开始条件就不成立则循环就不执行。例如 do 循环程序：

```
int n=0;
do
{
   MessageBox.Show("n="+n.ToString());
} while(n>0);
```

该循环程序会显示一次 n=0 的对话框，之后 n>0 不成立，循环结束。但 while 循环程序：

```
int n=0;
```

```
while(n>0)
{
    MessageBox.Show("n="+n.ToString());
}
```
不会显示 n=0 的对话框,一开始 n>0 不成立,循环不会执行。

3.1.3 程序设计

1. 界面设计

在窗体 Form1 上放置一个标签控件 Label,一个按钮 Button,一个文本框 TextBox,设置属性如表 3-1 所示。

表 3-1 设置属性

控 件	名 称	属 性
窗体 Form	Form1	Text="查找因数"
标签 Label	label1	Text=" "
按钮 Button	button1	Text="查找"
文本框 TextBox	textBox1	

2. 代码设计

根据循环语句的结构在 button1_Click 函数中编写代码如下:

```
private void button1_Click(object sender, EventArgs e)
{
    int m=1, n;
    string s = "";
    try
    {
        n = int.Parse(textBox1.Text);
        while (m <= n)
        {
            if (n % m == 0) s = s + m.ToString() + " ";
            m++;
        }
    }
    catch (Exception exp) { s = exp.Message; }
    label1.Text = s;
}
```

执行该程序输入一个整数就可以找到它的所有因数。

3.1.4 模拟训练

输入两个整数,找到它们所有的共同因数,既所有公约数,如图 3-4 所示。

参考程序如下:

```
private void button1_Click(object sender, EventArgs e)
```

图 3-4 查找共同因数

```
    {
        int m, n, p = 1;
        string s = "";
        try
        {
            m = int.Parse(textBox1.Text);
            n = int.Parse(textBox2.Text);
            while (p<=m&&p<=n)
            {
                if (m%p==0&&n%p==0) s = s + p.ToString() + " ";
                p++;
            }
        }
        catch (Exception exp) { s = exp.Message; }
        label1.Text = s;
    }
```

3.1.5 应用拓展

1. break 语句

break 语句用在循环中时会强制退出循环,例如下列循环:

```
int i=0,s=0;
while(i<5)
{
    if(i==3) break;
    s=s+i; i++;
}
MessageBox.Show("i="+i.ToString()+" s="+s.ToString());
```

图 3-5 break 循环退出

如果没有 if(i==3) break 的语句,结果应该为 i=5,s=10,但如有此语句,循环在进行到 i=3 时由于执行了 break 语句,循环退出,可以看到输出结果最后为 i=3,s=3,如图 3-5 所示。

2. continue 语句

continue 语句用在循环中时不会强制退出循环,但它会跳过循环体中剩余的部分而转去循环的结尾部分,强制开始下一轮循环,例如:

```
int i=0,s=0;
while(i<5)
{
    i++;
    if(i==3) continue;
    s=s+i;
}
MessageBox.Show("i="+i.ToString()+" s="+s.ToString());
```

如果没有 if(i==3) continue 的语句,结果应该为 i=5,s=15,但如有此语句循环在进行到 i=3

时由于执行了 continue 语句,循环中跳过 s=s+3 的语句,continue 使循环进行下一轮,因此输出 i=5,s=12,如图 3-6 所示。

3. 死循环问题

从理论上讲 do 与 while 循环都可以互相转换与代替,程序可以根据实际问题的需要来选择使用什么样的循环。一般在条件中包含一个循环变量,该循环变量在循环语句中是每次都改变的,保证循环条件在不断改变,确保条件从开始的真变为最后的假,让循环结束,循环语句执行的次数称为循环次数,循环次数应该是有限的。

图 3-6 continue 语句

如循环条件一直为真,永远不会变为假,则该循环会循环无限次,出现死循环。程序如出现死循环,计算机将永远执行循环语句,别的语句将得不到执行,程序得不到正常结束,这是应用中要避免的。例如在查找因数的程序中:

```
m=1;
while (m <= n)
{
   if (n % m == 0) s = s + m.ToString() + " ";
   m++;
}
```

如果漏写了 m++的语句,使程序变为:

```
m=1;
while (m <= n)
{
   if (n % m == 0) s = s + m.ToString() + " ";
}
```

就会出现死循环,因为 m=1 永远不变,m<=n 的条件永远成立,永远执行 s=s+m.ToString()+" "的语句,使 s 字符串无限制地增长,这样会消耗掉大量的系统资源,甚至导致系统崩溃。

项目案例 3.2 整数是否是素数的判断

3.2.1 案例展示

输入一个正整数,判断它是否是一个素数,如图 3-7 所示。

图 3-7 判断素数

3.2.2 技术要点

1. 素数

根据数学知识,一个数 n 是素数是指这个数仅可以被 1 和它自己整除,既它没有界于

2~(n-1)的因数,进一步还可以说如果不存在 2~$\sqrt{n}$ 的因数,则 n 是素数。因此可以用一个循环变量 m 来测试 n 是否是素数,m 从 2 开始,在循环中用 m 不断去除 n,如一直到 m=$\sqrt{n}$ 都除不尽 n,则 n 就是素数,不然就不是。在 C#中 $\sqrt{n}$ 可以用 Math 数学空间中的 Math.Sqrt(n) 函数来计算。

2. for 循环

在 C#中除了前面介绍过的 do 及 while 循环外,还有一种广泛使用的 for 循环,for 循环集中了循环变量初始化、条件判断及循环变量变化于一体,使用比较方便。for 循环语句的一般格式为:

for(变量初始化表达式;条件;变量变化表达式)
{
    语句;
    [break;]
}

for 循环的执行流程如图 3-8 所示。

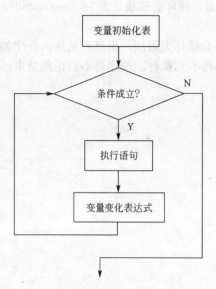

图 3-8 for 循环的执行流程

变量初始化表达式一般用来设置变量的初始值,条件表达式是控制循环次数的,只有当条件成立时,循环才进行。变量变化表达式控制每次循环后变量的变化,这个控制循环的变量一般就是循环变量。

(1)循环条件

当进入 for 循环时,首先执行变量初始化表达式,接着就判断条件,如条件不成立,则循环一次也不会执行,例如:

int i,s=0;
for(i=1;i<1;i--) s=s+i;

则这个循环一次也不执行,因为开始 i=1,条件 i<1 不成立。

(2)循环语句

如条件成立,则执行循环的语句,循环语句可以是单个语句,也可以是复合语句,例如:

int i,s=0;
for(i=1;i<=2;i++) s=s+i;

则该循环执行两次,i=1 时执行一次,使 s 为 1,之后 i++使 i 变为 2,而条件 i<=2 仍然成立,因此又执行一次,使 s 为 3,之后 i++使 i 变为 3,i<=2 条件不成立,退出循环,最后 i 为 3,s 为 3。

(3)循环变量

变量变化表达式在循环语句执行完成后执行,它完成对循环变量的变化工作,一般很多循环都是用++或者--的运算来对变量进行加 1 或者减 1 的运算。在使用++或者--控制循环变量时把++或者--写在循环变量的前面与后面是一样的,例如循环:

for(i=1;i<=2;i++) s=s+i;

与循环:

for(i=1;i<=2;++i) s=s+i;

是没有什么区别的,变量变化表达式都使 i 的值增加 1,与 i++或者++i 中的++的先后没有关系。

但要特别注意 for 循环与 do 或者 while 循环不同的是,不要在循环体内部去改变循环变量的值，循环变量的值一般只在循环变量变化表达式中改变，不然循环次数就很难控制，例如循环：

  int i,s=0;
  for(i=1;i<=2;i++) { s=s+i; i++; }

那么循环只执行一次。因为 i=1 时执行一次，使 s 为 1，之后在循环体内部 i++ 使 i 增加 1 成为 2，循环体结束，又回到变量变化表达式的 i++ 又使 i 增加 1 成为 3，条件 i<=2 不成立，循环结束。

如果在循环题中随意改变循环变量的值，还有预想不到的结果，例如循环：

  int i,s=0;
  for(i=1;i<=2;i++) { s=s+i; --i; }

将成为死循环。

（4）定义循环变量

在 C# 中，循环变量还可以在变量初始化表达式中定义，例如：

  int s=0;
  for(int i=1;i<=2;i++) s=s+i;
  //错误：MessageBox.Show(i.ToString());

注意这样定义的变量在本循环之内是有效的，可以用来控制循环的次数，但超出该循环后该变量就无效了，例如到语句 MessageBox.Show(i.ToString()) 时就无效了，i 变量在该语句不存在。有关变量的作用范围在后面的项目中还要进一步介绍。

（5）循环退出

for 循环的 break 语句用来退出循环，例如：

  int i,s=0;
  for(i=1;i<=2;i++)
  {
    if(i>1) break;
    s=s+i;
  }

该程序执行后只循环一次，到 i=2 时由于 break 语句而终止循环，循环退出后 i 的值为 2，s 的值为 1。

break 在判断素数的过程中有用，用 p 变量构成一个循环，通过下列程序判断 n 是否为素数：

  int p,m,n;
  m=(int)Math.Sqrt(n);
  for(p=2;p<=m;p++)
    if(n%p==0) break;
  if(p==m+1) MessageBox.Show(n.ToString()+"是素数");

其中 m=(int)Math.Sqrt(n) 是 $\sqrt{n}$ 的整数值，p 从 2 变到 m，如有一个 p 使得 n%p==0 成立，则 p 是 n 的因数，n 不是素数，这时没有必要再判断下一个 p 了，退出循环。但如所有是 p 都不是 n 的因数，则循环会正常结束，此时 p==m+1 成立，由此断定 n 是素数。

（6）循环变化

for 循环中如果没有要初始化的变量或者表达式，则该部分可以省略，例如：

  int i=1,s=0;

```
    for(;i<2;i++) s=s+i;
```
与
```
    int i,s=0;
    for(i=1;i<2;i++) s=s+i;
```
是等效的，其中 for(;i<2;i++)中没有变量初始化的部分。实际上 for 的每个部分都可以省略，例如：
```
    int i=1,s=0;
    for(;;) s=s+i;
```
这是一个死循环，因为没有条件限制，但程序：
```
    int i=1,s=0;
    for(;;)
    {
    s=s+i++; if(i>2) break;
    }
```
在执行两次循环后会退出，不是死循环。

3.2.3 程序设计

1．界面设计

在窗体 Form1 上放置一个标签控件 Label，一个按钮 Button，一个文本框 TextBox，设置属性如表 3-2 所示。

表 3-2 设置属性

控　件	名　称	属　性
窗体 Form	Form1	Text="判断素数"
标签 Label	label1	Text=" "
按钮 Button	button1	Text="判断"
文本框 TextBox	textBox1	

2．代码设计

根据素数的判断规则用 for 循环在 button1_Click 函数中编写代码如下：

```
    private void button1_Click(object sender, EventArgs e)
    {
        int m, n, p;
        string s = "";
        try
        {
            n = int.Parse(textBox1.Text);
            m = (int)Math.Sqrt(n);
            for (p = 2; p <= m; p++)
                if (n % p == 0) break;
            if (p == m + 1) s = n.ToString() + "是素数";
            else s = n.ToString() + "不是素数";
        }
```

```
            catch (Exception exp) { s = exp.Message; }
            label1.Text = s;
    }
```
执行该程序输入一个整数就可以判断它是否是素数。

3.2.4 模拟训练

输入两个正整数,找出它们的最小公倍数与最大公约数,如图3-9所示。

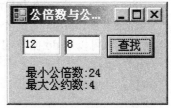

图3-9 公倍数与公约数

设输入的两个数是a与b,最小公倍数一定比它们两个中最大的一个要大,一定不超过a与b的积,比较直接的方法是用一个循环变量从它们中最大的一个数开始不断加大这个变量,直到a与b都能同时除尽这个数为止,这个数显然是它们的最小公倍数。同样最大公约数一定比a与b的最小值小,最小的情况为1(a、b互质时),也用一个循环来求解。参考程序如下:

```
private void button1_Click(object sender, EventArgs e)
{
    string s="";
    try
    {
        int a = int.Parse(textBox1.Text);
        int b = int.Parse(textBox2.Text);
        int m;
        for (m = (a > b ? a : b); m <= a * b; m++)
            if (m%a== 0&&m%b== 0)
            {
                s = "最小公倍数:" + m.ToString(); break;
            }
        for (m = (a > b ? b : a); m >= 1; m--)
            if (a % m == 0 && b % m == 0)
            {
                s = s +"\r\n 最大公约数:"+ m.ToString(); break;
            }
    }
    catch (Exception exp) { s = exp.Message; }
    label1.Text = s;
}
```

3.2.5 应用拓展

从理论上讲while、do及for循环都可以互相转换与代替,程序可以根据实际问题的需要来使用什么样的循环。例如本节的素数判断程序也可以用while循环编写:

```
p=2;
while(p<=m)
{
```

```
      if (n % p == 0) break;
      p++;
}
if (p == m + 1) s = n.ToString() + "是素数";
else s = n.ToString() + "不是素数";
```
当然也可以用 do 循环编写：
```
p=2;
do
{
  if (n % p == 0) break;
  p++;
} while(p<=m);
if (p == m + 1) s = n.ToString() + "是素数";
else s = n.ToString() + "不是素数";
```
而前面的求整数 n 的所有因数的程序也可以用 for 循环编写：
```
for(m=2;m<=n;m++)
if(n%m==0) s=s+m.ToString()+" ";
//s 既为所有因数
```
一般来说，while 及 do 循环常用于预先不确定循环次数的循环中，而 for 循环更适合用于预先确定循环次数的循环中。

项目案例 3.3 整数的素数因数分解

3.3.1 案例展示

输入一个整数，查找它的所有素数因数，即那些不超过它自己的所有能整除它的素数，例如 24 的素数因数有 2、3 等，如图 3-10 所示。

图 3-10 素数因数

3.3.2 技术要点

1. 循环嵌套

寻找一个整数 n 的素数因数实际上就是先找它的一个因数 p，进一步看看这个因素是否是素数，因此程序应该为：

```
int m,n,p,q;
for(p=2;p<=n;p++)
if(n%p==0)
{
  //p 是 n 的因数，再判断 p 是否是素数
  m=(int)Math.Sqrt(p);
  for(q=2;q<=m;q++)
  if(p%q==0) break;
  if(q==m+1)
  {
```

```
       //p 是素数因数
    }
}
```

在这个程序中存在两个循环，一个是循环变量为 p 的 for 循环，它用来测试 p 是否是 n 的因数，另一个是循环变量为 q 的 for 循环，它用来测试 p 是否是素数，其中 q 变量的循环被包含在外层的 p 循环中，构成了循环嵌套。p 变量循环是外层循环，q 变量循环是内层循环，在每个 p 值下，q 循环都执行完成一次，如图 3-11 所示。

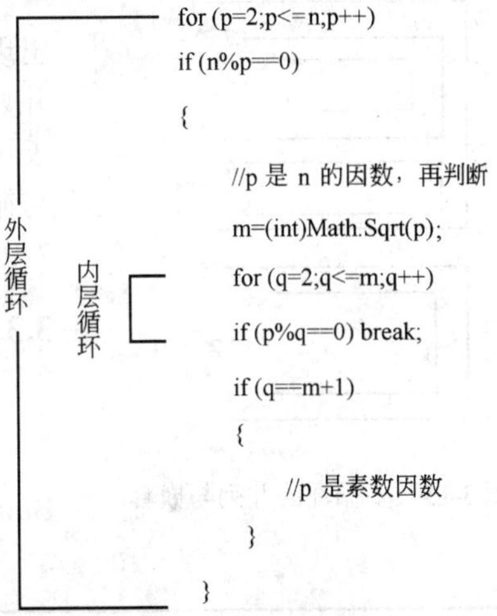

```
外层循环  for (p=2;p<=n;p++)
          if (n%p==0)
          {
              //p 是 n 的因数，再判断
   内层循环  m=(int)Math.Sqrt(p);
              for (q=2;q<=m;q++)
                if (p%q==0) break;
              if (q==m+1)
              {
                  //p 是素数因数
              }
          }
```

图 3-11　循环嵌套

2．循环的规则

（1）循环并列

循环并列即多个循环按前后顺序的关系出现在同一层上，例如以下的 p 循环与 q 循环的关系：

```
for(p=1;p<=n;p++) {……}
……
for(q=1;q<=m;q++) {…… }
……
```

可以用如图 3-12 所示来形象地表示这种关系。

图 3-12　循环并列

（2）循环嵌套

循环嵌套即一个外层的循环套一个内层的循环，例如以下的 p 循环与 q 循环的关系：

```
for(p=1;p<=n;p++)
{
    ……
    for(q=1;q<=m;q++) { ……}
    ……
}
```

可以用如图 3-13 所示来形象地表示这种关系。

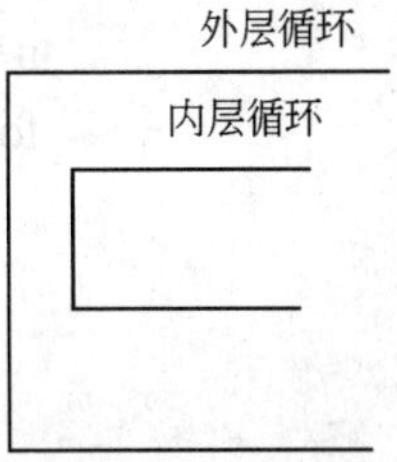

图 3-13　循环嵌套

（3）循环交叉

循环交叉即一个外层的循环与一个内层的交叉，例如以下的 p 循环与 q 循环的关系：

```
p=1;
do
{
    q=1;
    do {  …… }  while(p<=m);
    p++;
} while(q<=n);
```

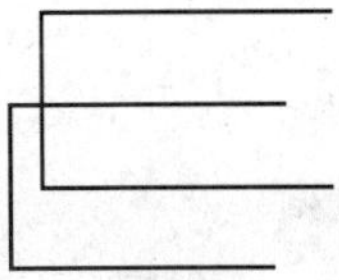

图 3-14　循环交叉

可以用如图 3-14 所示来形象地表示这种关系。

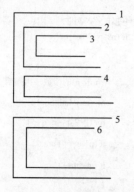

图 3-15 多循环的并列与嵌套

在程序中有多个循环存在时，只能并列或嵌套，不能出现交叉。一般来说，一个程序中往往会出现多个循环的并列与嵌套的结构，而且嵌套可以有多层。如图 3-15 所示表示有 6 个循环，其中循环 1 与循环 5 是并列关系，循环 2 与循环 4 也是并列关系，循环 1 套了循环 2 与循环 4，循环 2 套了循环 3，循环 5 套了循环 6。

3.3.3 程序设计

1. 界面设计

在窗体 Form1 上放置一个标签控件 Label，一个按钮 Button，一个文本框 TextBox，设置属性如表 3-3 所示。

表 3-3 设置属性

控件	名称	属性
窗体 Form	Form1	Text="查找素因数"
标签 Label	label1	Text=" "
按钮 Button	button1	Text="查找"
文本框 TextBox	textBox1	

2. 代码设计

根据循环嵌套的规则编写程序如下：

```
private void button1_Click(object sender, EventArgs e)
{
    string s = "";
    int m,n, p, q;
    try
    {
        n = int.Parse(textBox1.Text);
        for (p = 2; p <= n; p++)
            if (n % p == 0)
            {
                //p 是 n 的因数，再判断 p 是否是素数
                m = (int)Math.Sqrt(p);
                for (q = 2; q <= m; q++)
                    if (p % q == 0) break;
                if (q == m + 1)
                {
                    //p 是素数因数
                    s = s + p.ToString() + " ";
                }
            }
    }
    catch (Exception exp) { s = exp.Message; }
```

```
            label1.Text = "素数因数: " + s;
    }
```
执行该程序效果如图 3-10 所示。

3.3.4 模拟训练

用 while 或者 do 循环构造多重循环，查找一个整数的所有素数因数。

3.3.5 应用拓展

1. 循环退出

break 语句用在循环中时会强制退出循环，注意在有多层循环时 break 只退出它所对应的那一层的循环，并不是最外层的循环，例如：

```
for (p = 2; p <= n; p++)
    if (n % p == 0)
    {
        //p 是 n 的因数，再判断 p 是否是素数
        m = (int)Math.Sqrt(p);
        for (q = 2; q <= m; q++)
            if (p % q == 0) break;
        if (q == m + 1)
        {
            //p 是素数因数
            s = s + p.ToString() + " ";
        }
    }
```

那么程序执行到 break 语句时退出的是内层 q 的循环，而不是外层 p 的循环。

作为多重循环退出的实例，可以来打印 100 之内的所有素数，程序如下：

```
private void Form1_Load(object sender, EventArgs e)
{
    int m, n, p,q=0;
    string s="";
    for (n = 2; n <= 100; n++)
    {
        p=(int) Math.Sqrt(n);
        for(m=2;m<=p;m++)
            if(n%m==0) break;         //退出 m 循环
        if (m==p+1)
        {
            //m 循环不是 break 退出时必然 m=p+1，此时可以判断 n 是素数
            s = s + n.ToString()+" "; ++q;
            if (q % 10 == 0) s = s + "\r\n"; //10 个一行输出
        }
    }
```

图 3-16 100 内的素数

```
label1.Text = s;
}
```
在这个程序中用到两重循环嵌套,执行该程序结果如图 3-16 所示。

2．循环次数

在使用多重循环时要注意循环计算的工作量问题,一个两层的循环总的循环次数是这两个循环的次数之积,在多重循环中总的循环次数不能太大,否则计算机要用很长时间来进行计算,这就要在分析实际问题时尽量寻找一种计算量小而快速有效的算法,一个好的程序应是短小而且快速有效的。

例如计算: s=1!+2!+3!+4!+…+10!

方法一:

```
int m,n,s;
s=0; m=1;
for(n=1;n<=10;n++)
{
    m=n*m; s=s+m;
}
MessageBox.Show("1!+2!+3!+…+10! 结果为"+s.ToString());
```

方法二:

```
int m,n,p,s;
s=0; m=1;
for(n=1;n<=10;n++)
{
    m=1;
    for(p=1;p<=n;p++) m=p*m;
    s=s+m;
}
MessageBox.Show("1!+2!+3!+…+10! 结果为"+s.ToString());
```

你认为哪一种方法好?显然第一种方法更有效。

实训 3 整数的分解

1．程序功能简介

整数的分解:

(1) 输入一个整数,把该整数分解成为若干个素数因数的乘积,例如 24=2*2*2*3,其中 2,3 都是 24 的素数因数(图 3-17)。

(2) 如果整数是一个偶数,则这个偶数还可以分解成为两个素数的和(哥德巴赫猜想),例如 24 可分解为 24=5+19。

2．程序技术要点

(1) 素数因数分解

任何一个整数都可以分解成为多个素数的乘积,这是基本的数学规律。对于任何一个整数 n,先用一个素数 p 整除它,看看能整除多少次,记录这些 p

图 3-17 整数分解

及整除后的商,再求下一个比 p 大的素数,再去整除这个整数的商,如此循环,直到商为 1 为止,这个整数就被这些素数整除尽了,从而把这个整数分解成了多个素数的乘积。

一个整数分解成哪些素数因数的乘积的分解是唯一的,不可能有第二种不同的分解。

(2)哥德巴赫猜想

1742 年 6 月,德国著名的数学家哥德巴赫(C.Goldbah 1690-1764)预言"任何一个 6 以上的偶数都可以分解为两个素数的和",这就是著名的哥德巴赫猜想,俗称"1+1=2"。例如 6=3+3,8=5+3,10=5+5…等,这个问题得到千千万万个数的试验,但至今未得到数学证明。

关于一个数是否为素数的问题在前面项目已经讨论过,显然对于任意一个偶数 n,问题是要找到一个比 n 小的素数 p,使 q=n-p 也为素数,这样 n 便分解为 p 与 q=n-p 两个素数之和。

一个偶数分解成两个素数的和的分解不是唯一的,例如 24=5+19 是一种分解,24=17+7 也是一种分解,本程序只显示其中一种分解方式。

3. 程序界面设计

在窗体 Form1 上放置一个标签控件 Label,一个按钮 Button,一个文本框 TextBox,设置属性如表 3-4。

表 3-4 设置属性

控 件	名 称	属 性
窗体 Form	Form1	Text="整数分解"
标签 Label	label1	Text=" "
按钮 Button	button1	Text="分解"
文本框 TextBox	textBox1	

4. 程序代码设计

根据整数分解成素数因数的乘积的规则及偶数分解成两个素数之和的规则,设计程序如下:

```
private void button1_Click(object sender, EventArgs e)
{
    int p, q, k, m, n, mn;
    string s;
    try
    {
        //获取输入整数
        mn = int.Parse(textBox1.Text);
        //分解成素数因数的乘积
        n = mn;
        s = n.ToString() + "=1";
        //分解所有的因数 2
        while (n % 2 == 0) { n = n / 2; s = s + "*2"; }
        p = 1;
        while (n > 1)
        {
            //寻找更大的一个素数因子
            bool isPrime = false;
```

```csharp
            while (!isPrime)
            {
                //p 是一个可能的素数因数，p=p+2 保证找到的素数因数比上次大
                p =p+2; m = (int)Math.Sqrt(p);
                for (q = 2; q <= m; q++)
                    if (p % q == 0) break;
                //找到 p 是素数
                if (q == m + 1) isPrime = true;
            }
            //p 如是 n 的素数因数，则分解成多个 p 的乘积
            while (n % p == 0) { n = n / p; s = s + "*" + p.ToString(); }
        }
        //如 n 是偶数，则分解它为两个素数之和 n=p+q
        n = mn;
        if (n % 2 == 0)
        {
            for (p =2; p < n / 2; p++)
            {
                q = n - p;
                //判断 p 是否是素数
                m = (int)Math.Sqrt(p);
                for (k = 2; k <= m; k++)
                    if (p % k == 0) break;
                if (k == m + 1)
                {
                    //如 p 是素数，则再判断 q 是否是素数
                    m = (int)Math.Sqrt(q);
                    for (k = 2; k <= m; k++)
                        if (q % k == 0) break;
                    if (k == m + 1)
                    {
                        //如 q 是素数，则找到一个分解 n=p+q，p 及 q 都是素数
                        s = s + "\r\n" + n.ToString() + "=" + p.ToString()
                            + "+" + q.ToString();
                        break;
                    }
                }
            }
        }
    }
    catch (Exception exp) { s = exp.Message; }
    //显示结果
    label1.Text = s;
```

    }

    private void textBox1_KeyPress(object sender, KeyPressEventArgs e)
    {
        //限制文本框只能输入整数
        char c=e.KeyChar;
        if(!(c>='0'&&c<='9'||c=='\u0008')) e.KeyChar='\u0000';
    }

执行该程序，输入一个数后对它进行分解，效果如图 3-17 所示。

5．程序功能评述

在整数分解的程序中多处用到了判断一个数是否为素数的程序代码，实际上按这种要求可以设计一个判断素数的函数，例如：

bool IsPrime(int n) { ...... }

该函数判断整数 n 是否是一个素数，如是则值为 true，否则为 false。程序如使用这种函数则代码的逻辑会简单而且清晰得多，关于函数的概念将在后面的项目中讲解。

练 习 题

1. 输入一个正整数，判断这个数是否为素数。
2. 输出 100 以内的所有的素数。每行要求输出 5 个素数。
3. 2000 年我国有 12.9533 亿人口，按人口年增长率 0.8%计算，多少年后我国人口超过 26 亿？
4. 输入一个正整数，求各位数字之和，例如 123983 为 1+2+3+9+8+3 的和。
5. 设计程序输入一个字符串，根据它的第一个字母分别输出以下结果：（1）第一字母是小写英文字母；（2）第一字母是大写英文字母；（3）第一字母是数字 0~9 之一；（4）第一字母空格第一字母是别的字符。
6. 设计程序输入一个年份及一个月份，输出该年该月应有的最大天数。
7. 一球从 80 米高度自由下落，每次落地后返回原高度的一半，再落下。求它在第 10 次落地时共经过多少米？第 10 次反弹多高？
8. 求 s=x+xx+xxx+xxxx+xx...x 的值，其中 x 是一个数字。例如 2+22+222+2222+22222（此时共有 5 个数相加），输入 x 及相加的数个数，计算 s 的值。
9. 有一分数序列：2/1，3/2，5/3，8/5，13/8，21/13…，求出这个数列的前 20 项之和。
10. 有近千名学生排队，7 人一行余 3 人，5 人一行余 2 人，3 人一行余 1 人，编写程序求学生人数。
11. 计算机在计算两个整数的除法时如两个数除不尽，则结果往往是不准确的，只有几位或十几位准确数值。试设计一个你的计算程序，输入 p 及 q 两个正整数（设 q>p>0），计算 p/q 的结果，使得结果能随意地控制到小数位 n 位都是准确的，其中 n 是由键盘任意输入的正整数。例如 p=2、q=7，则直接计算：p/q= 0.2857143，用你的程序计算 n=20 时：p/q= 0.2 8 5 7 1 4 2 8 5 7 1 4 2 8 5 7 1 4 2 8（提示：计算结果用字符串存储）
12. 一个猴子第一天摘下若干个桃子，当即吃了一半，还不过瘾，又多吃了一个。第二天早上又将剩下的桃子吃掉一半，又多吃了一个。以后每天早上都吃了前一天剩下的一半零一个。到第 10 天早上想再吃时，见只剩下一个桃子了。求第一天共摘了多少。

项目实训 4　单词统计

项目功能：输入一段英文后，统计每个字母及单词的出现频率。
学习范围：静态数组与动态数组的应用、数组数据的排序与查找、列表控件使用。
练习内容：针对该知识与能力范围的知识练习与多个项目实训练习。

项目案例 4.1　字符数组与字符串转换

4.1.1　案例展示

编写程序输入一个字符串，把它转为大写或者小写的字符串，如图 4-1 所示。

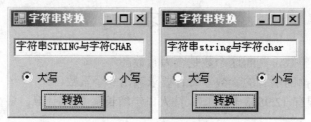

图 4-1　字符串大小写转换

4.1.2　技术要点

1. 字符数组

在数学中同类型的多个数据称为数列，数列中的元素可以用下标来引用，例如数列 n_1，n_2，......，n_i，......，则 n_i 表示第 i 个元素。实际上计算机中也存在类似的数列，称为数组，数组是同类型的一组变量，各个变量用下标来引用。字符数组是 char 类型的数组，它的每一个元素是一个 char 变量，可以用来存放字符串，例如：

char [] a=new char[5];

定义了一个字符数组，它有 a[0],a[1],a[2],a[3],a[4]共 5 个元素，其中 new 是 C#的关键字，意思是建立一个 char[]数组类型的数组对象。数组建立后可以为它们赋值，例如：

a[0]='H'; a[1]='e'; a[2]='l'; a[3]='l'; a[4]='o';

其内存分布如图 4-2 所示。

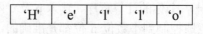

图 4-2　char a[5]内存分布

另外也可以在定义时就对各个元素赋值，例如：

char []a=new char[]{'H'、'e'、'l'、'l'、'o'。};

2. 字符数组与字符串

字符数组可以用来存储字符串，字符串在内存中的存放形式也就是字符数组的形式，字符串可以看成是字符的数组，例如：
　　string s="Hello";
　　char []a=new char[]{'H'、e'、'l'、'l'、'o'。};
s 字符串是由字符'H'、e'、'l'、'l'、'o'这 5 个字符组成的，它与字符数组 a 之间是可以转换的。实际上字符串 s 的长度为 s.Length，值为 5，就是字符串 s 包含的字符数，要得到其中第 i 个字符，可以像数组访问数组元素那样用 s[i]得到，其中 s[0]是第 1 个字符，s[1]是第 2 个字符，……，s[s.Length-1]是最后一个字符。例如：
　　string s="Hello";
　　char[] a=new char[s.Length];
　　for(int i=0;i<s.Length;i++) a[i]=s[i];
那么 a[0]、a[1]、a[2]、a[3]、a[4]的值分别为'H'、e'、'l'、'l'、'o'。

注意在 C#中字符串中的字符是不可以改变的，因此不能对某个字符 s[i]赋值，例如 s[0]='h'是错误的。

字符串还有一个函数 ToCharArray 可以把字符串直接转为数组，例如：
　　string s="Hello";
　　char[] a=s.ToCharAyrray();
则 a 是一个长度为 5 的字符数组，a[0]、a[1]、a[2]、a[3]、a[4]的值分别为'H'、e'、'l'、'l'、'o'。

字符数组转字符串可以通过字符串的构造函数 new string(char[])实现，例如：
　　char []a=new char[]{'H'、e'、'l'、'l'、'o'。};
　　string s=new string(a);
则 s="Hello"。

4.1.3　程序设计

1. 界面设计

在窗体 Form1 上放置一个文本框 TextBox、两个单选按钮 RadioButton、一个按钮 Button 控件，设置属性如表 4-1 所示。

表 4-1　设置属性

控件	名称	属性
窗体 Form	Form1	Text="字符串转换"
按钮 Button	Button1	Text="转换"
单选按钮 RadioButton	radioButton1	Text="大写"
	radioButton2	Text="小写"
文本框 TextBox	textBox1	Text=""

2. 代码设计

根据字符与字符串之间的关系编写代码如下：

```
private void button1_Click(object sender, EventArgs e)
{
    string s = textBox1.Text,t="";
    for(int i=0;i<s.Length;i++)
    {
        char c=s[i]; //取出一个字符
```

```
                if (radioButton1.Checked)
                {
                    //转大写
                    if (c >= 'a' && c <= 'z') c = (char)((int)'A' + (int)c - (int)'a');
                }
                else
                {
                    //转小写
                    if (c >= 'A' && c <= 'Z') c = (char)((int)'a' + (int)c - (int)'A');
                }
                t = t + c.ToString();
            }
            textBox1.Text = t;
        }
```

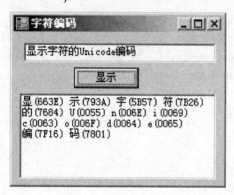

图 4-3　显示字符编码

程序中取出每个字符，判断是否应转为小写或者是大写，把转换后的字符组织成另外一个字符串输出。

4.1.4　模拟训练

在文本框中输入一个字符串，显示出该字符串中每个字符的 Unicode 编码，每 4 个一行进行显示，如图 4-3 所示。

参考程序：

```
private void button1_Click(object sender, EventArgs e)
{
    string s = textBox1.Text,t="";
    for (int i = 0; i < s.Length; i++)
    {
        int n = (int)s[i];
        t = t+s[i].ToString() + "(" + n.ToString("X4") + ") ";
        if ((i+1) % 4 == 0) t = t + "\r\n";
    }
    textBox2.Text = t;
}
```

4.1.5　应用拓展

字符串是程序设计中常常用到的，为了让读者更好的熟悉与掌握字符串的操作，下面列举部分常用的操作方法。

1．字符串比较函数

字符串比较可以用比较方法：

int CompareTo(string s);

字符串与 s 字符串比较，相同时返回 0，大于返回正数，小于返回负数。例如：
String s="It is C#",t="It is C";
int res=s.CompareTo(t);   //res>0
在 C#中还可以用"=="来比较相等，用"!="来比较不等，但不能用">"、">="、"<"、"<="等来比较大小。

2．字符串包含函数

bool Contains (string value)

如果 value 参数出现在此字符串中，或者 value 为空字符串 ("")，则为 true；否则为 false，例如：

string s="Viausl C#",t="C#";
bool res=s.Contains(t);   //res=true
res=s.Contains(".Net");   //res=false

3．字符串的检索

在一个字符串中去寻找另外一个字符串称为检索，方法是：

int IndexOf(string t);

该方法从开始的位置检索字符串 t，返回 t 第一次出现的位置，如找不到 t 则返回-1。如果进行反方向的检索，则可以用下列方法：

int LastIndexOf(string t);

该方法从字符串的末尾开始向前检索字符串 t，返回 t 第一次出现的位置，如找不到 t 则返回-1，例如：

string s="C# is abbreviated from Visual C#";
int pos=s.IndexOf("C#");   // pos=0
pos=LastIndexOf("C#");   // pos=30

4．字符串与字符数组的转换

字符串可以看成是连续的一串字符，因此可以实现字符数组到字符串的转换，例如：

char [] c=new char[]{'C',',','#'};
string s=new string(c);   // s="C#"

反过来，一个字符串也可以转为一个字符数组，方法是：

char [] ToCharArray();

例如：

string s="C#";
char c[]=s.ToCharArray(); // 则 c[0]='C', c[1]='#'

5．获得子字符串

从一个字符串中取出部分字符串称为其子串，可以通过下列方法完成：

string Substring(int start);

它的功能是返回从 start 位置开始连续取到字符串结尾的一个子字符串。

string Substring(int start,int length);

它的功能是返回从 start 位置开始连续取 length 个字符的一个子字符串，如果还没有取到 length 个字符就到末尾，则也结束，例如：

string s="It is C#";
string t=s.Substring(6);   // t="C#"
t=s.Substring(0,2); // t="It"

t=s.Substring(6,4); //t="C#"

6. 检测字符串的前后部分

用下面的方法来检测字符串的开始部分或结束部分是否由指定的字符串开始或结尾：
bool StartsWith(string s);   // 检测开始部分，如与 s 相同则返回 true，否则返回 false
bool EndsWidth(string s);   // 检测结束部分，如与 s 相同则返回 true，否则返回 false
例如：
String s="It is C#";
bool ans=s.StartsWith("C#");   // ans=false
ans=EndsWith("C#");   // ans=true

7. 去掉字符串前后空格

Trim()方法可以去掉字符串前后空格，返回去掉前后空格后的字符串，例如：
String s="   It is C#   ";
s=s.Trim();   // s="It is C#"
注意 Trim()只去掉字符串前后空格，并不去掉中间空格。

8. 转大小写

string ToUpper();   // 字符串中的小写字母转大写字母
string ToLower();   //字符串中的大字母转小写字母
例如：
string s="Viausl C#";
string t=s.ToUpper();   //t="VISUAL C#"
t=s.ToLower();   // t="visual c#"

项目案例 4.2　字母统计与 ListBox 列表显示

4.2.1　案例展示

在多行文本框中输入一段英文文本，统计 26 个字母（不区分大小写）每个字母出现的次数，把结果显示在数据列表控件 ListBox 中，如图 4-4 所示。

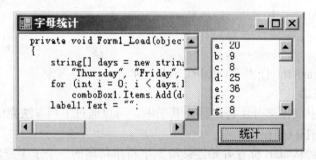

图 4-4　统计字母出现次数

4.2.2　技术要点

1. 整数数组

由于不区分大小写字母，则首先把输入的英文文本转为小写文本，这样就只有 26 个字母要统计。要统计 26 个字母出现的次数，需要 26 个存储变量，显然用数组变量是比较合适的。定义一个有 26 个整数单元的数组 count 如下：

int[] count=new int[26];

用 count[0]统计字母'a'出现的次数，count[1]统计字母'b'出现的次数，……，count[25]统计字母'z'出现的次数。

统计开始时，取出输入文本的一个字符 c，对于任何一个小写字母 c，它对应了 count[(int)c-(int)'a']的数组单元，把这个单元的值增加 1，就完成一次统计。当统计完后，数组 count[0]、count[1]、……、count[25]的值就是'a'~'z'的 26 个字母出现的次数。

2. ListBox 列表

ListBox 控件称为列表框，ListBox 中包含了一组字符串，这些字符串组成一个集合，集合与数组十分相似，都是对多个相同数据类型的数据的管理。ListBox 的字符串集合是 Items 属性，通过该属性的操作可以完成字符串的元素的增加、删除的功能，表 4-2 列出了 ListBox 的主要属性与方法。

表 4-2 ListBox 的属性与方法

属性与方法	说 明	示 例
Items.Count 属性	字符串项目数	listBox1.Items.Count
Items.Add(s)方法	增加字符项目 s	listBox1.Items.Add("abc")
Items.RemoveAt(i)方法	删除序号为 i 的字符串项目	listBox1.Items.RemoveAt(0)删除第一项
Items.Clear()方法	删除所有项目	
Items[i]属性	获取序号为 i 的字符串项目	listBox1.Items[0]是 listBox1 中包含的第一个字符串 listBox1.Items[listBox1.Items.Count-1] 是 listBox1 中包含的最后一个字符串
SelectedIndex 属性	所选择的字符串项目的序号，如为–1 则表示未选择	listBox1.SelectedIndex 如为 0，则表示选择了第一项

4.2.3 程序设计

1. 界面设计

在窗体 Form1 上放置 1 个文本框 TextBox、1 个列表框 ListBox、1 个按钮 Button 控件，设置属性如表 4-3 所示。

表 4-3 设置属性

控 件	名 称	属 性
窗体 Form	Form1	Text="字母统计"
按钮 Button	button1	Text="统计"
列表框 ListBox	listBox1	
文本框 TextBox	textBox1	MultiLine=true; ScrollBars=Both; WordWrap=false;

2. 代码设计

根据字母统计的分析，编写代码如下：

```
private void button1_Click(object sender, EventArgs e)
{
```

```csharp
string s=(textBox1.Text).ToLower();    //转小写
int[] count = new int[26];    //定义数组
int i, j;
//初始化各个数组元素为 0
for (i = 0; i < count.Length; i++) count[i] = 0;
for (i = 0; i < s.Length; i++)
{
    char c = s[i];    //取出一个字符
    if (c >= 'a' && c <= 'z')
    {
        //如该字符是一个小写字母，则统计出现一次
        j = (int)c - (int)'a';
        count[j]++;
    }
}
//输出显示
listBox1.Items.Clear();    //清空 listBox1
for (i = 0; i < count.Length; i++)
{
    char c=(char)(i+(int)'a');       //对应小写字母
    char d = (char)(i + (int)'A');   //对应大写字母
    //显示到 listBox1
    listBox1.Items.Add(c+"或者"+d+": "+count[i].ToString());
}
}
```

执行该程序，效果如图 4-4 所示。

4.2.4 模拟训练

修改程序，在区分大小写字母的情况下，统计 26 个小写字母与 26 个大写字母各个字母出现的次数，如图 4-5 所示。

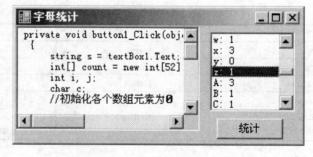

图 4-5 统计大小写字母出现次数

参考程序如下：
```csharp
private void button1_Click(object sender, EventArgs e)
```

```csharp
{
    string s = textBox1.Text;
    int[] count = new int[52];    //定义数组
    int i, j;
    char c;
    //初始化各个数组元素为 0
    for (i = 0; i < count.Length; i++) count[i] = 0;
    for (i = 0; i < s.Length; i++)
    {
        c = s[i];    //取出一个字符
        if (c >= 'a' && c <= 'z')
        {
            //如该字符是一个小写字母，则统计出现一次
            j = (int)c - (int)'a'; count[j]++;
        }
        else if (c >= 'A' && c <= 'Z')
        {
            //如该字符是一个大写字母，则统计出现一次
            j = (int)c - (int)'A'+26; count[j]++;
        }
    }
    //输出显示
    listBox1.Items.Clear();    //清空 listBox1
    for (i = 0; i < count.Length; i++)
    {
        if(i<26) c = (char)(i + (int)'a');       //对应小写字母
        else c=(char)(i-26 + (int)'A');    //对应大写字母
        //显示到 listBox1
        listBox1.Items.Add(c + ": " + count[i].ToString());
    }
}
```

4.2.5 应用拓展

1. 列表框 ListBox

ListBox 列表框是程序设计中常常使用的控件之一。如图 4-6 所示是一个课程选择的应用，左边是等待选择的课程，右边是选择的课程，用四个按钮控制课程的选择，其中：

button1 既 ">>" 按钮：选择所有的课程到右边；
button2 既 ">" 按钮：选择左边选择的课程到右边；
button3 既 "<" 按钮：删除右边已经选择的课程；
button4 既 "<<" 按钮：删除右边全部的课程。

项目实训 4 单词统计

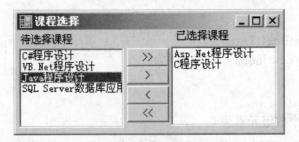

图 4-6 课程选择

在窗体上放四个按钮 Button、两个 ListBox，两个标签 Label，编写程序如下：

```
private void Form1_Load(object sender, EventArgs e)
{
    listBox1.Items.Add("C#程序设计");
    listBox1.Items.Add("VB.Net 程序设计");
    listBox1.Items.Add("C 程序设计");
    listBox1.Items.Add("Java 程序设计");
    listBox1.Items.Add("Asp.Net 程序设计");
    listBox1.Items.Add("SQL Server 数据库应用");
}

private void button1_Click(object sender, EventArgs e)
{
    int i;
    //把本列表框的全部项目增加到另一个列表框
    for (i = 0; i < listBox1.Items.Count; i++)
        listBox2.Items.Add(listBox1.Items[i]);
    //删除本列表框的所有项目
    listBox1.Items.Clear();
}

private void button2_Click(object sender, EventArgs e)
{
    //listBox 选择的项目序号为 i
    int i = listBox1.SelectedIndex;
    if (i >= 0)
    {
        //把本列表框的选择项目增加到另一个列表框
        listBox2.Items.Add(listBox1.Items[i]);
        //删除本列表框的选择项目
        listBox1.Items.RemoveAt(i);
    }
}
```

```csharp
private void button3_Click(object sender, EventArgs e)
{
    //listBox 选择的项目序号为 i
    int i = listBox2.SelectedIndex;
    if (i >= 0)
    {
        //把本列表框的选择项目增加到另一个列表框
        listBox1.Items.Add(listBox2.Items[i]);
        //删除本列表框的选择项目
        listBox2.Items.RemoveAt(i);
    }
}

private void button4_Click(object sender, EventArgs e)
{
    int i;
    //把本列表框的全部项目增加到另一个列表框
    for (i = 0; i < listBox2.Items.Count; i++)
        listBox1.Items.Add(listBox2.Items[i]);
    //删除本列表框的所有项目
    listBox2.Items.Clear();
}
```

2. 下拉列表框 ComboBox

ComboBox 称为组合列表框，顾名思义，它是由一个列表框 ListBox 与一个文本框 TextBox 组合而成的，如图 4-7 所示。因此组合框的特性实际上就是文本框的特性与列表框的特性的综合。由于篇幅有限，这里不再重述。

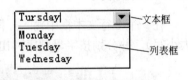

图 4-7 ComboBox 的组成

除此之外，ComboBox 还有一个重要属性 DropDownStyle，它决定了 ComboBox 的下拉特性，ComboBoxStyle 的值如下：

（1）Down 文本部分可编辑，用户必须单击箭头按钮来显示列表部分，这是默认样式。

（2）DropDownList 用户不能直接编辑文本部分，用户必须单击箭头按钮来显示列表部分。

（3）Simple 文本部分可编辑，列表部分总可见。

3. SelectedIndexChanged 事件

ListBox 与 ComboBox 的主要事件都是 SelectedIndexChanged 事件，当选择的项目发生改变时就触发该事件。为了演示这一事件过程，可以在窗体上放一个 ComboBox，一个 Label，双击 comboBox1 控件进入 comboBox1_SelectedIndexChanged 事件函数，在程序启动的 Form1_Load 中增加英文的星期，在 comboBox1_SelectedIndexChanged 中把英文星期转为中文的星期，编写程序如下：

```csharp
private void Form1_Load(object sender, EventArgs e)
```

```
{
    string[] days = new string[] { "Sunday", "Monday", "Tuesday", "Wednesday",
        "Thursday", "Friday", "Saturday" };
    for (int i = 0; i < days.Length; i++)
        comboBox1.Items.Add(days[i]);
    label1.Text = "";
}

private void comboBox1_SelectedIndexChanged(object sender, EventArgs e)
{
    //该事件函数在 comboBox1 的选择项目变化时执行
    string[] days = new string[] {"日","一","二","三","四","五","六" };
                        //选择的项目序号为 i
    int i = comboBox1.SelectedIndex;
    if (i >= 0) label1.Text = "星期" + days[i];
    else label1.Text = "";
}
```

执行该程序,结果如图 4-8 所示。读者也可以尝试用 ListBox 来实现这样的程序功能。

图 4-8 ComboBox 显示星期

项目案例 4.3 字母统计与数组排序

4.3.1 案例展示

在一个多行文本框中输入一段英文,统计 26 个字母中每个字母出现的次数(字母不分大小写),并分别按字母顺序和出现的次数多少顺序输出,如图 4-9 所示。

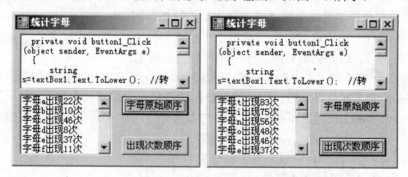

图 4-9 统计并排序输出

4.3.2 技术要点

要统计 26 个字母出现的次数,定义一个有 26 个整数单元的数组 count 如下:
int[] count=new int[26];
用 count[0]统计字母'a'出现的次数, count[1]统计字母'b'出现的次数, ……, count[25]统计字母'z'出现的次数。当统计完后，数组 count[0]、count[1]、……、count[25]的值是不同的，也没有按大小顺序排序，输出时可以对出现次数的多少进行排序。数组的排序方法很多，这里介绍一种简单的交换排序方法和插入排序。

1. 交换排序

一般数组 count[0]、count[1]、……、count[n-1]是无序的，在 n 个元素中找一个最大（小）值，把它与 count[0]交换，这样 count[0]为最大（小）的，剩余的 count[1]、……、count[n-1] 的 n-1 个元素中再找一个最大（小）值，把它与 count[1]交换，这样 count[0]、count[1]是有序的，剩余的 count[2]、……、count[n-1]再找最大（小）值，与 count[2]交换，……，如此下去，直到 count[0]、……、count[n-1]全部有序为止，排序完成。根据这种方法，可以编写数组 count 从大到小的排序程序如下：

```
int i,j,n,k;
int[] count=new int[n];
//......
for(i=0;i<n;i++)
{
    for(j=i+1;j<n;j++)
    {
        if(count[i]<count[j])
        {
            //交换 count[i]与 count[j]
            k=count[i]; count[i]=count[j]; count[j]=k;
        }
    }
}
```

在这个程序中把 count[i+1]、count[i+2]、……、count[n-1]与 count[i]比较，如有大的则与 count[i]交换，完成后 count[i]为 count[i]、count[i+1]、……、count[n-1]中最大的。这个过程用到了两重的循环，i 循环是外层循环，j 循环是内层循环。

2. 插入排序

数组 count[0]、count[1]、……、count[n-1]是无序的，count[0]自己是有序的，取出 count[1]，把它插入到 count[0]位置前面或 count[0]后面，插入完成后 count[0]、count[1]是有序的，再取 count[2]，把它插入到 count[0]、count[1]中，使 count[0]、count[1]、count[2]有序，……，如此进行，最后取出 count[n-1]，插入到已经有序的 count[0]、count[1]、……、count[n-2]中，使 count[0]、count[1]、……、count[n-2]、count[n-1]有序，排序完成。根据这种方法，可以编写数组 count 从大到小的排序程序如下：

```
int i,j,x,n;
//...
int[] a=new int[n];
for(i=1;i<n;i++)
{
    j = i - 1;
    x = count[i];
    //把 x 插入到 count[0],...count[i-1]中
```

```
        while(count[j] < x)
        {
            count[j + 1] = count[j];
            --j;
            if(j==-1) break;
        }
        count[j + 1] = x;
    }
```

在这个程序中，把 count[i]插入到 count[0]、......、count[i-1]中，方法是把它存在一个变量 x 中，把 x 与 count[i-1]比较，如 count[i-1]<x，则把 count[i-1]移动到 count[i]，再比较 count[i-2] 与 x，如 count[i-2]<x，再把 count[i-2]移动到 count[i-1]处，......，一般 count[j+1]<x，count[j+1] 移动到 count[j+2]处，但 count[j]>=x，count[j]不移动，x 就填在 count[j+1]处，这样 count[0]、......、count[i-1]、count[i]有序。

4.3.3 程序设计

1. 界面设计

在窗体 Form1 上放置一个标签控件、两个文本框、两个按钮控件，设置属性如表 4-4 所示。

表 4-4 设置属性

控 件	名 称	属 性
窗体 Form	Form1	Text="字母统计"
按钮 Button	button1	Text="字母原始顺序"
	button2	Text="出现次数顺序"
列表框 ListBox	listBox1	
文本框 TextBox	textBox1	MultiLine=true; ScrollBars=Both; WordWrap=false;

2. 代码设计

代码设计在代码窗口中完成，根据字母统计与数组排序的规则编写代码如下：

```
private void button1_Click(object sender, EventArgs e)
{
    string s=textBox1.Text.ToLower();    //转小写
    int i,j;
    int [] count=new int[26];
    for(i=0;i<count.Length;i++) count[i]=0;
    for(i=0;i<s.Length;i++)
    {
        char c=s[i];        //取一个字符
        if(c>='a'&&c<='z')
        {
            j=(int)c-(int)'a'; //是小写字符，统计一次
```

```csharp
                count[j]++;
            }
        }
        listBox1.Items.Clear();
        for (i = 0; i < count.Length; i++)
        {
            char c=(char)((int)'a'+i);    //按字母原始顺序显示结果
            s = c.ToString();
            listBox1.Items.Add("字母" + s + "出现" + count[i].ToString() + "次");
        }
    }

    private void button2_Click(object sender, EventArgs e)
    {
        string s = textBox1.Text.ToLower(); //转小写
        int i, j;
        int[] count = new int[26];     //字母出现次数数组
        char[] zm = new char[26];      //字母数组
        for (i = 0; i < count.Length; i++)
        {
            count[i] = 0; zm[i] = (char)((int)'a' + i); //初始化
        }
        for (i = 0; i < s.Length; i++)
        {
            char c = s[i];   //取一个字符
            if (c >= 'a' && c <= 'z')
            {
                j = (int)c - (int)'a';   //统计字母一次
                count[j]++;
            }
        }
        //按字母出现次数的多少进行排序，排序时字母数组也做同样的顺序调整
        for(i=0;i<count.Length;i++)
            for(j=i+1;j<count.Length;j++)
                if (count[i] < count[j])
                {
                    int tmpx = count[i]; count[i] = count[j]; count[j] = tmpx;
                    char tmpy=zm[i]; zm[i]=zm[j]; zm[j]=tmpy;
                }
        //显示结果
        listBox1.Items.Clear();
        for (i = 0; i < count.Length; i++)
```

```
            {
                s = zm[i].ToString();
                listBox1.Items.Add("字母"+s + "出现" + count[i].ToString()+"次");
            }
        }
```
执行该程序效果如图 4-9 所示。

4.3.4 模拟训练

应用插入法进行数组排序，重新编写字母统计程序。

4.3.5 应用拓展

1．随机数

随机数是随机数出现的，每次出现的值不同，不可以预见。在 C#中用随机数类 Random 产生随机数对象，并用该对象的 Next(M)方法产生一个不大于 M 的随机整数，例如：

Random rnd=new Random();
int n=rnd.Next(100);   //n 是一个[0,99]范围内的随机整数

随机数的值随时不同，每次执行 n 值都不同，但这个数在均匀分布在[0,99]内。用随机数可以随机产生一些字母填充一个字符数组，例如下列程序用小写字母填充一个数组：

Random rnd=new Random();
char [] a=new char[10];
for(int i=0;i<a.Length;i++) a[i]=(char)((int)'a'+rnd.Next(26));

2．排序演示

在窗体上放三个 ListBox 控件，两个按钮等可以演示字符数组的插入排序的过程。在 listBox1 中是原始的字符数组，它是随机产生的，listBox2 中显示排序的结果，listBox3 中显示每次插入的字符，每插入一个字符，在 listBox2 中都会显示该字符应按顺序插入在什么位置。

编写演示程序如下：

```
private void button1_Click(object sender, EventArgs e)
{
    //开始，随机产生 10 个字符
    listBox1.Items.Clear();
    listBox2.Items.Clear();
    listBox3.Items.Clear();
    Random rnd = new Random();
    for (int i = 0; i < 10; i++)
    {
        char c=(char)('a'+rnd.Next(26));
        listBox1.Items.Add(c.ToString());
    }
    button1.Enabled = false; button2.Enabled = true;
}
```

```csharp
private void Form1_Load(object sender, EventArgs e)
{
    button1.Enabled = true;
    button2.Enabled = false;
    listBox1.Enabled = false;
    listBox2.Enabled = false;
    listBox3.Enabled = false;
}

private void button2_Click(object sender, EventArgs e)
{
    //进行排序，选择要排序的字符插入到合适位置
    int i = 0, j = listBox2.Items.Count;
    string s = (string)listBox1.Items[j];
    listBox1.SelectedIndex = j;
    while (i < j && s.CompareTo(listBox2.Items[i]) > 0) ++i;
    listBox2.Items.Insert(i, s);
    listBox2.SelectedIndex = listBox2.Items.Index Of(s);
    listBox3.Items.Add("插入"+s);
    listBox3.SelectedIndex = j;
    if (listBox2.Items.Count == listBox1.Items.Count)
    {
        button1.Enabled = true; button2.Enabled = false;
    }
}
```

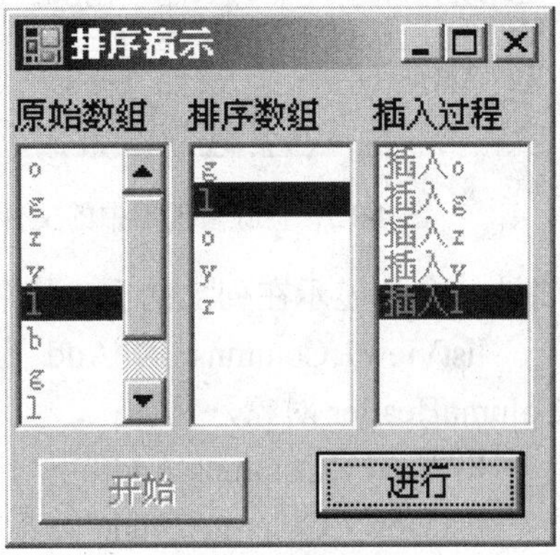

执行该程序，读者可以观察到插入排序的每个过程，这对于理解排序是十分有用的，如图 4-10 所示。

图 4-10　演示插入排序

项目案例 4.4　字母统计与 ListView 列表显示

4.4.1　案例展示

在一个多行文本框中输入一段英文，统计该文本中有什么字母出现以及每个字母出现的次数，用列表框 ListView 来显示，如图 4-11 所示。

4.4.2　技术要点

1. ListView 控件

ListView 是一个比 ListBox 列表复杂的控件，它有多种表现形式，在 Windows 的资源管理器中右边部分列举文件及文件夹的就是这种控件，如图 4-12 所示。ListView 的表现形式多

种多样,是由它的 View 属性控制的,ListView 用得比较多一种是 View 为 Details 的视图情况,由于显示格式类似一张二维表,因此常用来显示数据库的表信息,ListView 的顶端有列标题,大多数情况下,点击这些列标题,整个表格的数据会以这一列的数据为依据进行排序显示。

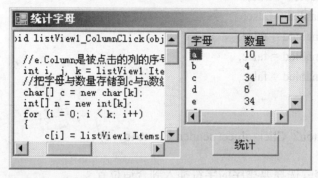

图 4-11 统计字母

2. ListView 的列

在窗体上放一个 ListView 控件 listView1,设置它的 View 属性为 Details。listView 的列由 Columns 属性决定,每个列都是一个 ColumnHeader 对象,listView1 有很多列,这些列组成一个 ColumnHeaderCollection 集合,listView1 的 Columns 属性就是这样一个集合,ColumnHeaderCollection 集合的元素是 ColumnHeader 对象,一个 ColumnHeader 对象的主要属性是它的 Text

图 4-12 资源管理器中的文件列表

属性,它是显示在列上的文本标题。

listView1.Columns 的 Add 方法增加一个列,这个列的文本是 text,它返回增加的列的 ColumnHeader 对象,例如:

listView1.Columns.Add("字母");

listView1.Columns.Add("数量");

则就在 listView1 控件中增加了字母与数量两列。为了访问这两列,可以用 listView1.Columns[0] 与 listView1.Columns[1]来进行,它们都是 ColumnHeader 对象。

3. ListView 的行

listView1.Items 是 listView1 的行集合,每一行是由一个 ListViewItem 对象,众多的行的 ListViewItem 对象组成一个 ListViewItemCollection 集合,这个集合就是 listView1.Items 属性。listView1 有 listView1.Items.Count 行,其中 listView1.Items[i]是序号为 i 的行,是一个 ListViewItem 对象。这一行包含多个字段元素(数目显然与列的数目一样),因此一个 listView1.Items[i]又包含一个集合 SubItems,既 listView1.Items.SubItems 属性,它是一个 ListViewSubItemCollection 类对象,这个 SubItems 集合中的每个元素都是一个 ListViewSubItem 对象。这些 ListViewSubItem 对象组成为一个 ListViewSubItemCollection 集合,这个集合管理了一组 ListViewSubItem 对象。其中 listView1.Items[i].SubItems[0]是 i 序号行的第 1 列,listView1.Items[i] SubItems [1]是 i 序号行的第 2 列,……,一般 listView1.Items[i]-SubItems[j]是 i 序号行与 j 序号列的对象元素,每列的文本由 Text 属性控制,即 listView1.Items[i] SubItems [j].Text 属性。

4. ListView 的行列数据

listView1.Columns.Add 方法增加一个列，listView1.Items.Add 方法增加一行，用 listView1.Items[i] SubItems.Add 方法可以为 i 序号行的行增加一个列元素，例如：

//增加列
listView1.Columns.Add("字母");
//增加列
listView1.Columns.Add("数量");
//增加一行 listView1.Items[0]，并建立 listView1.Items[0].SubItems[0]
listView1.Items.Add("a");
//增加 listView1.Items[0]行的第二个元素
listView1.Items[0].SubItems.Add("0");
//增加一行 listView1.Items[1]，并建立 listView1.Items[1].SubItems[0]
listView1.Items.Add("b");
//增加 listView1.Items[1]行的第二个元素
listView1.Items[1].SubItems.Add("1");
//增加一行 listView1.Items[2]，并建立 listView1.Items[2].SubItems[0]
listView1.Items.Add("c");
//增加 listView1.Items[2]行的第二个元素
listView1.Items[2].SubItems.Add("2");

执行后结果如图 4-13 所示，该 listView1 中有三行，每行有两列数据。

图 4-13 ListView 的行与列

实际应用中 listView1 的列往往是确定的，因此也可以在设计时确定。设计时在属性窗体中选择 listView1 的 Columns 属性，打开 ColumnHeader 集合编辑器对话框，在其中增加字母与数量项目后确定就可以看到 listView1 有字母与数量这么两列，如图 4-14 所示。如果是在设计期间设计列，则在程序中就不要用 listView1.Columns.Add 来增加列了。

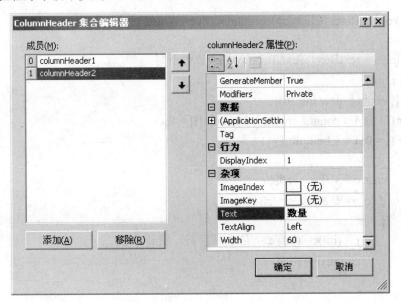

图 4-14 设计 ListView 的列

除此之外 ListView 还有别的属性，其中 FullRowSelect 是逻辑值，决定是否允许整行选择，当为 true 时是允许的，为 false 时不允许。GridLines 属性也是逻辑值，当为 true 时有网格线，当为 false 时没有网格线，加上网格线会使表格看起来更加像一张二维的表。

4.4.3 程序设计

1. 界面设计

在窗体 Form1 上放置一个文本框、一个按钮控件、一个 ListView，设置属性如表 4-5 所示。

表 4-5 设置属性

控 件	名 称	属 性
窗体 Form	Form1	Text="统计字母"
按钮 Button	button1	Text="统计"
列表 ListView	listView1	View=Details
文本框 TextBox	textBox1	MultiLine=true; ScrollBars=Both; WordWrap=false;

2. 代码设计

字母统计方法与前面的一样，根据 ListView 的行列特性，编写代码如下：

```
private void Form1_Load(object sender, EventArgs e)
{
    //增加列
    listView1.Columns.Add("字母");
    //增加列
    listView1.Columns.Add("数量");
}

private void button1_Click(object sender, EventArgs e)
{
    string s = textBox1.Text.ToLower();    //转小写
    int i, j;
    int[] count = new int[26];
    for (i = 0; i < count.Length; i++) count[i] = 0;
    for (i = 0; i < s.Length; i++)
    {
        char c = s[i];    //取一个字符
        if (c >= 'a' && c <= 'z')
        {
            j = (int)c - (int)'a'; //是小写字符，统计一次
            count[j]++;
        }
    }
```

```
            listView1.Items.Clear();
            for (i = 0; i < count.Length; i++)
            {
                char c = (char)((int)'a' + i);    //按字母原始顺序显示结果
                s = c.ToString();
                listView1.Items.Add(c.ToString());
                listView1.Items[i].SubItems.Add(count[i].ToString());
            }
        }
```
执行该程序效果如图 4-11 所示。

4.4.4 模拟训练

重新设计统计字母的程序，把统计的结果按字母出现的数量顺序从少到多排序输出，如图 4-15 所示。

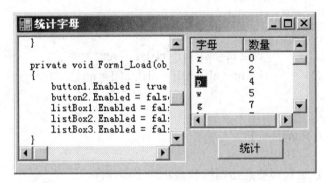

图 4-15　统计并排序显示

4.4.5 应用拓展

在 Windows 资源管理器中，当点击文件列表框的"名称"列，文件会按文件名称排列，点击"大小"则文件按文件的字节数量大小排序显示。实现这种功能的事件函数是 ColumnClick 事件函数。

设窗体上的 ListView 控件的名称是 listView1，listView1 有一个重要的事件为 ColumnClick，它是在 listView1 的列被点击时发生的，对应函数是：

```
private void listView1_ColumnClick(object sender, ColumnClickEventArgs e)
{
    //e.Column 是被点击的列的序号
}
```

其中 e 是系统的参数，e.Column 是点击的列的序号，从这个序号就可以知道是哪个列被点击了，根据被点击的列，可以设计 listView1 中的数据排序方式。

在现在有的程序基础上另外编写 listView1_ColumnClick 的事件程序如下：

```
private void listView1_ColumnClick(object sender, ColumnClickEventArgs e)
{
    //e.Column 是被点击的列的序号
```

```csharp
            int i, j, k = listView1.Items.Count;
            //把字母与数量存储到 c 与 n 数组
            char[] c = new char[k];
            int[] n = new int[k];
            for (i = 0; i < k; i++)
            {
                c[i] = listView1.Items[i].SubItems[0].Text[0];
                n[i] = int.Parse(listView1.Items[i].SubItems[1].Text);
            }
            if (e.Column == 0)
            {
                //如是字母被点击,则按字母顺序排序
                for (i = 0; i < k; i++)
                    for (j = i + 1; j < k; j++)
                        if (c[i]>c[j])
                        {
                            char ct=c[i]; c[i]=c[j]; c[j]=ct;
                            int nt = n[i]; n[i] = n[j]; n[j] = nt;
                        }
            }
            else if (e.Column == 1)
            {
                //如是数量列被点击则按数量出现多少排序
                for (i = 0; i < k; i++)
                    for (j = i + 1; j < k; j++)
                        if (n[i] > n[j])
                        {
                            char ct = c[i]; c[i] = c[j]; c[j] = ct;
                            int nt = n[i]; n[i] = n[j]; n[j] = nt;
                        }
            }
            //删除现有的内容
            listView1.Items.Clear();
            //重新显示
            for (i = 0; i < k; i++)
            {
                listView1.Items.Add(c[i].ToString());
                listView1.Items[i].SubItems.Add(n[i].ToString());
            }
        }
```

执行程序,就可以统计该文本中有什么字母出现以及每个字母出现的次数,显示形式可以按字母出现的字典顺序排序或者按字母出现的数量排序,点击字母列则数据按字母字典顺序排序显示，点击数量列则数据按出现数量从少到多排序显示。

项目案例 4.5　单词统计与动态存储

4.5.1　案例展示

在一个多行文本框中输入一段英文，统计该文本中有什么单词出现，单词按出现的字典顺序排序输出显示，不区分大小写字母，如图 4-16 所示。

图 4-16　统计单词

4.5.2　技术要点

1. 扫描单词

要把一个字符串中的单词分解出来，需要对字符串的每个字符进行扫描，每扫到一个字母，则认为它是单词的一个部分，把它与前面扫描到的字母串连接起来，如扫描到一个非字母字符，则如果它的前一个是字母，就记录一个单词，如它的前一个字符不是字母，就跳过它并继续往后扫描。由于不区分大小写字母，则首先把输入的英文文本转为小写文本。设计一个单词字符串数组 words：

　　string[] words=new string[IncSize];

其中 IncSize 是一个整数。扫描单词的程序结构如下：

```
//在 words[0],......,words[count-1]中已经有排序的单词
//s 是待扫描的文本
t = ""; //t 是可能的一个单词
i = 0;
while (i < s.Length)
{
    char c = s[i++]; //取出一个字符
    if (c >= 'a' && c <= 'z') t = t + c;   //如果是字母则组合这个单词
    else
    {
        if (t != "")
        {
            //找到一个单词 t，把它插入到 words[0],......,words[count-1]的合适位置
```

```
            //在 words[0],......,words[count-1]中找到 words[j]>=t
            j = 0;
            while (如果 words[j]比 t 小)     ++j;
            if (如果该单词没有出现过)
            {
                //如单词没有出现过,则把它插入到 words[j]的位置
                for (k = count - 1; k >= j; k--) words[k + 1] = words[k];
                words[j] = t;    ++count;
            }
        }
        t = "";    //重新准备下一个词的统计
    }
}
```

2．存储单词

在程序存储单词是一个问题,我们不知道文本中的单词有多少个,既我们没有办法预先设置 words 数组的大小。当然可以设计一个比较大的 words 数组,但如单词量很少,就会导致空间的浪费,如设计的 words 数组比较小,则空间又不够用。一个比较好的设计方法是动态地让 words 的空间按一个数值 IncSize 来增长,既不够用时就把 words 的空间增加 IncSize 个单元,增加的方法是先建立一个比 words 多 IncSize 个单元的数组 buf,然后把 words 的内容复制给 buf,最后把 words 换成 buf,程序如下:

```
//如空间已经满,则另外增加 IncSize 个单元
string[] buf = new string[count + IncSize];
//把 words 数组复制给 buf
for (k = 0; k < words.Length; k++) buf[k] = words[k];
//把 words 换成 buf
words = buf;
```

经过这样的交换后,数组控件就增大了 IncSize 个单元,而且这样动态地管理数组,不存在数组空间不够用的问题,就算用不完,也不会造成太多的空间浪费,最大浪费显然只有 IncSize 个单元。选取 IncSize 的值是关键,如 IncSize 过小,则会频繁地导致数组空间不够用,频繁地去扩大数组空间,降低了程序执行效率;如 IncSize 过大,虽然不会频繁地去扩大数组空间,但可能会造成较大的空间浪费。因此根据不同的实际问题,应该选取比较合适的 IncSize 值。

4.5.3 程序设计

1．界面设计

在窗体 Form1 上放置一个文本框、一个按钮控件,一个 ListView 控件,设置属性如表 4-6 所示。

表 4-6 设置属性

控　件	名　称	属　性
窗体 Form	Form1	Text="英文单词统计"
按钮 Button	button1	Text="统计"

续表

控　件	名　称	属　性
列表框 ListBox	listBox1	
文本框 TextBox	textBox1	MultiLine=true; ScrollBars=Both; WordWrap=false;

2．代码设计

根据单词的扫描与存储单词的方法分析编写代码如下：

```
private void button1_Click(object sender, EventArgs e)
{
        string s, t;
        //设置数组增长的速度是 IncSize 单元
        int IncSize=16,count=0,i, j,k;
        //初始数组长 IncSize 单元
        string[] words = new string[IncSize];
        //在文本后面加一个空格以便能统计到最后一个单词
        s = textBox1.Text.ToLower()+" ";
        t = "";
        i = 0;
        while (i < s.Length)
        {
            char c = s[i++];
            if (c >= 'a' && c <= 'z') t = t + c;   //如果是字母则组合这个单词
            else
            {
                if (t != "")
                {
                    //找到一个单词 t，把它插入到 words[0],......,words[count-1]的合适
                      位置
                    if (count == words.Length)
                    {
                        //如空间已经满，则另外增加 IncSize 个单元
                        string[] buf = new string[count + IncSize];
                        for (k = 0; k < words.Length; k++) buf[k] = words[k];
                        words = buf;
                    }
                    //在 words[0],......,words[count-1]中找到 words[j]>=t
                    j = 0;
                    while (j <count && string.Compare(words[j], t) < 0)     ++j;
                    if (!(j <count && string.Compare(words[j], t) == 0))
                    {
```

项目实训 4　单词统计

```
                    //如单词没有出现过，则把它插入到words[j]的位置
                    for (k = count - 1; k >= j; k--) words[k + 1] = words[k];
                    words[j] = t;   ++count;
                }
            }
            t = "";   //重新准备下一个词的统计
        }
    }
    //显示结果
    listBox1.Items.Clear();
    for (i = 0; i < count; i++)
        listBox1.Items.Add(words[i]);
}
```

执行该程序效果如图4-16所示。

4.5.4　模拟训练

同样的方法统计文本中英文单词的出现次数，但单词的顺序按从大到小顺序排序，如图4-17所示。

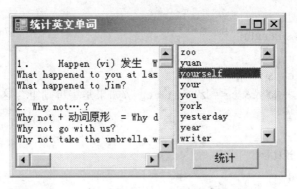

图4-17　统计单词

4.5.5　应用拓展

如何在数组中去查找有没有要找的数据称为查找，对于没有排序的数组由于数据存放无规律性，因此查找是比较困难的，一般只有一个一个去考察每一个数据，看看它是否为所要找的，有可能找了一遍下来，发现数组中没有要找的数据。显然这种查找方法效率是不高的，这就好像在一本没有对单词排过序的英语字典中去找一个单词一样，可以想象是如此低效。

正像英语字典对单词进行排序存放以便查找一样，计算机中的数组也应该是有序的，这样方便查找数据。在有序的数组 words[0],……,words[count-1]中去查找 t，如 t 没有出现在此数组中则把 t 插入到一个适当的位置，以便插入后数组仍然是排序的。为了完成这个工作，可以用二分法进行高效地查找并确定插入位置，具体算法如下：

（1）设有count个元素的数组为words[0]、words[1]、……、words[count-1]，要查找的数据是t，构造变量j=0,h=count-1及变量m，j是查找范围下限，h是查找范围上限，m是中间；

（2）计算m=(j+h)/2，比较t与words[m]，如t=words[m]则找到；如t>words[m]则t只可

能在 words[m+1]、words[m+2]、……、words[count-1]中，设 j=m+1 缩小查找范围；如 t<words[m]则 t 只可能在 words[0]、words[1]、……、words[m-1]中，设 h=m-1 缩小查找范围；

(3) 重复（2），直到找到 t 或 j>h 找不到为止，此时把 t 插入到 words[j]的位置。

改进后的单词统计程序如下：

```csharp
private void button1_Click(object sender, EventArgs e)
{
    string s, t;
    //设置数组增长的速度是 IncSize 单元
    int IncSize = 16, count = 0, i, j, k, m, h;
    bool found;
    //初始数组长 IncSize 单元
    string[] words = new string[IncSize];
    //在文本后面加一个空格以便能统计到最后一个单词
    s = textBox1.Text.ToLower() + " ";
    t = "";
    i = 0;
    while (i < s.Length)
    {
        char c = s[i++];
        if (c >= 'a' && c <= 'z') t = t + c;   //如果是字母则组合这个单词
        else
        {
            if (t != "")
            {
                //找到一个单词 t，把它插入到 words[0],......,words[count-1]
                //的合适位置
                if (count == words.Length)
                {
                    //如空间已经满，则另外增加 IncSize 个单元
                    string[] buf = new string[count + IncSize];
                    for (k = 0; k < words.Length; k++) buf[k] = words[k];
                    words = buf;
                }
                //在 words[0],......,words[count-1]中查找插入位置
                found = false;   j = 0; h = count - 1;
                while(j<=h)
                {
                    m = (j + h) / 2;
                    k = string.Compare(words[m], t);
                    if (k == 0)
                    {
                        found = true; break; //该单词已经存在
```

```
                    }
                    else if (k > 0) h = m - 1;    //继续在[j,m-1]范围查找
                    else j = m + 1;               //继续在[m+1,h]范围查找
                }
                if (!found)
                {
                    //如单词没有出现过，则把它插入到words[j]的位置
                    for (k = count - 1; k >= j; k--) words[k + 1] = words[k];
                    words[j] = t; ++count;
                }
            }
            t = "";    //重新准备下一个词的统计
        }
    }
    //显示结果
    listBox1.Items.Clear();
    for (i = 0; i < count; i++)
        listBox1.Items.Add(words[i]);
}
```

执行该程序，效果完全一样，但这种方法的执行效率会更高。

实训 4　单词统计程序

1．程序功能简介

在一个多行文本框中输入一段英文，统计该文本中有什么单词出现以及每个单词出现的次数，单词按出现的字典顺序排序或者按出现的数量排序输出显示，点击单词列，则数据按单词字典顺序排序，点击数量则数据按数量从少到多排序，如图 4-18 所示。

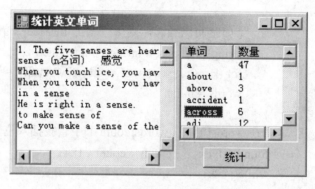

图 4-18　统计单词

2．程序技术要点

在文本中扫描单词的程序在本章节中已经学习过，现在要改进的是怎样统计单词出现的次数，并且把它们显示出来。设计一个整数数组 num，它的大小与单词的数组 words 完全一样，如果扫描到一个新单词就把它插入到 words[i] 的位置(i 是 words 的下标)，则设置 num[i]

为 1，表示出现一次；如扫描到一个已经出现过的单词，它在 words[i]处出现过，则设置 num[i]增加 1，这样在扫描完文本后，num 数组存储的就是各个单词出现的次数。

3．程序界面设计

在窗体 Form1 上放置一个文本框、一个按钮控件，一个 ListView 控件，设置属性如表 4-7 所示。

表 4-7 设置属性

控 件	名 称	属 性
窗体 Form	Form1	Text="英文单词统计"
按钮 Button	button1	Text="统计"
列表框 ListBox	listBox1	
文本框 TextBox	textBox1	MultiLine=true; ScrollBars=Both; WordWrap=false;

4．程序代码设计

代码设计在代码窗口中完成，编写代码如下：

```csharp
private void button1_Click(object sender, EventArgs e)
{
    string s, t;
    //设置数组增长的速度是 IncSize 单元
    int IncSize = 16, count = 0, i, j, k, m, h;
    bool found;
    //初始数组长 IncSize 单元
    string[] words = new string[IncSize];
    int[] num = new int[IncSize];
    //在文本后面加一个空格以便能统计到最后一个单词
    s = textBox1.Text.ToLower() + " ";
    t = "";
    i = 0;
    while (i < s.Length)
    {
        char c = s[i++];
        if (c >= 'a' && c <= 'z') t = t + c;   //如果是字母则组合这个单词
        else
        {
            if (t != "")
            {
                //找到一个单词 t，把它插入到 words[0],......,words[count-1]的合适
                //  位置
                if (count == words.Length)
                {
                    //如空间已经满，则另外增加 IncSize 个单元
```

```csharp
                            string[] sbuf = new string[count + IncSize];
                            for (k = 0; k < words.Length; k++) sbuf[k] = words[k];
                            words = sbuf;
                            int[] ibuf = new int[count + IncSize];
                            for (k = 0; k < num.Length; k++) ibuf[k] = num[k];
                            num = ibuf;
                        }
                        //在 words[0],......,words[count-1]中
                        found = false; j = 0; h = count - 1;
                        while (j <= h)
                        {
                            m = (j + h) / 2;
                            k = string.Compare(words[m], t);
                            if (k == 0)
                            {
                                found = true; num[m]++; break;  //该单词已经存在
                            }
                            else if (k > 0) h = m - 1;     //继续在[j,m-1]范围查找
                            else j = m + 1;     //继续在[m+1,h]范围查找
                        }
                        if (!found)
                        {
                            //如单词没有出现过，则把它插入到 words[j]的位置
                            for (k = count - 1; k >= j; k--)
                            {
                                words[k + 1] = words[k]; num[k + 1] = num[k];
                            }
                            words[j] = t; num[j] = 1; ++count;
                        }
                    }
                    t = "";   //重新准备下一个词的统计
                }
            }
            //删除现有的内容
            listView1.Items.Clear();
            //显示 word 与 num
            for (i = 0; i < count; i++)
            {
                listView1.Items.Add(words[i]);
                listView1.Items[i].SubItems.Add(num[i].ToString());
            }
        }
    }
```

```csharp
private void listView1_ColumnClick(object sender, ColumnClickEventArgs e)
{
    //e.Column 是被点击的列的序号
    int i, j, k = listView1.Items.Count;
    //把单词与数量存储到 words 与 num 数组
    string[] words = new string[k];
    int[] num = new int[k];
    for (i = 0; i < k; i++)
    {
        words[i] = listView1.Items[i].SubItems[0].Text;
        num[i] = int.Parse(listView1.Items[i].SubItems[1].Text);
    }
    if (e.Column == 0)
    {
        //如是单词被点击，则按单词字典顺序排序
        for (i = 0; i < k; i++)
            for (j = i + 1; j < k; j++)
                if (string.Compare(words[i], words[j]) > 0)
                {
                    string w = words[i]; words[i] = words[j]; words[j] = w;
                    int n = num[i]; num[i] = num[j]; num[j] = n;
                }
    }
    else if (e.Column == 1)
    {
        //如是数量列被点击则按数量出现多少排序
        for (i = 0; i < k; i++)
            for (j = i + 1; j < k; j++)
                if (num[i] > num[j])
                {
                    string w = words[i]; words[i] = words[j]; words[j] = w;
                    int n = num[i]; num[i] = num[j]; num[j] = n;
                }
    }
    //删除现有的内容
    listView1.Items.Clear();
    //重新显示 word 与 num
    for (i = 0; i < k; i++)
    {
        listView1.Items.Add(words[i]);
        listView1.Items[i].SubItems.Add(num[i].ToString());
```

            }
        }

        private void Form1_Load(object sender, EventArgs e)
        {
            //增加列
            listView1.Columns.Add("单词");
            //增加列
            listView1.Columns.Add("数量");
        }

5. 程序功能评述

单词统计程序在实际中有一定的应用价值，如果把它应用于大量的英文文件，则就可以统计出哪些词的出现频率比较高，哪些词的出现频率低，在学习了文件或者数据库存储数据后，还可以把统计的结果保存起来，形成一个小资料库。

练 习 题

1. 输入一个字符串，试把它反向输出，例如输入"student"，输出"tneduts"。
2. 输入一个英文句子，统计它所包含的空格数，例如"I am a student"包含 3 个空格。
3. 输入一个只包含英文单词及空格的英文句子，统计它所包含的单词数，例如"I am a student"包含 4 个单词（注：一个单词是由连续的大小写英文字母组成的）。
4. 输入一个字符串，检测它是否是一个合法的 C#标识符，这里假定合法的标识符只由英文字母开始，后跟任意的字母、数字、下划线。
5. 输入两个字符串 s 及 t，用两个循环设计一个程序，看 s 串是否包含在 t 串中，如包含则计算 s 串出现在 t 串的第几个位置，例如 s="am"，t="I am a student"，则 s 出现在 t 的第 3 个位置。
6. 定义一个有 7 个元素的字符串数组 week(6)，用来存储星期的名称，输入一个 0～6 的正整数 w，输出对应的星期名称。
7. 输入一个长字符串，统计字符串中 A～Z 的 26 个英文字母中每一个字母各出现了多少次（不区分大小写）。
8. 编写程序将一个数组逆序输出。
9. 编写程序在一个整数数组中找出最小值与最大值。
10. 在一个整数数组中有正数、负数与零，试移动数组值把整数全部放右边，负数放在左边，零放在中间。
11. 输入数组，最大的元素与第一个元素交换，最小的元素与最后一个元素交换，输出数组。
12. 编写程序输入一句英语句子，统计句子中有多少个非空格的字符，设计一个字符数组把这些非空格字符存储到此数组中。
13. 输入一句英语句子，句子中包含空格与单词，统计有几个单词，把这些单词存储到一个数组中。
14. 在一个已经排序的数组中插入一个数据，使插入后的数组仍然有序。
15. 输入一个汉字字符串（全部是汉字），把每个汉字存储到一个各个数组单元中，按汉字的 Unicode 大小排列输出每个汉字。

16. 有 n 个整数的数组，编写程序使其前面各数顺序向后移 m 个位置，最后 m 个数变成最前面的 m 个数。

17. 如整数数组 a(10)、b(10)是有序的，合并它们成为数组 c(20)，使 c(20)也是有序的。

18. 如有整数数组 a(10)与 b(10)都有 10 个元素，删除 a 数组中那些已经在 b 数组中出现过的元素。

19. 如有整数数组 a(10)与 b(10)都有 10 个元素，删除 a 数组中那些没有在 b 数组中出现过的元素。

20. 有 20 个人排成一个圆圈，依次编号为 1、2、……、20，从 1 号开始数数，每隔 2 个人数一个人出圆圈（即第一次是 4 号出来），这样圆圈里的人数少一个，接着又从出圈的下一个人开始重复以上规则，请编一个程序模拟这个过程，显示每次出圈的那个人的号码以及最后一个人的号码。

项目实训 5 我的日历

项目功能： 编写程序，能显示任何一年、任何一月的日历。
学习范围： 局部与类变量、函数过程、参数传递规则、函数调用。
练习内容： 针对该知识与能力范围的知识练习与多个项目实训练习。

项目案例 5.1 日历某年是否是闰年的判断

5.1.1 案例展示

设计一个程序显示 1900～2100 年之间的所有闰年，如图 5-1 所示。

5.1.2 技术要点

1．函数定义

实际上读者对函数并不陌生，C#语言中有大量的内部函数，例如字符串函数 ToUpper()把字符串的小写字母转为大写字母，C#的程序结构可以看成是很多函数构成的。C#中有些函数是系统定义的，除此之外在程序中还可以定义自己的函数。要判断一年 y 是否是闰年，可以定义下列判断函数：

```
bool IsLeap(int y)
{
    bool ans=(y%400==0||y%4==0&&y%100!=0) ;
    return ans;
}
```

图 5-1 显示闰年

该函数的名称是 IsLeap，在之后有一个整数参数为 y，函数体用一对大括号括起来，在这对括号中的语句称为函数体。该函数体中有两条语句，第一条语句用参数 y 判断该年是否是闰年，结果存储在布尔变量 ans 中。第二条语句是一条返回语句，return 是 C#的关键字，return ans 的作是用返回该函数的值，也就是 IsLeap 在自变量参数 y 时的函数值。参数 y 是函数与外界的接口，要使用该函数就必须提供一个整数 y，而变量 ans 是函数内部定义的变量，称为函数的局部变量。

从上面的实例中可以看到函数定义一般格式为：

返回类型 函数名称（类型 1 参数 1,类型 2 参数 2,……）
{
   // 函数体
}

返回类型是函数值的数据类型，可以是 C#语言中的 char、int、short、long、float、double 等任何一种数据类型，甚至包括数组类型，如设置不返回任何类型，则设置为 void 类型的函数。

函数名称是用户自己定义的名称,与变量的命名规则一样,函数体是函数的程序代码,它们包含在一对大括号内。

函数可以有很多参数,每一个参数都有一个类型及名称,它们是函数的变量,不同的变量对应的函数值往往不同,这是函数的本质所在。这些参数称为函数的形式参数,而函数体内部定义的变量称为函数的局部变量。

一个函数被定义后,可以在别的函数中调用,例如设计计算一年的天数的函数 DaysOfYear,它调用 IsLeap 函数来确定一年有多少天:

```
int DaysOfYear(int y)
{
    return (IsLeap(y)?366:365);
}
```

执行 DaysOfYear 时先执行 IsLeap,判断 y 年是否是闰年,执行完 IsLeap 后表达式给出一个值 366 或者 365,由 return 语句返回,从而结束 DaysOfYear 函数的执行。

函数被设计成为完成某一个功能的一段程序代码或模块,程序把一个问题划分成多个模块,分别对应一个个的函数,每个函数完成一定的功能,这些函数组合起来完成一个比较复杂的程序功能,这就是程序的基本组织与结构形式。

2. 函数返回值

函数的值是指函数被调用之后,执行函数体中的程序段所取得的并返回给主调函数的值。一般函数计算后总有一个返回值,通过函数内部的 return 语句来实现这个返回值,格式是:

return 表达式;

return 返回一个数据类型与函数返回类型一致的表达式,该表达式的值就是函数的返回值。返回的值只有一个,return 语句执行后函数就结束了。

例如返回两个年份 x 与 y 的最大值的函数 MaxYear 如下:

```
int MaxYear(int x,int y)
{
    int z=(x>y?x:y);
    return z;
}
```

函数也可以没有返回值,这种函数的返回类型被定义成 void 类型,例如下面函数:

```
void SayHello()
{
    MessageBox.Show("Hello");
}
```

void 类型的函数中也可以有 return 语句,但 return 后面不可以有任何表达式,例如:

```
void MsgBox(string s)
{
    if(s=="") return;
    MessageBox.Show(s);
}
```

该函数在参数 s 为空字符串时直接返回，只有在 s 不是空时才弹出一个对话框。

3．函数调用与参数传递

有了函数程序会简单，最大值函数 MaxYear 是计算两个年份的最大值的，但连续调用两次就可以计算三个年份的最大值，例如计算 a 、b、c 的最大值：

int a=1990,b=2000,c=1998,c,d;
int d=MaxYear(a,b);
int e=MaxYear(d,c);

在第一次调用它时，把变量 a 传给 x，变量 b 传给 y，其中 x、y 称为函数的形式参数，a、b 称为实际参数。形式参数实际上就是函数内部的变量，x、y 与函数内部的变量 z 是同性质的变量，它们在内存中有自己的存储空间。当调用 MaxYear 函数时，实际参数把它们的值传递给形式参数变量，或者说形式参数复制了实际参数的值，如图 5-2 所示，第二次调用的情况也相似。

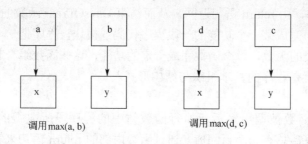

图 5-2　MaxYear 的参数传递

在调用函数时，形式参数规定了函数需要的数据个数及其类型，实际参数必须在类型与数目上与形式参数一样，一般规则如下所述。

（1）形式参数是函数的内部变量，有名称及类型。形参出现在函数定义中，在整个函数体内都可以使用，离开该函数则不能使用，不同的函数的参数与局部参数归自己所有，别的函数不可以访问。例如函数 IsLeap 中定义的变量 ans 与参数 y 归自己所有，MaxYear 函数不可以使用，同样 MaxYear 的参数 x、y 及变量 z 只归 MaxYear 所有，IsLeap 函数不可以使用。注意即便两个函数都有同名称的变量 y，但都是不同的两个变量，它们在内存中的单元不同。

（2）实际参数的个数与类型必须与形式参数一致，实际参数可以是变量、常数、表达式，甚至是一个函数，例如：

int a=MaxYear(1900,2000);
a=MaxYear(a+1,2002);
a=MaxYear(MaxYear(a,2001),2002);

（3）当实际参数是变量时，它不一定要与形式参数同名称，实际参数变量与形式参数变量是不同的内存变量，它们其中一个值的变化不会影响到另外一个变量，例如：

int year=1990;
if(IsLeap(year))　　{ /*year 是闰年*/ }
else　　{ /*year 不是闰年*/}

在调用的过程中变量 year 把值传递给函数 IsLeap 的参数变量 y，在计算机系统内部，变量 year 与参数 y 是不同的两个内存单元，实际上执行时 year 把它的值复制给变量 y。即便实际参数与形式参数同名称，这两个变量也不同，例如：

int y=1990;
bool ans=IsLeap(y);
此处的变量 y 与函数的参数变量 y 是不同的两个变量，它们对应不同的内存单元。
（4）如实际参数的类型与形式参数的类型不完全一致，至少是可以赋值转换的，否则会发生"类型不匹配"的错误，例如：
double y=1990;
bool ans=IsLaep((int)y);
是成功的，因为 double 类型的 y 自动转为整数。
（5）函数调用中发生的数据传送是单向的，即只能把实参的值传送给形参，而不能把形参的值反向地传送给实参，因此在函数调用过程中，形参的值发生改变，而实参中的值不会变化，例如：
void Test(int x) { x++; }
int x=1;
Test(x);
MessageBox.Show(x.ToSting());
那么执行后 x=1 不变，因为实际参数的 x 变量与函数 Test 的 x 参数是不同区域的变量，在内存中对应不同的整数单元。

5.1.3 程序设计

1．界面设计

在 Form1 窗体上放一个文本框 TextBox，设置为多行文本，如表 5-1 所示。

表 5-1 设置属性

控件	名称	属性
窗体 Form	Form1	Text="显示闰年"
文本框 TextBox	textBox1	MultiLine=true; Scrollbars=Both; WordWrap=false;

2．代码设计

根据函数的设计方法，设计一个 IsLeap 函数，并在 Form1_Load 中调用它，编写程序如下：

```
bool IsLeap(int y)
{
    bool ans = (y % 400 == 0 || y % 4 == 0 && y % 100 != 0);
    return ans;
}

private void Form1_Load(object sender, EventArgs e)
{
    string s="";
    int y,n=0;
    for (y = 1900; y <= 2100; y++)
```

```
            {
                 if (IsLeap(y))
                 {
                       s=s+y.ToString() + " "; ++n;
                       //每显示 4 个换一行
                       if (n % 4 == 0) s = s + "\r\n";
                 }
            }
            textBox1.Text = s;
}
```

执行该程序，在程序启动后就显示 1900～2100 年之间的所有闰年。

5.1.4 模拟训练

在窗体 Form1 上放三个文本框 TextBox，一个按钮 Button，一个标签 Label，设计一个函数判断一个日期是否合法的函数 IsValid，输入一个日期判断该日期是否合法，如图 5-3 所示。

判断函数 IsValid 接受三个参数 y、m、d ,分别表示年、月、日，用来判断 y 年 m 月 d 日是否合法，判断条件是：

（1）y 必须大于 0；
（2）m 必须在 1～12 之间；
（3）d 必须大于等于 1，小于等于该月的最大天数。

图 5-3 判断日期

IsValid 函数如下：

```
bool IsValid(int y, int m, int d)
{
    int[] months=new int[]{31,28,31,30,31,30,31,31,30,31,30,31};
    bool res = false;
    if (y > 0&&m>=1&&m<=12&&d>=1&&d<=31)
    {
        //
        if (IsLeap(y)) months[1] = 29;
        if (d <= months[m - 1]) res = true;
    }
    return res;
}
```

在 button1_Click 中设计程序测试该函数如下：

```
private void button1_Click(object sender, EventArgs e)
    {
        int y, m, d;
        try
        {
```

```
                    y = int.Parse(textBox1.Text);
                    m = int.Parse(textBox2.Text);
                    d = int.Parse(textBox3.Text);
                    if (IsValid(y, m, d)) label4.Text = "该日期有效！";
                    else label4.Text = "该日期无效！";
                }
                catch (Exception exp) { label4.Text = exp.Message; }
        }
```

5.1.5 应用拓展

在 C#语言中，所有的函数定义都是平行的。函数之间允许相互调用，也允许嵌套调用。习惯上把调用者称为主调函数。嵌套调用就是一个函数调用另外一个函数，被调用的函数又进一步调用另外一个函数，形成一层层的嵌套关系，一个复杂的程序存在多层的函数调用。如图 5-4 所示展示了这种关系，X 函数调用函数 A，在 A 中又调用函数 B，B 又调用 C，在 C 完成后返回 B 的调用处，继续 B 的执行，之后 B 执行完毕返回 A 的调用处，A 又接着往下执行，随后 A 又调用 D 函数，D 执行完后返回 A，A 执行完后返回 X 函数，X 接着往下执行，直到 X 完成为止。

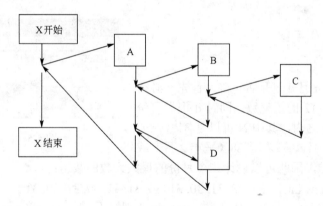

图 5-4　函数嵌套调用

对应的程序结构如下：

```
void D() { …… }
void C() { …… }
void B()
{
    ……
    C();
    ……
}
void A()
{
    ……
```

```
        B();
        ……
        D();
        ……
}
void X()
{
        ……
        A();
        ……
}
```

项目案例5.2　日历某日期是第几天的计算

5.2.1　案例展示

输入一个年、月、日的日期，先判断该日期是否正确，然后计算这一天是该年的第几天，如图5-5所示。

5.2.2　技术要点

1. 函数设计

一个日期y年m月d日是否正确，首先y必须为正整数，m是1~12的正整数，同时d根据月份的不同必须在1~N之内，其中N可以是31（例如1月）、30（例如11月）、或者是28（平年2月）或

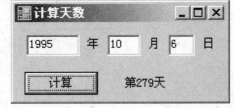

图5-5　计算天数

者是29（闰年2月），因此可以设计一个月份的最大天数的数组：

int[] months = new int[] { 31, 28, 31, 30, 31, 30, 31, 31, 30, 31, 30, 31 };

该数组months[0]是1月的最大天数，months[1]是2月的最大天数，……，months[11]是12月的最大天数，这些值除了2月的months[1]是可变化的外，其他都是不变的。

设计一个判断y年m月d日是否合法的函数IsValid如下：

```
bool IsValid(int y, int m, int d)
{
        int[] months = new int[] { 31, 28, 31, 30, 31, 30, 31, 31, 30, 31, 30, 31 };
        bool res = false;
        if (y > 0 && m >= 1 && m <= 12 && d >= 1 && d <= 31)
        {
                if (IsLeap(y)) months[1] = 29;
                if (d <= months[m - 1]) res = true;  //合法
        }
        return res;
}
```

其中函数调用了IsLaep函数判断y年是否是闰年，当是闰年时把2月的天数minths[1]

设置为 29。

日期 y 年 m 月 d 日是这年的第几天由两部分组成，一是 1~(m-1)月之间的每个月的天数，另外就是本 m 月的日期 d，因此编写计算天数的函数 Days 如下：

```
int Days(int y, int m, int d)
{
    int[] months = new int[] { 31, 28, 31, 30, 31, 30, 31, 31, 30, 31, 30, 31 };
    int ds = 0;
    if (IsLeap(y)) months[1] = 29;
    for (int i = 1; i <= m - 1; i++) ds = ds + months[i - 1];
    return ds+d;
}
```

2．变量范围

在上面的 IsValid 及函数 Days 中都用到了一个数组 months，根据前面关于函数变量的说明可知道，尽管它们名称一样，但这是两个不同的数组。在 IsValid 中的 months 数组只归属于 IsValid 函数，Days 函数不可以访问，而在 Days 中的 months 数组只归属于 Days 函数，IsValid 函数无法访问。但这两个 months 数组值一样，含义也一样，能不能定义一次后归两个函数都可以使用呢？答案是肯定的，方法也很简单，只要把 months 的定义放在两个函数之外，但放在 public partial class Form1 : Form 之内就是可以了，既程序设计如下：

```
public partial class Form1 : Form
{
    int[] months = new int[] { 31, 28, 31, 30, 31, 30, 31, 31, 30, 31, 30, 31 };
    bool IsValid(int y, int m, int d)
    {
        bool res = false;
        if (y > 0 && m >= 1 && m <= 12 && d >= 1 && d <= 31)
        {
            if (IsLeap(y)) months[1] = 29;
            if (d <= months[m - 1]) res = true;
        }
        return res;
    }
    int Days(int y, int m, int d)
    {
        int ds = 0;
        if (IsLeap(y)) months[1] = 29;
        for (int i = 1; i <= m - 1; i++) ds = ds + months[i - 1];
        return ds+d;
    }
}
```

这样设计的 months 数组即不属于 IsValid 函数也不属于 Days 函数，也不属于别的函数，因此不是函数的局部变量，但属于 public partial class Form1 : Form 框架，这种变量称为类变量。类变量对该类所有函数是透明的，该类所有函数都可以访问这种变量。

类是面向对象程序设计的框架，目前所使用的类是窗体类 Form1，用户定义的函数及控件的事件函数都在这个类的框架中，有关类及属性、函数的概念在后续章节中还要讲解。

3. 局部变量与类变量

（1）局部变量的使用规则

① 函数中定义的变量只能在函数中使用，不能在其他函数中使用。同时，一个函数中也不能使用其他函数中定义的变量。各个函数之间是平行关系，每个函数都封装了一块自己的区域，互不相干。

② 形参变量是属于被调函数的局部变量，实参变量是属于主调函数的局部变量。

③ 允许在不同的函数中使用相同的变量名，它们代表不同的对象，分配不同的单元，互不干扰，也不会发生混淆。

④ 局部变量是函数内部范围内的变量，当执行此函数时才有效，退出函数后局部变量就销毁。不同的函数之间的局部变量是不同的，哪怕同名字也互不相干。

（2）类变量使用规则

① 类变量是在函数外部定义的变量。它不属于哪一个函数，它属于一个类，其作用域是整个类框架。

② 类变量一般在程序函数的开头部分定义，任何一个函数都可以使用它，当在一个函数中改变了类变量的值时，会直接影响到其他函数的访问值。

类变量是可以被类中的任何函数访问与修该的，例如：

```
public partial class Form1 : Form
{
    int x=0;
    void A()   { ++x; }
    void B()   { x=x+2;}
    void C()
    {
        x=2; A(); B();
        MessageBox.Show(x.ToString());
    }
}
```

如执行函数 C()，则可以看到 x 的输出值为 5，A()、B()、C()函数访问的变量 x 都是类变量 x，在 C()中开始 x 为 2，A()调用后 x 为 3，B()调用后 x 为 5。

局部变量有局部性，这使得函数有对立性，函数与外界的接口只有函数参数与它的返回值，使程序的模块化更突出，这样有利于开发大型的程序。类变量具有全局性，是实现函数之间数据交换的公共途径，但大量地使用类变量会破坏函数的独立性，导致程序的模块化程度下降，因此要尽量减少使用类变量，多使用局部变量，函数之间应尽量保持其独立性，函数之间最好只通过接口参数来传递数据。

5.2.3 程序设计

1. 界面设计

在窗体 Form1 上放三个文本框 TextBox，一个按钮 Button，一个标签 Label，设计属性如表 5-2 所示。

表 5-2 设置属性

控件	名称	属性	控件	名称	属性
窗体 Form	Form1	Text="计算天数"	标签 Label	label1	Text="年"
文本框 TextBox	textBox1	Text=""		label2	Text="月"
	textBox2	Text=""		label3	Text="日"
	textBox3	Text=""		label4	Text=""
按钮 Button	button1	Text="计算"			

2. 代码设计

根据类变量的设计与 IsValid 及 Days 函数的设计，编写程序代码如下：

```
public partial class Form1 : Form
{
    int[] months = new int[] { 31, 28, 31, 30, 31, 30, 31, 31, 30, 31, 30, 31 };
    public Form1()
    {
        InitializeComponent();
    }
    bool IsLeap(int y)
    {
        bool ans = (y % 400 == 0 || y % 4 == 0 && y % 100 != 0);
        return ans;
    }

    bool IsValid(int y, int m, int d)
    {
        bool res = false;
        if (y > 0 && m >= 1 && m <= 12 && d >= 1 && d <= 31)
        {
            if (IsLeap(y)) months[1] = 29;
            if (d <= months[m - 1]) res = true;
        }
        return res;
    }

    int Days(int y, int m, int d)
    {
        int ds = 0;
        if (IsLeap(y)) months[1] = 29;
        for (int i = 1; i <= m - 1; i++) ds = ds + months[i - 1];
        return ds+d;
    }
}
```

```csharp
private void button1_Click(object sender, EventArgs e)
{
    int y, m, d;
    try
    {
        y = int.Parse(textBox1.Text);
        m = int.Parse(textBox2.Text);
        d = int.Parse(textBox3.Text);
        if (IsValid(y, m, d))
        {
            label4.Text = "第"+Days(y, m, d).ToString()+"天";
        }
        else label4.Text = "该日期无效！";
    }
    catch (Exception exp) { label4.Text = exp.Message; }
}

private void Form1_Load(object sender, EventArgs e)
{
    label4.Text = "";
}
```

执行该程序，效果如图 5-5 所示。

5.2.4 模拟训练

应用系统日期 DateTime 的现有属性 DayOfYear 验证所编写的函数 Days，重新编写 button1_Click 的程序如下：

```csharp
private void button1_Click(object sender, EventArgs e)
{
    int y, m, d;
    try
    {
        y = int.Parse(textBox.Text);
        m = int.Parse(textBox2.Text);
        d = int.Parse(textBox3.Text);
        if (IsValid(y, m, d))
        {
            DateTime dt=new DateTime(y,m,d);
            int ds = Days(y, m, d);
            if(dt.DayOfYear==ds) label4.Text = "第" + ds.ToString() + "天";
            else label4.Text="错误!";
        }
```

```
                else label4.Text = "该日期无效！";
        }
        catch (Exception exp) { label4.Text = exp.Message; }
}
```
执行该程序，看看自己编写的天数与系统计算的是否一致。

5.2.5 应用拓展

输入两个日期，计算这两个日期的间隔天数，如图 5-6 所示。

设输入的日期是 y1 年 m1 月 d1 日，y2 年 m2 月 d2 日，不妨设第二个日期大，要计算它们之间的间隔天数，需要计算每个日期相对于它那一年的元旦的天数，还要计算 y1 年到 y2 年的中每一年的天数，每一年要么是 365 天（平年），要么是 366 天(闰年)，显然这些年的间隔天数加上第二个日期的当年天数，再减去第一个日期的当年天数，就是所求。

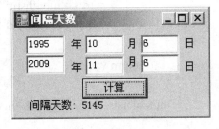

图 5-6　计算间隔天数

程序设计的函数有：

  int Days(int y,int m,int d);　　// 计算 y 年 m 月 d 日在 y 年的天数

  int IsLeap(int y);　　// 判断 y 年是否是闰年

  int IsValid(int y,int m,int d);　　// 判断 y 年 m 月 d 日的日期是否有效

  int Compare(int y1,int m1,int d1,int y2,int m2,int d2);　　// 比较(y1,m1,d1)与(y2,m2,d2)哪个日期大，如前者大就返回 1，前者小返回-1，相等时返回 0。

另外每个月的天数是基本固定的，而且在多个函数中要用到，因此把它设计成类变量数组，全程序设计如下：

```
public partial class Form1 : Form
{
    int [] months=new int[] {31,28,30,30,31,30,31,31,30,31,30,31};       //每个月的天数
    public Form1()
    {
        InitializeComponent();
    }
    bool IsLeap(int y)
    {
        return (y % 4 == 0 && y % 100 != 0 || y % 400 == 0);
        // 判断 y 年是否是闰年
    }
    int Days(int y, int m, int d)
    {
        // 计算 y 年 m 月 d 日在 y 年的天数
        int s = 0, k;
        months[1] = (IsLeap(y) ? 29 : 28);
        for (k = 1; k <= m - 1; k++) s = s + months[k - 1];
```

```csharp
        return s + d;
    }
    int IsValid(int y, int m, int d)
    {
        int v = 0;
        if (y > 0 && m >= 1 && m <= 12 && d >= 1)
        {
            months[1] = (IsLeap(y) ? 29 : 28);
            v = (d <= months[m - 1] ? 1 : 0);
            // 判断 y 年 m 月 d 日的日期是否有效
        }
        return v;
    }
    int Compare(int y1, int m1, int d1, int y2, int m2, int d2)
    {
        //比较(y1,m1,d1)与(y2,m2,d2)哪个日期大
        //如前者大就返回1，前者小返回-1，相等时返回0。
        int c;
        if (y1 > y2) c = 1;              // 先比较年
        else if (y1 < y2) c = -1;
        else if (m1 > m2) c = 1;         // 在 y1=y2 时比较月
        else if (m1 < m2) c = -1;
        else if (d1 > d2) c = 1;         // 在年、月相同时比较日
        else if (d1 < d2) c = -1;
        else c = 0;
        return c;
    }

    private void button1_Click(object sender, EventArgs e)
    {
     int y1,m1,d1,y2,m2,d2;
     int k,elapsed=0;
     try
     {
         y1=int.Parse(textBox1.Text);
         m1=int.Parse(textBox2.Text);
         d1=int.Parse(textBox3.Text);
         y2=int.Parse(textBox4.Text);
         m2=int.Parse(textBox5.Text);
         d2=int.Parse(textBox6.Text);
         if(Compare(y1,m1,d1,y2,m2,d2)==1)
         {
```

```
                k=y1; y1=y2; y2=k;
                // 交换这两个日期，保证第一个日期为小
                k=m1; m1=m2; m2=k;
                k=d1; d1=d2; d2=k;
            }
            for(k=y1;k<y2;k++)                       // 计算 y1 年到 y2-1 年的天数
                if(IsLeap(k)) elapsed=elapsed+366;
                else elapsed=elapsed+365;
            elapsed=elapsed+Days(y2,m2,d2)-Days(y1,m1,d1);
            label7.Text="间隔天数: "+elapsed.ToString();
        }
        catch (Exception exp) { MessageBox.Show(exp.Message);    }
    }
}
```

执行该程序，效果如图 5-6 所示。

项目案例 5.3　日历某日期是星期几的计算

5.3.1　案例展示

用 NumericUpDown 的控件确定年、月、日，在确定一个日期后自动显示这一天为星期几，如图 5-7 所示。

5.3.2　技术要点

1. NumericUpDown

NumericUpDown 是用来滚动设置数值的控件，鼠标点击其右上端时数值增大，鼠标点击其右下端时数值减小。NumericUpDown 的最大值与最小值用其 Maximum 及 Minimum 属性来设置，它的当前值是 Value 属性。

图 5-7　显示星期

在鼠标点击其右上端或者右下端改变值时，NumericUpDown 会触发其 ValueChanged 事件，在设计窗体中双击 NumericUpDown 控件可以生成并进入该事件的函数，在该事件函数中可以通过 Value 属性获取控件当前的值。

例如双击一个名为 numericUpDown1 的 NumericUpDown 控件，进入它的 ValueChanged 事件，在该事件中通过 numericUpDown1.Value 得到该控件当前的值：

```
private void numericUpDown1_ValueChanged(object sender, EventArgs e)
{
    //numericUpDown1.Value 是当前值
}
```

NumericUpDown 控件中，当前的值一定是在最小值与最大值之间的，如改变它的最大值或者最小值，那么控件当前的值也会自动调整到最小值与最大值的范围内。

在窗体上放 numericUpDown1、numericUpDown2、numericUpDown3 三个 NumericUpDown

控件，控制年、月、日的输入，则当 numericUpDown2.Value 为 3 时，既 3 月份时，numericUpDown3.Maximum 为 31，numericUpdown3.Value 的值可以被设置为 31，但如 numericUpDown1.Value 变为 4，则 numericUpDown3.Maximum 应设置为 30，当 numericUpDown3.Maximum 设置为 30 时，numericUpDown3.Value 也由原来的 31 自动变为 30，这种自动变化的过程给程序设计带来了很多方便，程序中不必再去关心怎么样控制一个 NumericUpDown 的值是否有效。设计一函数 ValueChanged()来控制这个变化，程序如下：

```
void ValueChanged()
{
    //当年月变化时，设置 numericUpDown3 的最大值
    int y = (int)numericUpDown1.Value;
    int m = (int)numericUpDown2.Value;
    months[1] = (IsLeap(y) ? 29 : 28);
    numericUpDown3.Maximum = months[m - 1];
    //......
}
```

其中 months[]是每月最大天数的数组，IsLeap 是闰年函数，当年或者月变化时，保证日期的值是有效的。

2．计算星期

计算 y 年 m 月 d 日是星期几是， 可以通过下列公式计算：

w=(x+int(x/400)+int(x/4)-int(/100)+z) % 7

其中 x=y-1,y>=1，y 为公元年号，z 为 y 年 1 月 1 日起到 y 年 m 月 d 日的天数。当 w=0 时表示这一天星期天，当 w=1 时表示这一天星期一，其余类推。

3．函数参数传递

在 C#中如果实际参数是个普通类型的变量，则它传递给函数的形式参数时，形式参数即便在函数中发生变化，也不会改变实际参数的值，例如：

```
void A(int x) {   x++; }
void B()
{
    int x=10; A(x);
    MessageBox.Show(x.ToString()); //x 为 10
}
```

执行函数 B 时，x 为 10，在调用函数 A 时把 x 传递到函数 A，A 函数的 x 变量是 A 的局部变量，与函数 B 的 x 变量是不同的，它复制值 10，在 A 中变为 11，但 B 中的 x 仍然为 10。这种参数传递方式称为值传递。

在 C#中除了值传递外还有一种引用传递，引用传递用 ref 来注明，例如：

```
void A(ref int x) {   x++; }
void B()
{
    int x=10; A(ref x);
    MessageBox.Show(x.ToString()); //x 为 11
}
```

执行函数 B 时，x 为 10，在调用函数 A 时把 x 传递到函数 A，A 函数的 x 变量是与函数

B 的 x 变量相同的,它的值开始为 10,在 A 中变为 11,因此 B 中的 x 也变为 11。

注意如果函数参数是 ref 说明的,则实际参数也必须用 ref 说明,例如 A(ref x),而不能写成 A(x)。由于传递采用引用方式,显然实际参数必须是实际变量,而不能是一般表达式,例如 A(ref(x+1))或者 A(ref x+1)等都是错误的。

一般在 C#中参数传递有下列规则:

(1)基本的数据类型如整数(byte,short,int,long 等)、浮点数(float,double)、字符串(string),在没有特别声明时全部采用值传递方式传递参数。传值形式参数是函数或过程内的一个过程变量,在接收实际参数的值时,是把实际参数的值复制了一份,形式参数与实际参数变量是不同的变量,它们在内存中各自有各自的空间,因此在函数或过程中改变该形式参数的值,在函数或过程结束后实际参数的变量值不受影响。

(2)基本的数据类型如整数(byte,short,int,long 等)、浮点数(float,double)、字符串(string),如在参数前用 ref 声明则变为引用传递参数。引用传递的形式参数是函数或过程内的一个过程变量,但它引用实际参数变量的内存地址,即它与实际参数变量拥有同一个内存空间,因此在接收实际参数变量的值时,实际上就是使用实际参数变量,在函数或过程中改变该形式参数的值,实际上改变的是实际参数变量的值,在函数或过程结束后实际参数的变量值受影响。在引用传递时实际参数也要用 ref 说明,而且实际参数必须是变量,不能是一般表达式。

函数一般只能返回一个值,但灵活使用 ref 的形式可以让函数传回多个值。可以设计一个计算日期的函数 Weekday 如下:

```
void Weekday(int y, int m, int d,ref string ew,ref string cw)
{
        string[] eweek = new string[]
        {"Sunday","Monday","Tuesday","Wednesday",
            "Thursday","Friday","Saturday" };
            string[] cweek = new string[] { "星期日","星期一","星期二",
                "星期三","星期四","星期五","星期六" };
        int x = y - 1;
        int w=(x+(x/400)+(x/4)-(x/100)+Days(y,m,d)) %7;
        ew = eweek[w]; cw = cweek[w];
}
```

其中 Days(y,m,d)为 y 年 1 月 1 日起到 y 年 m 月 d 日的天数。在调用 Weekday 时,用两个实际字符串参数变量来对应此处的 ew 与 cw,用它们返回英文与中文的星期值。

5.3.3 程序设计

1. 界面设计

在窗体上放四个标签 Label,三个数值选择控件 NumericUpDown,设置它们的属性如表 5-3 所示。

表 5-3 设置属性

控件	名称	属性
窗体 Form	Form1	Text="日期的星期"
标签 Label	label1	Text="年"

续表

控件	名称	属性
标签 Label	label2	Text="月"
	label3	Text="日"
	label4	Text=""
NumericUpDown 控件	numericUpDown1	
	numericUpDown2	
	numericUpDown3	

2. 代码设计

根据 NumericUpDown 的特性，进入代码编辑窗口编写代码如下：

```
public partial class Form1 : Form
{
    int[] months = new int[] { 31, 28, 31, 30, 31, 30, 31, 31, 30, 31, 30, 31 };
    bool startFlag = false;
    public Form1()
    {
        InitializeComponent();
    }
    bool IsLeap(int y)
    {
        //y 年是否闰年
        bool ans = (y % 400 == 0 || y % 4 == 0 && y % 100 != 0);
        return ans;
    }

    bool IsValid(int y, int m, int d)
    {
        //y 年 m 月 d 日的日期是否有效
        bool res = false;
        if (y > 0 && m >= 1 && m <= 12 && d >= 1 && d <= 31)
        {
            if (IsLeap(y)) months[1] = 29;
            if (d <= months[m - 1]) res = true;
        }
        return res;
    }


    int Days(int y, int m, int d)
    {
        //y 年 1 月 1 日起到 y 年 m 月 d 日的天数。
        int ds = 0;
        if (IsLeap(y)) months[1] = 29;
        for (int i = 1; i <= m - 1; i++) ds = ds + months[i - 1];
```

```csharp
        return ds + d;
}

void Weekday(int y, int m, int d,ref string ew,ref string cw)
{
    string[] eweek = new string[] {"Sunday","Monday","Tuesday","Wednesday",
        "Thursday","Friday","Saturday" };
    string[] cweek = new string[] { "星期日", "星期一", "星期二",
        "星期三", "星期四", "星期五", "星期六" };
    int x = y - 1;
    int w=(x+(x/400)+(x/4)-(x/100)+Days(y,m,d)) %7;
    ew = eweek[w]; cw = cweek[w];
}

private void Form1_Load(object sender, EventArgs e)
{
    DateTime dt = DateTime.Now;
    //当前日期的年、月、日
        int y = dt.Year, m = dt.Month, d = dt.Day;
    //设置年的范围及当前年份
        numericUpDown1.Minimum = 1900;
    numericUpDown1.Maximum=2100;
    numericUpDown1.Value = y;
    //设置月的范围及当前的月份
        numericUpDown2.Minimum = 1;
    numericUpDown2.Maximum = 12;
    numericUpDown2.Value = m;
    months[1] = (IsLeap(y) ? 29 : 28);
    //设置日期的范围及当前日期
        numericUpDown3.Minimum = 1;
    numericUpDown3.Maximum = months[m- 1];
    numericUpDown3.Value = d;
        ValueChanged();
            //允许启动 NumericUpDown 的 ValueChanged 事件
    startFlag = true;
}

void ValueChanged()
{
    //当年月变化时，设置 numericUpDown3 的最大值
    int y = (int)numericUpDown1.Value;
```

```
            int m = (int)numericUpDown2.Value;
            months[1] = (IsLeap(y) ? 29 : 28);
            numericUpDown3.Maximum = months[m - 1];
                int d = (int) numericUpDown3.Value;
                string ew="",cw="";
                Weekday(y,m,d,ref ew,ref cw);
                label4.Text = y.ToString()+"-"+m.ToString()
                +"-"+d.ToString()+": "+ew+" "+cw;
        }

        private void numericUpDown1_ValueChanged(object sender, EventArgs e)
        {
            if(startFlag) ValueChanged();
        }

        private void numericUpDown2_ValueChanged(object sender, EventArgs e)
        {
            if (startFlag) ValueChanged();
        }

        private void numericUpDown3_ValueChanged(object sender, EventArgs e)
        {
            if (startFlag) ValueChanged();
        }
    }
```

程序中用到了一个类变量 startFlag，主要是控制 NumericUpDown 控件的 ValueChanged 事件，因为在程序中改变 NumericUpDown 的值也会触发这个事件，为了在 Form1_Load 中对几个 NumericUpDown 设置值时不引起该事件的执行，因此开始把这个变量的值开始为 false，即便 ValueChanged 事件被触发也不起什么作用，当 Form1_Load 执行完后才把 startFlag 设置为 true，以便在程序执行过程中当鼠标点击其右上端或者右下端改变值时，触发 ValueChanged 事件并执行 ValueChanged 函数，从而显示星期。

5.3.4 模拟训练

用 ComboBox 控件来代替 NumericUpDown 控件实现年、月、日的输入，当确定一个日期后显示当前日期为星期几，如图 5-8 所示。

图 5-8 ComboBox 控制日期输入

项目案例5.3 日历某日期是星期几的计算

在窗体上放四个标签Label，三个控件ComboBox，设置它们的属性如表5-4所示。

表5-4 设置属性

控 件	名 称	属 性
窗体Form	Form1	Text="日期的星期"
标签Label	label1	Text="年"
	label2	Text="月"
	label3	Text="日"
	label4	Text=""
ComboBox控件	comboBox1	DropDownStyle=DropDownList
	comboBox2	DropDownStyle=DropDownList
	comboBox3	DropDownStyle=DropDownList

编写Form1_Load及comboBox1、comboBox2、comboBox3的SelectedIndexChanged事件函数如下：

```
private void Form1_Load(object sender, EventArgs e)
{
    DateTime dt = DateTime.Now;
    //当前日期的年、月、日
    int y = dt.Year, m = dt.Month, d = dt.Day;
    int i,j=-1;
    //设置年的范围及当前年份
    for (i = 1900; i <= 2100; i++)
    {
        comboBox1.Items.Add(i.ToString());
        if (i == y) j = i-1900;
    }
    comboBox1.SelectedIndex = j;
    //设置月的范围及当前的月份
    for (i =1; i <=12; i++)
    {
        comboBox2.Items.Add(i.ToString());
        if (i == m) j = i-1;
    }
    comboBox2.SelectedIndex = j;
    months[1] = (IsLeap(y) ? 29 : 28);
    //设置日期的范围及当前日期
    for (i=1;i<=months[m-1]; i++)
    {
        comboBox3.Items.Add(i.ToString());
        if (i == d) j = i-1;
    }
    comboBox3.SelectedIndex = j;
```

```csharp
        ValueChanged();
        //允许启动 NumericUpDown 的 ValueChanged 事件
        startFlag = true;
}

void ValueChanged()
{
    //当年月变化时,设置 comboBox3 的最大值 max
    int y = int.Parse(comboBox1.Text);
    int m = int.Parse(comboBox2.Text);
    int d = int.Parse(comboBox3.Text);
    int max = int.Parse(comboBox3.Items[comboBox3.Items.Count - 1].ToString());
    months[1] = (IsLeap(y) ? 29 : 28);
    //如 max 比 months[m-1]大,则删除后面几天
    while (max > months[m - 1])
    {
        comboBox3.Items.RemoveAt(comboBox3.Items.Count - 1);
        max = max = int.Parse(comboBox3.Items[comboBox3.Items.Count - 1].ToString());
    }
    //如 max 比 months[m-1]小,则增加后面几天
    while (max < months[m - 1])
    {
        ++max; comboBox3.Items.Add(max.ToString());
    }
    if (d > max)
    {
        comboBox3.SelectedIndex = comboBox3.Items.Count - 1;
        d = max;
    }
    string ew="", cw = "";
    Weekday(y, m, d, ref ew, ref cw);
    label4.Text = y.ToString() + "-" + m.ToString()
        + "-" + d.ToString() + ": " + ew + " " + cw;
}

private void comboBox1_SelectedIndexChanged(object sender, EventArgs e)
{
    if (startFlag) ValueChanged();
}

private void comboBox2_SelectedIndexChanged(object sender, EventArgs e)
{
```

```
        if (startFlag) ValueChanged();
}

private void comboBox3_SelectedIndexChanged(object sender, EventArgs e)
{
        if (startFlag) ValueChanged();
}
```

这里的 startFlag 变量也与前面介绍的作用一样,用来控制在 Form1_Load 中不执行 ValueChanged 函数。在 ValueChanged 函数中,当年月变化时我们要自己控制日期的 ComboBox3 控件的值,有必要增加其项目或者删除部分项目,除此之外其他函数与本节案例的完全一样。

5.3.5 应用拓展

1. ref 与 out 参数

C#中还有一种输出类型的函数参数,这种参数用 out 标明,例如:

```
void A(out int x) { x=10; }
void B()
{
    int x; A(out x);
    MessageBox.Show(x.ToString()); //x 为 10
}
```

其中与 ref 标明的参数不同,out 标明的参数 x 是只出不进的参数,当调用 A 函数时,x 实际参数的值为多少并不重要,在函数 A 执行后为形式参数 x 确定一个值,在函数结束后它传递到 B 函数的实际参数 x,使 x 值有确定的值 10。

注意 ref 标明的参数在调用函数时必须让实际参数预先有一个确定的值,例如下列是错误的:

```
void A(ref int x) { x=10; }
void B()
{
    int x; A(ref x);
    MessageBox.Show(x.ToString());
}
```

因为在调用 A(ref x)时 x 的值不确定,程序会出现错误,但用 out 标明的参数在调用之前是不必要有确定值的,上面程序如 ref 换为 out 则程序是正确的。

2. 数组参数

在 C#中,数组是一个对象,数组作为函数参数时采用引用传递,即便没有 ref 说明也是引用传递,例如:

```
void A(int[] x) { x[0]++; }
void B()
{
    int[] x = new int[]{1,2}; A(x);
```

```
MessageBox.Show(x[0].ToString()); //x[0]为 2
}
```
在调用 B 函数时，x[0]为 1，但在调用 A 函数时 x[0]变为 2，由于是引用传递，B 函数的 x 数组与 A 函数的 x 数组是内存中同一个数组，在返回 B 函数时 x[0]也变成了 2。如果标明为 ref 效果也一样，例如：

```
void A(ref int[] x) { x[0]++; }
void B()
{
    int[] x =new int[]{1,2}; A(ref x);
    MessageBox.Show(x[0].ToString()); //x[0]为 2
}
```

结果仍然为 2。但注意此时不能标明为 out 参数，既：

```
void A(out int[] x) { x[0]++; }
void B()
{
    int[] x =new int[]{1,2}; A(out x);
    MessageBox.Show(x[0].ToString());
}
```

如果这样的话，x 是作为 out 的参数，在 A 函数中必须对 x 数组赋值，不是仅对 x 的 x[0]赋值，下列程序是正确的：

```
void A(out int[] x) { x=new int[]{1,2}; }
void B()
{
    int[] x; A(out x);
    MessageBox.Show(x[0].ToString()); //x[0]为 1
}
```

在这个程序中函数 A 对整个数组 x 赋值，函数结束后该数组传递给 B 函数的 x 数组，因此输出 x[0]为 1。

项目案例 5.4 日历与时间的显示

5.4.1 案例展示

日期与时间程序可以显示日期与时间，通过改变年与月的值，可以显示任何一年任何一个月的日历，一个标签显示当前的时间，如图 5-9 所示。

5.4.2 技术要点

1. Panel 容器

Panel 容器是用来包含控件的，在窗体上放一个 panel1 容器，就可以把其他控件例如 button1 等放在这个容器中，当 panel1 移动时，它所包含的控件 button1 也一起移动，如图 5-10 所示。注意这时 button1 的(Left,Top)坐标是相对于 panel1 的左上角的，不是相对于窗体的左上角的。Panel 容器有一个 BorderStyle 属性，设置它的值为 FixedSingle 就可以得到一个有边框的 Panel。

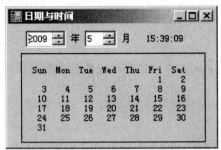

图 5-9 日期与时间程序

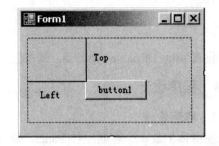

图 5-10 Panel 容器与其包含控件

实际上窗体 Form1 本身也是一个容器，我们可以把控件放在窗体上，窗体是控件的容器，窗体也是最外一层的容器，一个窗体中可以放多个其他容器，一个容器中有可以放更内层的容器，容器之间可以嵌套。

2．事件函数

在 C#的程序中有大量的事件函数，例如我们熟悉的窗体的 Load 事件函数，按钮的 Click 事件函数等都是系统事件函数。系统事件函数与用户自己定义的函数不同，事件函数是由系统的事件来触发调用的函数，不是在程序中人为显示地调用的函数。

在一个 Form1 的窗体上双击窗体就产生一个 Form1_Load 的事件函数，它是窗体 Form1 在启动时的事件函数：

private void Form1_Load(object sender, EventArgs e)
{
    //......
}

该函数有两个参数，第一个 sender 是触发该事件的对象，就是窗体 Form1 自己，第二个参数是 e，它是 EventArgs 类型的参数，EventArgs 是系统的事件参数类型。该函数在窗体启动时自动调用。

同样在 Form1 上放一个 button1 的按钮，双击 button1 自动产生按钮 button1 的单击事件函数：

private void button1_Click(object sender, EventArgs e)
{
    //......
}

该函数在 button1 被鼠标单击时自动调用，参数与 Form1_Load 的一样。

C#中的程序由很多函数组成，每个函数相互对立，这些函数中有一些是系统自动产生的与控件等有关的事件函数，有一些是用户自己定义的函数，它们相互调用，组成了一个程序的体，完成一定的功能。

3．定时器 Timer

定时器 Timer 不同于别的控件，它们在运行时不可见的，这类控件称为不可见控件。Timer 的作用是定时触发一个事件过程，Timer 控件最重要事件是 Tick 事件，该事件在 Timer 有效时，每隔 Interval 毫秒触发一次。在窗体上放一个 Timer 控件，名称为 timer1，双击 timer1 可以建立它的 Tick 事件函数如下：

```csharp
private void timer1_Tick(object sender, EventArgs e)
{
    //......
}
```
设置 timer1.Enabled 为 true，着每隔 timer1.Interval 毫秒该事件函数就被触发执行一次。

5.4.3 程序设计

1．界面设计

在窗体上放一个容器控件 Panel，两个 NumericUpDown 控件，四个标签 Label，设置属性如表 5-5 所示。

表 5-5 设置属性

控件	名称	属性
窗体 Form	Form1	Text="我的日历"
标签	label1	Text="年"
	label2	Text="月"
	label3	Text=""
	label4	Text=""
NumericDownUp 控件	numericUpDown1	
	numericUpDown2	
Panel 控件	panel1	BorderStyle=FixedSingle

2．代码设计

根据一个月内日期的变化规律辨析程序如下：

```csharp
public partial class Form1 : Form
{
    int[] months = new int[] { 31, 28, 31, 30, 31, 30, 31, 31, 30, 31, 30, 31 };
    bool startFlag = false;
    public Form1()
    {
        InitializeComponent();
    }
    bool IsLeap(int y)
    {
        //判断闰年
        bool ans = (y % 400 == 0 || y % 4 == 0 && y % 100 != 0);
        return ans;
    }

    int Days(int y, int m, int d)
    {
        //计算从 y 年 1 月 1 日到 y 年 m 月 d 日的天数
        int ds = 0;
```

```csharp
    if (IsLeap(y)) months[1] = 29;
    for (int i = 1; i <= m - 1; i++) ds = ds + months[i - 1];
    return ds+d;
}

string FixedString(string s,int w)
{
    //设置字符串宽度为 w
    while (s.Length < w) s = " " + s;
    return s;
}

void ShowMonth(int year, int month)
{
    int d, w = Weekday(year, month, 1),dw=5;
    //w 是当前这个月 1 日的开始星期数
    string[] week = new string[] { "Sun", "Mon", "Tue",
    "Wed", "Thu", "Fri", "Sat" };
    months[1] = (IsLeap(year) ? 29 : 28);
    //显示星期的按钮
    string s = "";
    for (d = 0; d < week.Length; d++)    s = s + FixedString(week[d],dw);
    s = s + "\r\n";
    //显示开始几天的空白标签
    for (d = 0; d < w; d++) s = s + FixedString(" ", dw);
    //显示每天的按钮
    for (d = 1; d <= months[month - 1]; d++)
    {
        s = s + FixedString(d.ToString(), dw);
        ++w;
        if (w % 7 == 0) s = s + "\r\n";
    }
    label4.Text = s;
}

int Weekday(int y, int m, int d)
{
    //计算星期几
    int x = y - 1;
    int w = (x + (x / 400) + (x / 4) - (x / 100) + Days(y, m, d)) % 7;
    return w;
```

```csharp
}
private void Form1_Load(object sender, EventArgs e)
{
    DateTime dt = DateTime.Now;
    int y = dt.Year, m = dt.Month,d=dt.Day;
    numericUpDown1.Minimum = 1900;
    numericUpDown1.Maximum=2100;
    numericUpDown1.Value = y;
    numericUpDown2.Minimum = 1;
    numericUpDown2.Maximum = 12;
    numericUpDown2.Value = m;
    months[1] = (IsLeap(y) ? 29 : 28);
    ShowMonth(y,m);
    timer1.Interval = 1000;
    timer1.Enabled = true;
    startFlag = true;
}

private void numericUpDown1_ValueChanged(object sender, EventArgs e)
{
    //年变化
    if (startFlag)
    {
        int y = (int)numericUpDown1.Value;
        int m = (int)numericUpDown2.Value;
        ShowMonth(y,m);
    }
}

private void numericUpDown2_ValueChanged(object sender, EventArgs e)
{
    //月变化
    if (startFlag)
    {
        int y = (int)numericUpDown1.Value;
        int m = (int)numericUpDown2.Value;
        ShowMonth(y, m);
    }
}

private void timer1_Tick(object sender, EventArgs e)
```

```
        {
            label3.Text = DateTime.Now.ToLongTimeString();
        }
    }
}
```

其中的 ShowMonth 是程序的重要函数,它先显示"Sun", "Mon", "Tue", "Wed", "Thu", "Fri", "Sat" 这几个标题,然后显示几个空白,它们是每月开始几天没有日期的空白,之后显示各个日期,每次的换行用"\r\n"完成。

5.4.4 模拟训练

用中文显示当前时间,例如 22:43:12 显示为"二十二点四十三分十二秒",如图 5-11 所示。

当前的时间为 Now,用时间函数 Hour、Minute、Second 就可以得到时间的时、分、秒,它们都是一位或两位的整数,现在关键就是怎么样把这个整数转为中文字符串。显然可以设计一个函数 IntToChineseString,该函数把整数转换为汉字字符串。

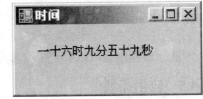

另外设计一个过程 ShowTime,它负责获取时间,并把它拆分成时、分、秒,调用 IntToChineseString 函数转为汉字显示时间。在程序启动时在 Form1_Load 事件过程中调用一次 ShowTime 过程,以便程序一启动便看到当前时间,又在 timer1_Tick 事件过程调用 ShowTime,以便每秒都显示一次。

图 5-11 显示时间

在窗体 Form1 上放一个 Timer 控件,一个标签 Label,编写程序如下:

```
private string IntToChineseString(int n)
{
    string s;
    string[] cs=new string[] {"零","一","二","三","四","五","六","七","八","九","十"};
    if(n<10) s=cs[n];
    else if(n%10==0) s=cs[n/10]+"十";
    else s = cs[n/10] + "十" + cs[n%10];
    //小于 10 时前面零不读
    //10 的倍数时后面零不读
    return s;
}

void ShowTime()
{
    int h,m,s;
    h = DateTime.Now.Hour;
    m=DateTime.Now.Minute;
    s=DateTime.Now.Second;
    label1.Text = IntToChineseString(h) + "时" +
        IntToChineseString(m) +"分" + IntToChineseString(s) + "秒";
```

}

private void Form1_Load(object sender, EventArgs e)
{
    timer1.Interval = 1000;
    timer1.Enabled = true;
    ShowTime();
}

private void timer1_Tick(object sender, EventArgs e)
{
    ShowTime();
}

执行该程序就可以看到中文显示的时间。

5.4.5 应用拓展

控件及其对应的事件函数一般在设计阶段设计完成。实际上控件除了可以在设计时放在窗体中，也可以在程序执行时放在窗体中，例如下列程序在点击 button1 后产生一个新的按钮控件，该控件宽度80像素，高度20像素，它的(Left,Top)坐标位于Form1的左上角坐标(10,10)处，如图 5-12 所示。

图 5-12 动态建立新按钮

private void button1_Click(object sender, EventArgs e)
{
    Button bt = new Button(); //产生 bt 控件对象
    bt.Width = 80;
    bt.Height = 20;
    bt.Name = "newButton"; //设置按钮的名称
    bt.Text = "New Button";
    bt.Left = 10;
    bt.Top = 10;
    this.Controls.Add(bt); //把 bt 加到 panel1 容器中
}

该函数中的 new Button()是建立一个系统的按钮对象，对象必须用 new 建立，而语句 this.Controls.Add(bt)表示把按钮加入到窗体上显示，其中 this 表示窗体自己。

新加入的按钮 newButton 也可以响应 Click 事件，这只要为 bt 对象设置它的事件响应函数就可以，具体是增加语句：

    bt.Click+=new EventHandler(bt_Click);

当在编辑器中输入 newButton.Click+=后按 Tab 键，系统自动产生后面的

    new EventHandler(bt_Click)

部分，其中 bt_Click 是一个事件函数，定义该事件函数，使程序如下：

```
private void button1_Click(object sender, EventArgs e)
{
    Button bt = new Button();//产生 bt 控件对象
    bt.Width = 80;
    bt.Height = 20;
    bt.Name = "newButton";
    bt.Text = "New Button";
    bt.Left = 10;
    bt.Top = 10;
    this.Controls.Add(bt); //把 bt 加到 panel1 容器中
    bt.Click+=new EventHandler(bt_Click); //建立事件函数
}
private void bt_Click(object sender, EventArgs e)
{
    Button bt=(Button)sender; //转换到 Button
    MessageBox.Show(bt.Name+" is clicked","New Button");
}
```

执行程序，点击 button1 后产生一个新的按钮控件 newButton，点击 newButton 后就弹出如图 5-13 所示的一个对话框，这说明新产生的 newButton 按钮也能像设计时放置的按钮 button1 一样响应鼠标的点击事件。

图 5-13　增加按钮的事件响应

实训 5　我的日历程序

1. 程序功能简介

我的日历程序是一个万年日历，通过改变年与月的值，可以显示任何一年任何一个月的日历。每个日期用一个小按钮显示，其中与当前系统日期相同的那个日期按钮的文字用红色显示，其余的为黑色显示，星期的日、一、二、三、四、五、六的按钮用蓝色显示。点击一个日期后就把选择的日期显示出来，如图 5-14 所示。

2. 程序技术要点

图 5-14　我的日历程序

这个日历程序与前面设计的日历程序基本相似，不同的地方是各个日期都是用一个个按钮来代表的,这样比较美观，而且每个日期按钮都可以响应鼠标点击,方便用户选择日期。因此程序的关键是怎么样建立这些日期按钮并响应每个按钮的事件。

首先按钮可以通过语句:
Button bt=new Button();
来建立。

其次建立好的按钮可以通过:
bt.Click+=new EventHandler(bt_Click);
来建立事件响应。

程序要根据当前月的日历变化规则依次建立一个个按钮,为每个日历按钮设置好对应的坐标并让它们规则地显示出来,并同时为所有的日期按钮设计同一个事件响应函数 bt_Click,根据函数中参数来判断是什么按钮触发该事件。

3. 程序界面设计

在窗体上放一个容器控件 Panel,两个 NumericUpDown 控件,三个标签 Label,设置属性如表 5-6 所示。

表 5-6 设置属性

控 件	名 称	属 性
窗体 Form	Form1	Text="我的日历"
标签	label1	Text="年"
	label2	Text="月"
	label3	Text=""
NumericDownUp 控件	numericUpDown1	
	numericUpDown2	
Panel 控件	panel1	

4. 程序代码设计

```
public partial class Form1 : Form
{
    int[] months = new int[] { 31, 28, 31, 30, 31, 30, 31, 31, 30, 31, 30, 31 };
    bool startFlag = false;
    public Form1()
    {
        InitializeComponent();
    }
    bool IsLeap(int y)
    {
        bool ans = (y % 400 == 0 || y % 4 == 0 && y % 100 != 0);
        return ans;
    }

    int Days(int y, int m, int d)
    {
        int ds = 0;
        if (IsLeap(y)) months[1] = 29;
        for (int i = 1; i <= m - 1; i++) ds = ds + months[i - 1];
```

```
            return ds+d;
    }

    void ShowMonth(int year, int month)
    {
        //设置 px,py 为建立的 Button 的起始 x，y 坐标
        //bw,bh 为按钮的高度与宽度
        //x,y 为每个按钮的坐标
        int px = 10, py = 10, x, y, bw = 28, bh = 20;
        panel1.Width = 7 * bw + 30;
        panel1.Height = 7 * bh + 30;
        int d, w = Weekday(year, month, 1);
        //w 是当前这个月 1 日的开始星期数
        string[] week = new string[] { "日", "一", "二", "三", "四", "五", "六" };
        months[1] = (IsLeap(year) ? 29 : 28);
        //cd 是当前日期
        int cd = DateTime.Now.Day;

        //显示星期的按钮
        panel1.Controls.Clear();
        x = px; y = py;
        for (d = 0; d < week.Length; d++)
        {
            Button bt = new Button();
            bt.Left = x; bt.Top = py; x += bw;
            bt.Width = bw; bt.Height = bh;
            bt.ForeColor = Color.Blue;
            bt.Text = week[d];
            bt.Name = week[d];
            panel1.Controls.Add(bt);
        }
        //显示开始几天的空白标签
        y += bh; x = px;
        for (d = 0; d < w; d++)
        {
            Label lb = new Label();
            lb.Left = x; lb.Top = y; x += bw;
            lb.Width = bw; lb.Height = bh;
            lb.Text = "";
            lb.AutoSize = false;
            lb.Name = lb + d.ToString();
```

```csharp
            panel1.Controls.Add(lb);
        }
        //显示每天的按钮
        for (d = 1; d <= months[month - 1]; d++)
        {
            Button bt = new Button();
            bt.Left = x; bt.Top = y; x += bw;
            bt.Width = bw; bt.Height = bh;
            bt.Text = d.ToString();
            bt.Name = "d" + d.ToString();
            if (d == cd) bt.ForeColor = Color.Red;
            bt.Click += new EventHandler(bt_Click);
            panel1.Controls.Add(bt);
            ++w;
            if (w % 7 == 0) { x = px; y += bh; }
        }
    }
}
private void bt_Click(object sender, EventArgs e)
{
    Button bt = (Button)sender;
    label3.Text = numericUpDown1.Value.ToString() + "-"
        + numericUpDown2.Value.ToString() + "-" + bt.Text;
}

int Weekday(int y, int m, int d)
{
    int x = y - 1;
    int w = (x + (x / 400) + (x / 4) - (x / 100) + Days(y, m, d)) % 7;
    return w;
}


private void Form1_Load(object sender, EventArgs e)
{
    DateTime dt = DateTime.Now;
    int y = dt.Year, m = dt.Month, d = dt.Day;
    numericUpDown1.Minimum = 1900;
    numericUpDown1.Maximum = 2100;
    numericUpDown1.Value = y;
    numericUpDown2.Minimum = 1;
    numericUpDown2.Maximum = 12;
```

```
            numericUpDown2.Value = m;
            months[1] = (IsLeap(y) ? 29 : 28);
            ShowMonth(y,m);
            startFlag = true;
            label3.Text = y.ToString() + "-" + m.ToString() + "-" + d.ToString();
        }

        private void numericUpDown1_ValueChanged(object sender, EventArgs e)
        {
            if (startFlag)
            {
                int y = (int)numericUpDown1.Value;
                int m = (int)numericUpDown2.Value;
                ShowMonth(y,m);
            }
        }

        private void numericUpDown2_ValueChanged(object sender, EventArgs e)
        {
            if (startFlag)
            {
                int y = (int)numericUpDown1.Value;
                int m = (int)numericUpDown2.Value;
                ShowMonth(y, m);
            }
        }
}
```

ShowMonth 是程序的重要函数，它先显示"日","一","二","三","四","五","六"这几个标题按钮，然后显示几个空白的标签，它们是每月开始几天没有日期的空白，之后就建立与显示各个日期的按钮，这些按钮都安排了一个事件响应函数 bt_Click，用鼠标点击一个按钮时就响应该函数。在 bt_Click 中的参数 sender 指示了是哪个按钮触发了该事件，从中我们便能根据该按钮的 Text 属性确定是什么日期，这样就显示出用户所选择的日期。

5. 程序性能评述

在 C#的工具箱中有一个日历程序控件 MonthCalendar，把该控件放在窗体上，效果如图 5-15 所示。我的日历程序与系统的日历控件相比，功能十分相似，只是我的日历控件中每个日期是用动态建立的按钮组成的，界面比较独特。

图 5-15 C#系统的日历控件

练 习 题

1. 编写一个 min(int a,int b)的查找 a、b 的最小值函数，找出它们中的最小值。
2. 编写一个绝对值函数，可以计算一个整数的绝对值。
3. 说明实际参数与形式参数的对应关系。
4. 编写一个判断闰年的函数，然后调用它打印出 1900~5000 年之间的所有闰年，每行打印 5 个。
5. 编写一个判断大写与小写字母的函数，从文本框输入一个字符串，统计大小写字母各占多少。
6. 设计一个判断一个整数是否是素数的函数。
7. 编写一个判断"水仙花数"的函数，所谓"水仙花数"是指一个三位数，其各位数字立方和等于该数，并用它打印出所有的"水仙花数"。
8. 编写一个函数判断一个正整数是不是回文数，即从左到右与从右到左一样，例如 12321 是回文数。
9. 编写一个函数，输入 n 为偶数时，调用函数求 1/2+1/4+…+1/n，当输入 n 为奇数时，调用函数求 1/1+1/3+…+1/n。
10. 编写求两个正整数最大公约数和最小公倍数的函数，输入两个正整数 m 和 n，求其最大公约数和最小公倍数。
11. 编程计算同一天内的两个时间之间的间隔时间的函数。
12. 一个数如果恰好等于它的因子之和，这个数就称为"完数"。例如 6=1＋2＋3，编程找出 1000 以内的所有完数。
13. 有 8、3、5、2 共 4 个数字，用它们能组成多少个互不相同且无重复数字的 4 位数，都是多少？
14. 有一对兔子，从出生后第 3 个月起每个月都生一对兔子，小兔子长到第三个月后每个月又生一对兔子，假如兔子都不死，问前 10 个月的兔子总数为多少。
15. 写一个能分解字符串的英语单词的函数，把一个字符串传递给它，它能分解出各个英语单词，并按字符串数组的形式返回。
16. 编写一个函数，把输入的一个字符串中的所有数字提取出来，例如输入"a123b3dw54"则输出 123、3、54 等字符串。
17. 编写一个函数判断一个字符在一个字符串中出现的次数。
18. 编写一个函数判断一个子字符串在另一个字符串中出现的次数。
19. 设计一个函数，该函数能对一个整数数组进行排序。
20. 在输入一个复杂的数学表达式时常发生左右括号不匹配的错误，编制一个函数判断一个输入的表达式的左右括号是否匹配。例如输入(32+x)/(3-y)*((sqrt(x)+1)则判断出错误。

项目实训 6　学生信息管理

项目功能：程序能管理学生的学号、姓名、性别、年龄、照片等信息，学生数据存储在数组中，一次显示一条记录。

学习范围：面向对象的类与对象、数组与对象的高级应用、图形操作、窗体程序设计方法、数据排序与查找。

练习内容：针对该知识与能力范围的知识练习与多个项目实训练习。

项目案例 6.1　学生类与对象的建立

6.1.1　案例展示

输入学生基本信息（学号、姓名、性别、年龄），把它们存储在内存变量中并显示出来，如图 6-1 所示。

6.1.2　技术要点

1. 定义学生类

如果学生的学号、姓名、性别、年龄分别定义成 no、name、sex、age 等列变量，则一般为：

string no,name,sex;

int age;

图 6-1　学生对象信息

但是学生的学号、姓名、性别、年龄一般都是与学生本人相关的，不可以分开，把它们拆分开来记录及存储显然是不合理的，应该把它们封装成为一个整体，这样自然就引入了面向对象的概念。

把学生作为一个对象，这个对象中包含学号、姓名、性别、年龄等属性，一个学生是一个这种对象变量，不同的学生对应不同的对象变量，不同的对象变量中的学号、姓名、性别、年龄属性不同。

C#中的类(class)就是描述这种数据的结构，学生类 StudentClass 可以定义如下：

calss StudentClass

{

　　public string no,name,sex;

　　public int age;

}

其中 class 是 C#的类定义关键字，类定义在一对大括号中，StudentClass 是我们自己命名的类名称，该类中包含三个字符类型变量 no、name、sex 及一个整数变量 age，它们称为这个类的成员变量，这四个变量都说明成为 public 的，表明它们都是公有的成员。

类中不但可以包含成员变量，还可以包含成员函数，例如把 StudentClass 类定义成：

```
class StudentClass
{
    public string no, name, sex;
    public int age;
    public bool IsValidSex()
    {
        return (sex=="男"||sex=="女");
    }
    public string Message()
    {
        return "学号:" + no + " 姓名:" + name + " 性别:" + sex
            + " 年龄:" + age.ToString();
    }
}
```

其中 IsValidSex()是用来检测性别 sex 变量的值是否合理的函数，Message 是用来返回学生信息的函数。

2．类存储文件

自定义的类一般放在专门的类文件中，具体做法如下。

（1）开始一个 Windows 程序项目，例如 Project6_1，执行菜单"项目|添加类"，打开一个添加新项的对话框，在输入框中输入类文件，例如 StudentClass.cs，如图 6-2 所示。

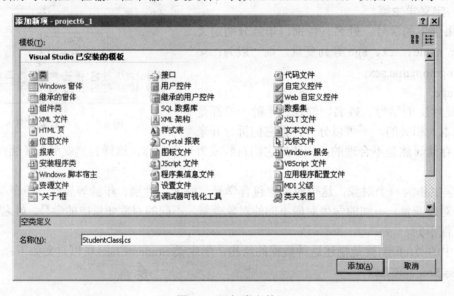

图 6-2　添加类文件

（2）点击"添加"后可以看到在解决方案资源管理器中多了一个 StudentClass.cs 的项目，双击 StudentClass.cs 项目，在 StudentClass.cs 中编辑类，如图 6-3 所示。注意在类中用到了 MessageBox 对象，因此要在程序前面用 using System.Windows.Forms 引入对应的命名空间。

（3）这样定义后在 Form1.cs 代码文件中就可以使用 StudentClass 类了。关闭并保存 project6_1 后在对应的文件夹中可以看到 StudentClass.cs 文件，它与 Form1.cs 文件一样，是一个文本文件。

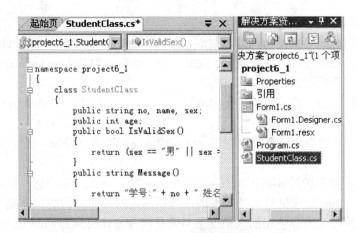

图 6-3 编写 StudentClass 类文件

3. 建立学生对象

类 StudentClass 定义好后，只是对学生的结构做了一个描述，还没有在内存中为它建立变量及其对应的存储空间，在内存中建立类的变量的过程称为建立类的对象。对象是类的变量，它是在内存中的一个客观存在。可以说类定义是一个模板，对象是根据这个模板建立起来的内存变量，从这个模板可以建立多个对象变量，每个对象变量的值往往不同，但结构是一样的。如果在计算机中要存储一个学生的数据必须把这个类实例化到对应的内存中，既建立学生对象，对象系建立如下：

StudentClass s=new StudentClass();

其中 s 是一个类型 StudentClass 的变量，既一个对象，new StudentClass()是在内存中产生一个 StudentClass 对象，该对象的内存结构如图 6-4 所示。

4. 对象访问成员

StudentClass 类的对象 s 包含 no、name、sex 及 age 的成员，对象变量 s 被看成一个整体，可以通过小数点连接来引用对象中的成员变量，例如：

StudentClass s = new StudentClass();
s.no = "1000";
s.name = "张三";
s.sex = "男";
s.age = 21;
if (s.IsValidSex()) MessageBox.Show(s.Message(),"学生");

其中 s.no、s.name、s.sex 都是 string 数据类型的变量，与普通的 string 数据类型的变量没有什么区别，s.age 是 int 数据的变量，与普通的 int 类型变量也没有区别，s.IsValidSex()调用 StudentClass 的 IsValidSex()函数，检测该对象的 sex 值是否合法，之后 s.Message()调用 StudentClass 的 Message()函数返回学生信息，如图 6-5 所示。

图 6-4 StudentClass 对象结构　　图 6-5 显示学生对象

5. 类成员的访问规则

类的作用是实现成员变量与函数的封装，前面讲到成员属性时用到有 Public 属性，Public 的成员是公共成员，有最大的访问权限。除此之外，还有一种 Private 成员是私有成员，有最小的访问权限。关于成员的访问权限的规则有：

（1）在类的外面的一般函数中定义的类对象，只可以访问类的 Public 成员，不可以访问 Private 成员；

（2）在类的成员函数内定义的类对象，既可以访问同类的 Public 成员，也可以访问同类 Private 成员。

Private 成员是受保护的成员，如不是在成员函数内，则无法访问它，从而对数据起到保护与封装的作用。Public 成员是对外开发的，可以从类的外面访问到，是类与外界的接口。

一般建议把那些类内部使用的成员变量与成员函数设计成为 Private 成员，实现类数据及操作的封装。而把那些需要与外界交换数据的成员设计成 Public 成员，而且要尽量少用 Public 成员，多用 Private 成员。

6. 类的构造函数

实际上我们希望在建立一个对象变量时能够有一些合理的初始值，这就需要设置一个能在建立对象时就执行的函数，这就是构造函数(Constructor)，这个函数用于初始化这个对象的各个变量的值。构造函数是这样一种函数：

（1）构造函数是与类同名称的函数；

（2）可以定义多个构造函数，只要它们的参数个数或类型不同，多个构造函数的方式称为重载(Overload)；

（3）构造函数只在创建对象时由系统调用，不能在程序中人为调用；

（4）构造函数没有返回类型，也不是 void 类型。

如果为 StudentClass 编写两个构造函数，重新编写 StudentClass 类如下：

```
class StudentClass
{
    public string no, name, sex;
    public int age;
    public StudentClass()
    {
        //无参数的构造函数
        no = ""; name = ""; sex = ""; age = 0;
    }
    public StudentClass(string xno, string xname, string xsex, int xage)
    {
        //4 个参数的构造函数
        no = xno; name = xname; sex = xsex; age = xage;
    }
    public bool IsValidSex()
    {
        return (sex == "男" || sex == "女");
    }
    public string Message()
```

```
        {
            return "学号:" + no + " 姓名:" + name + " 性别:" +
            sex + " 年龄:" + age.ToString();
        }
    }
```
根据无参数的构造函数，可以用语句：

  StudentClass s=new StudentClass();

建立对象，在 new StudentClass()时，会自动调用 StudentClass()构造函数，从而使 no、name、sex 的值都是空字符串，age 的值是 0。

  根据四个参数的构造函数，可以用语句：

  StudentClass s=new StudentClass("1000","张三","男",21);

来建立对象，该对象在建立时会自动调用

```
    public StudentClass(string xno, string xname, string xsex, int xage)
    {
        //4 个参数的构造函数
        no = xno; name = xname; sex = xsex; age = xage;
    }
```

函数，从而使从而使 no、name、sex 的值分别是"1000"、"张三"、"男"，age 的值是 21。

  由此可见语句：

  StudentClass s=new StudentClass("1000","张三","男",21);

完全等效于下列这组语句：

  StudentClass s = new StudentClass();
  s.no = "1000";
  s.name = "张三";
  s.sex = "男";
  s.age = 21;

注意构造函数是根据提供的参数的多少在建立对象时自动匹配调用的，用户不能显示地调用，例如下列语句是错误的：

  StudentClass s = new StudentClass();
  s.StudentClass("1000","张三","男",21);

另外在建立对象时也不能找不到匹配的构造函数，例如：

  StudentClass s=new StudentClass("1000","张三","男");

是错误的，因为在 StudentClass 中找不到有 3 个字符串参数的构造函数。

  一个类在定义后如果没有编写无参数构造函数，则该类自动有一个默认的无参数的空构造函数，例如如果没有为 StudentClass 编写下列无参数构造函数：

```
    public StudentClass()
    {
        no = ""; name = ""; sex = ""; age = 0;
    }
```

则 StudentClass 有下列空的无参数构造函数：

  public StudentClass()

```
        {
        }
```
无参数构造函数使我们总能方便地建立无需特别初始化的对象。

7. 对象的销毁

对象变量与普通数据类型的变量一样也有作用范围，超出这个范围后就失效了。例如一个过程中定义的对象变量，在过程执行结束时将自动销毁。

除此之外，用户也可以在程序中人为地销毁一个对象变量，方法是设置它的值为 null，例如：

```
StudentClass s=new StudentClass();
//......
s=null; //销毁 s 对象
```

6.1.3 程序设计

1. 界面设计

在窗体 Form1 上放置五个标签控件、四个 TextBox、一个按钮控件，设置属性如表 6-1 所示。

表 6-1 设置属性

控件	名称	属性
窗体 Form	Form1	Text="类与对象"
按钮 Button	button1	Text="显示"
标签 Label	label1	Text="学号";
	label2	Text="姓名";
	label3	Text="性别"
	label4	Text="年龄"
	label5	Text=""
TextBox	textBox1	Text=""
	textBox2	Text=""
	textBox3	Text=""
	textBox4	Text=""

2. 代码设计

根据类的定义原理，在 StudentClass.cs 类文件中编写 StudentClass 类如下：

```
class StudentClass
{
    public string no, name, sex;
    public int age;
    public StudentClass()
    {
        no = ""; name = ""; sex = ""; age = 0;
    }
    public StudentClass(string xno, string xname, string xsex, int xage)
    {
        no = xno; name = xname; sex = xsex; age = xage;
```

```
        }
        public bool IsValidSex()
        {
            return (sex == "男" || sex == "女");
        }
        public string Message()
        {
            return "学号:" + no + " 姓名:" + name + " 性别:"
                + sex + " 年龄:" + age.ToString();
        }
}
```

根据对象建立原理在 Form1.cs 中为 button1 编写代码如下:

```
private void button1_Click(object sender, EventArgs e)
{
    string no=textBox1.Text;
    string name=textBox2.Text;
    string sex=textBox3.Text;
    int age = int.Parse(textBox4.Text);
    string s;
    //建立对象 a
    StudentClass a = new StudentClass();
    a.no =no;
    a.name = name;
    a.sex = sex;
    a.age = age;
    if (a.IsValidSex()) s = a.Message()+"\r\n";
    else s = "错误的性别\r\n";
    //建立对象 b
    StudentClass b = new StudentClass(no,name,sex,age);
    if (b.IsValidSex()) s =s+b.Message()+"\r\n";
    else s =s+ "错误的性别\r\n";
    label5.Text = s;
}
```

执行该程序，输入学生的信息，效果如图 6-1 所示。

6.1.4 模拟训练

设计一个时间类 MyTimeClass，包含时、分、秒的成员，分别用 hour、minute、second 整数变量来存储表示，编写构造函数，建立对象并显示时间。

MyTimeClass 类的结构如下:

```
class MyTimeClass
{
```

```
    public int hour, minute, second;
    public MyTimeClass(int h, int m, int s)
    {
        hour = h; minute = m; second = s;
    }
    public string GetTime()
    {
        return hour.ToString() + ":" + minute.ToString()
        + ":" + second.ToString();
    }
}
```
在类文件中建立该类，在窗体上输入时、分、秒的值，建立时间对象并显示。

6.1.5 应用拓展

类变量是对类对象的引用，引用的变量在函数参数传递时要特别注意，C#中引用变量作为实际参数传给函数的形式参数时传递的还是引用，因此函数的形式参数引用的对象与实际参数引用的是同一个对象，在函数中改变对象的成员值，会直接影响到实际参数引用的同一个对象。请看下面的例子：

```
private void Test(StudentClass x,string y)
{
    MessageBox.Show("x.xex="+x.sex + " y=" + y, "Test 函数中参数");
    x.sex = "女"; y = "女";
}
private void button1_Click(object sender, EventArgs e)
{
    StudentClass s = new StudentClass();
    s.sex = "男";
    string t = "男";
    Test(s, t);
    MessageBox.Show("s.xex=" + s.sex + " t=" + t, "Test 调用后参数");
}
```
执行 button1_Click 后结果如图 6-6 所示。

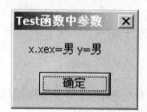 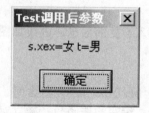

图 6-6　引用对象

这里设计了一个测试函数 Test，它的第一个形式参数是 StudentClass 类变量 x，第二个参数是普通的 string 变量 y。在另一个函数中建立对象 s 后，s.sex 设置为"男"，调用 Test(s,t)时实际参数 s 传递给 Test 的形式参数 x，由于是对象变量，因此 C#采用引用传递，既 x 引用的对象与实际参数 s 引用的是同一个对象，因此在 Test 函数中设置 x.sex="女"后该对象的 sex 变量改为"女"，在调用完成后可以看到 s.sex 也变成"女"。而调用 Test(s,t)时 C#在传递 t 变量的过程中是把变量的值复制一份给了变量 y，t 与 y 变量是不同的内存单元，因此在 Test 中 y 的值由"男"变为"女"时，实际参数 t 的值不会改变，仍然维持是"男"。

C#中数组也是一个对象，因此用数组作为实际参数传递给函数时也是传递的引用，当数组的值在函数中改变时，会影响实际数组参数，例如：

```
private void Test(string[] a)
{
    string s="";
    for(int i=0;i<a.Length;i++) s=s+a[i]+" ";
    MessageBox.Show("a[]="+s,"Test 函数中数组");
    a[0] = "女";
}
private void button2_Click(object sender, EventArgs e)
{
    string[] a=new string[]{"男","女"};
    Test(a);
    string s="";
    for(int i=0;i<a.Length;i++) s=s+a[i]+" ";
    MessageBox.Show("a[]="+s ,"Test 调用后数组");
}
```

执行 button1_Click 后结果如图 6-7 所示。

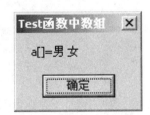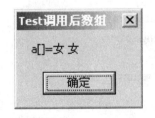

图 6-7 引用数组

项目案例 6.2 学生类的变量与属性

6.2.1 案例展示

输入学生基本信息（学号、姓名、性别、年龄），要求性别是"男"或者"女"之一，年龄在 10～30 岁之间，如果不符合要求就显示出错误，如图 6-8 所示。

6.2.2 技术要点

学生信息类 StudentClass 定义的成员 no、name、sex、age 等都是基本的数据变量，对这些成员的赋值可以是任意的对应类型的值。但显然性别 sex 成员赋值时要求值为"男"或者

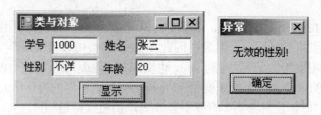

图 6-8　错误提示

"女"才是有意义的,其他值都是无效的值。但该类并没有对赋值的过程作检测,当程序为 sex 成员赋一个无效的值时,程序并不会立即报错。为了防止这种情况的发生,一般把存储数据的变量用 private 保护起来,不让外界随意访问它们,但设计一个以之对应的属性函数来与外界进行交换数据,这个属性函数完成读取(get)该变量的值与对该变量进行赋值(set)的工作,属性函数的结构如下:

public 数据类型　属性名称

{

　　get { ...... }

　　set { ...... }

}

其中 get 部分是获取属性值的一段代码,一般有一 return 语句完成数据返回,set 部分是为变量设置值的部分,有一个 value 值,它是对该属性所赋的值。

StudentClass 类中把 sex 性别变量改为 private 的变量 m_sex,把 sex 设置成为属性,那么 StudentClass 类形式如下:

```
class StudentClass
{
        //其他部分省略
        private string    m_sex;
        public string sex
        {
            get { return m_sex; }
            set
            {
                if (value == "男" || value == "女") m_sex = value;
                else throw new Exception("无效的性别!");
            }
        }
}
```

其中在 set 部分的 value 是 C#的关键字,是对该属性赋的值,类型与 sex 属性的一样为 string 类型。如果建立一个 StudentClass 对象并执行下列程序:

```
try
{
     StudentClass s = new StudentClass();
     s.sex = "男";   //①
     string t = s.sex;      //②
```

```
        MessageBox.Show(t,"性别");
        s.sex = "";       //③
    }
    catch (Exception exp) { MessageBox.Show(exp.Message,"异常"); }
```

执行①语句时，会执行 sex 属性函数的 set 部分，对 m_sex 赋值为"男"；执行②语句时，会执行执行 sex 属性函数的 get 部分，取出 m_sex 值为"男"赋值给变量 t；执行③语句时，会执行 sex 属性函数的 set 部分，对 m_sex 赋值为""，结果会抛出一个异常，如图6-9 所示。

由此可见属性函数存取成员变量的值时能检测对成员变量的赋值，当赋的值无效时，可以拒绝赋值，属性函数是类的成员变量与外界的良好接口。

我们可以重新设计 StudentClass 类，把其中的学号、姓名、性别分别用内个变量 m_no、m_name、m_sex、m_age 来存储，而且设置为 private 的成员，外界不可以访问这些变量，同时把 no、name、sex、age 设置成为属性函数，这些属性函数都是 public 的，完成存取对应变量的工作。

图 6-9 抛出异常

在 StudentClass 中定义的变量 m_no、m_name、m_sex 及 m_age 是在类的框架中的，不属于类中的任何函数，这种变量在整个类的函数中都可以应用，称为类变量。而在类中的函数内部定义的变量是局部变量，只在该函数内部使用，出了该函数的范围就不能用了。

属性函数可以用 get 取出类中变量的值，也可以用 set 设置对应变量的值，如果一个属性同时具有 get 与 set 的函数部分，则这个属性是既可读又可写的。但有些属性不需要改写，是只可读的，例如类的名称，类对象建立的时间等。如果一个类的属性只包括 get 部分，则这个类属性是只读的，不能改写。

6.2.3 程序设计

1．界面设计

在窗体 Form1 上放置五个标签控件、四个 TextBox、一个按钮控件，设置属性如表 6-2 所示。

表 6-2 设置属性

控　件	名　称	属　性
窗体 Form	Form1	Text="类与对象"
按钮 Button	button1	Text="显示"
标签 Label	label1	Text="学号";
	label2	Text="姓名";
	label3	Text="性别"
	label4	Text="年龄"
	label5	Text=""
TextBox	textBox1	Text=""
	textBox2	Text=""
	textBox3	Text=""
	textBox4	Text=""

2. 代码设计

在 StudentClass.cs 类文件中编写 StudentClass 类如下：

```csharp
class StudentClass
{
    private string m_no, m_name, m_sex;
    private int m_age;
    public string no
    {
        get { return m_no; }
        set { m_no=value; }
    }
    public string name
    {
        get { return m_name; }
        set { m_name = value; }
    }
    public string sex
    {
        get { return m_sex; }
        set
        {
            if (value == "男" || value == "女") m_sex = value;
            else throw new Exception("无效的性别!");
        }
    }
    public int age
    {
        get { return m_age; }
        set
        {
            if(value>=0&&value<=30) m_age = value;
            else throw new Exception("无效的年龄!");
        }
    }
    public StudentClass()
    {
        no = ""; name = ""; sex = ""; age = 0;
    }
    public StudentClass(string xno, string xname, string xsex, int xage)
    {
        no = xno; name = xname; sex = xsex; age = xage;
    }
```

```csharp
            public bool IsValidSex()
            {
                return (sex == "男" || sex == "女");
            }
            public string Message()
            {
                return "学号:" + no + " 姓名:" + name + " 性别:"
                    + sex + " 年龄:" + age.ToString();
            }
        }
```
在 Form1.cs 中为 button1 编写代码如下：
```csharp
        private void button1_Click(object sender, EventArgs e)
        {
            try
            {
                string no = textBox1.Text;
                string name = textBox2.Text;
                string sex = textBox3.Text;
                int age = int.Parse(textBox4.Text);
                StudentClass s = new StudentClass();
                s.no = no;
                s.name = name;
                s.sex = sex;
                s.age = age;
                label5.Text = s.Message();
            }
            catch (Exception exp) { MessageBox.Show(exp.Message,"异常"); }
        }
```
执行该程序，如输入的性别与年龄不在允许的范围内就会出现错误对话框。

6.2.4 模拟训练

设计 MyTimeClass 时间类，为 MyTimeClass 编写时、分、秒的属性函数 hour、minute、second，重新编写 MyTimeClass 类如下：
```csharp
    class MyTimeClass
    {
        private int m_hour, m_minute, m_second;
        public MyTimeClass(int h, int m, int s)
        {
            if (h >= 0 && h < 24 && m >= 0 && m < 60 && s >= 0 && s < 60)
            {
                m_hour = h; m_minute = m; m_second = s;
```

```csharp
            else hrow new Exception("时间值无效!");
        }
        public int hour
        {
            get { return m_hour; }
            set
            {
                if (value >= 0 && value < 24) m_hour = value;
                else throw new Exception("时无效!");
            }
        }
        public int minute
        {
            get { return m_minute; }
            set
            {
                if (value >= 0 && value < 60) m_minute = value;
                else throw new Exception("分无效!");
            }
        }
        public int second
        {
            get { return m_second; }
            set
            {
                if (value >= 0 && value < 24) m_second = value;
                else throw new Exception("秒无效!");
            }
        }
        public string GetTime()
        {
            return m_hour.ToString() + ":" + m_minute.ToString()
                + ":" + m_second.ToString();
        }
    }
```

在类文件中建立该类，在窗体上输入时、分、秒的值，建立时间对象并显示，测试在输入无效的时间时的异常错误。

6.2.5 应用拓展

编写下列程序进行测试，当输入的性别或者年龄不在允许的范围内时，对象 s 是不建立的，如图 6-10 所示，请读者说明理由。

项目案例 6.3 学生类的继承与派生   **143**

```
private void button1_Click(object sender, EventArgs e)
{
    StudentClass s=null;
    try
    {
        string no = textBox1.Text;
        string name = textBox2.Text;
        string sex = textBox3.Text;
        int age = int.Parse(textBox4.Text);
        s = new StudentClass(no,name,sex,age);
        label5.Text = s.Message();
    }
    catch (Exception exp)
    {
        if (s == null) label5.Text = "null," + exp.Message;
        else label5.Text = "Not null," + exp.Message;
    }
}
```

图 6-10 对象空值 null

项目案例 6.3 学生类的继承与派生

6.3.1 案例展示

输入学生或者教师的基本信息，学生信息包括学号、姓名、性别、年龄、专业，教师基本信息包括姓名、性别、年龄、职称、讲授课程，用对象变量存储学生或者教师的信息并显示，如图 6-11 所示。

图 6-11 学生及教师信息

6.3.2 技术要点

1. 继承及派生

教师与学生都有共同的基本信息即姓名、性别、年龄，这也是人的基本属性，实际上可以先定义一个 PersonClass 的类来包含这些属性，PersonClass 类如下：

```
class PersonClass
{
    //m_name 姓名、m_sex 性别、m_age 年龄
    private string m_name,m_sex;
    private int m_age;
    public PersonClass() { m_name = ""; m_sex = "男"; }
    public PersonClass(string n, string s, int a)
    {
```

```
            m_name = n;
            if (s == "男" || s == "女") m_sex = s;
            else throw new Exception("无效的性别");
            if (a >= 10 && a <= 60) m_age=a;
            else throw new Exception("无效年龄");
        }
        public string name
        {
            get { return m_name; }
            set { m_name = value; }
        }
        public string sex
        {
            get { return m_sex; }
            set
            {
                if (value == "男" || value == "女") m_sex = value;
                else throw new Exception("无效的性别");
            }
        }
        public int age
        {
            get { return m_age; }
            set
            {
                if (value>=10&&value<=60) m_age=value;
                else throw new Exception("无效的年龄");
            }
        }
    }
```

学生类 StudentClass 所包含的基本属性与 PersonClass 一样，只是比 PersonClass 多了学号、班级、专业，同样教师类 TeacherClass 基本信息与 PersonClass 也一样，只是比 PersonClass 多了职称与讲授课程。由于 StudentClass 及 TeacherClass 与 PersonClass 的这种共同性，可以在 PersonClass 的基础上扩充得到得到 StudentClass 类及 TeacherClass 类。

由一个类扩充到另外一个类称为继承，具体方法是按下面方式定义 StudentClass 类：

```
class StudentClass : PersonClass
{
    private string m_no, m_major;
    //m_no 学号、m_major 专业
    public string no
    {
        get { return m_no; }
```

```csharp
            set { m_no = value; }
        }
        public string major
        {
            get { return m_major; }
            set { m_major = value; }
        }
        //......
}
```

这里 class StudentClass: PersonClass 的作用就是定义 StudentClass 类，并且从 PersonClass 类继承，或者说 PersonClass 派生了 StudentClass 类。PersonClass 类称为 StudentClass 类的基类或者父类，StudentClass 类称为 PersonClass 类的派生类或者子类，这种关系是继承关系。

同样 TeacherClass 类也可以从 PersonClass 继承得到，定义 TeacherClass 类如下：

```csharp
class TeacherClass : PersonClass
{
        private string m_title,m_subject;
        //m_title 职称，m_subject 课程
        public string title
        {
            get { return m_title; }
            set { m_title = value; }
        }
        public string subject
        {
            get { return m_subject; }
            set { m_subject = value; }
        }
        //......
}
```

类的派生是面向对象程序设计的一个重要的概念，派生就是在原基类的基础上继承基类的所有特性，然后再加入一些新的特性。系统的很多类都是一个派生一个得到的，例如常见的窗体类 Form1 就是从系统的窗体类 Form 中派生而来的。在 Form1 的程序代码中可以看到一句：

public partial class Form1 : Form

说明 Form1 从系统的 System.Windows.Forms 命名空间内的 Form 类派生得到。

2. 派生类的构造函数

在派生类的构造函数中，可以用 base 来指定基类的构造函数，base 是 C#的关键字，表示基类，派生类的构造函数具体结构如下：

public 派生类构造函数(构造函数参数列表) ：base(基类构造函数需要的参数列表)
{

//设置派生类的成员
}
派生类构造函数与 base 表示的基类构造函数之间之间用冒号分开，在创建派生类对象时先调用基类的构造函数为基类的成员初始化，之后在执行派生类构造函数的代码为派生类的成员初始化。

例如 StudentClass 类的有参数的构造函数如下：
public StudentClass(string xno, string xname, string xsex,
    int xage, string xmajor):base(xname, xsex, xage)
{
    m_no = xno; m_major = xmajor;
}

这个函数后面的一句 base(xname, xsex, xage)代表的是基类的构造函数的调用方法，它有3个参数，对应 PersonClass 类的构造函数 PersonClass(string n, string s, int a)，例如：
StudentClass s = new StudentClass("1000", "张三", "男", 23, "计算机软件");
那么会先调用基类的 PersonClass(string n, string s, int a)构造函数，设置 m_name、m_sex、m_age 变量，然后执行 StudentClass(string xno, string xname, string xsex,int xage, string xmajor)构造函数的代码，设置 m_no 及 m_major 变量。

如果派生类的构造函数中没有用 base 指定基类的构造函数，则调用基类的无参数构造函数，例如：
StudentClass s=new StudentClass();

在创建 s 对象时先调用 PersonClass 类的无参数构造函数 PersonClass()，然后执行 StudenClass()构造函数的代码。

实际上如下列是 StudentClass 的无参数构造函数：
public StudentClass() { m_no = ""; m_major = ""; }

那么它可以看成：
public StudentClass():base() { m_no = ""; m_major = ""; }
其中隐含了对 base()的调用。

3. 派生类对象结构

在继承的过程中，子类将继承父类的成员，虽然在 StudentClass 类中看不到成员 m_name、m_sex 及 m_age 的定义，但 StudentClass 的对象中确实存在这些成员变量，如图 6-12 所示为 StudentClass 类的对象的内存结构。

同样的道理在 TeacherClass 中也包含了 PersonClass 的 m_name、m_sex 及 m_age 变量。

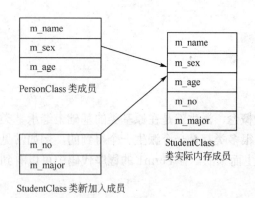

图 6-12 StudentClass 类继承了 PersonClass 的成员

6.3.3 程序设计

1. 界面设计

在窗体 Form1 上放置六个标签控件、一个按钮控件、两个 RadioButton、一个 ComboBox，设置属性如表 6-3 所示。

表 6-3 设置属性

控 件	名 称	属 性
窗体 Form	Form1	Text="学生或教师信息"
按钮 Button	button1	Text="确定"
标签 Label	label1	Text="姓名";
	label2	Text="性别"
	label3	Text="年龄"
	label4	Text=""
	label5	Text=""
	label6	Text=""
RadioButton	radioButton1	Text="学生"
	radioButton2	Text="教师"
ComboBox	comboBox1	

2. 代码设计

建立一个类存储文件 ClassFile.cs，在 ClassFile.cs 类文件中编写 PersonClass、StudentClass 及 TeacherClass 类如下：

```
//PersonClass 类
class PersonClass
{
    //m_name 姓名、m_sex 性别、m_age 年龄
    private string m_name,m_sex;
    private int m_age;
    //
    public PersonClass() { m_name = ""; m_sex = "男"; }
    public PersonClass(string n, string s, int a)
    {
        m_name = n;
        if (s == "男" || s == "女") m_sex = s;
        else throw new Exception("无效的性别");
        if (a >= 10 && a <= 60) m_age=a;
        else throw new Exception("无效年龄");
    }
    public string name
    {
        get { return m_name; }
        set { m_name = value; }
    }
    public string sex
    {
        get { return m_sex; }
        set
```

```csharp
            {
                if (value == "男" || value == "女") m_sex = value;
                else throw new Exception("无效的性别");
            }
        }
        public int age
        {
            get { return m_age; }
            set
            {
                if (value>=10&&value<=60) m_age=value;
                else throw new Exception("无效的年龄");
            }
        }
    }

    //StudentClass 类
    class StudentClass : PersonClass
    {
        private string m_no, m_major;
        //m_no 学号、m_major 专业
        public StudentClass()
        {
            m_no = ""; m_major = "";
        }
        public StudentClass(string xno, string xname, string xsex,
            int xage, string xmajor)
            : base(xname, xsex, xage)
        {
            m_no = xno; m_major = xmajor;
        }
        public string no
        {
            get { return m_no; }
            set { m_no = value; }
        }
        public string major
        {
            get { return m_major; }
            set { m_major = value; }
        }
    }
```

```csharp
//TeachrClass 类
class TeacherClass : PersonClass
{
    private string m_title,m_subject;
    //m_title 职称，m_subject 课程
    public TeacherClass()
    {
        m_title=""; m_subject="";
    }
    public TeacherClass(string xname, string xsex,
        int xage, string xtitle,string xsubject):base(xname, xsex, xage)
    {
        m_title = xtitle; m_subject = xsubject;
    }
    public string title
    {
        get { return m_title; }
        set { m_title = value; }
    }
    public string subject
    {
        get { return m_subject; }
        set { m_subject = value; }
    }
}
```

在 Form1.cs 中为 button1 编写代码如下：

```csharp
private void Form1_Load(object sender, EventArgs e)
{
    label4.Text = "学号"; label5.Text = "专业"; label6.Text = "";
    radioButton1.Checked = true;
    comboBox1.Items.Add("男");
    comboBox1.Items.Add("女");
    comboBox1.SelectedIndex = 0;
}

private void button1_Click(object sender, EventArgs e)
{
    try
    {
        string name = textBox1.Text;
        string sex = comboBox1.Text;
```

```
            int age = int.Parse(textBox2.Text);
            string a=textBox3.Text;
            string b=textBox4.Text;
            if (radioButton1.Checked)
            {
                //建立学生对象
                StudentClass s = new StudentClass(a, name, sex, age, b);
                label6.Text = s.no + "," + s.name + "," + s.sex
                + "," + s.age.ToString() + "," + s.major;
            }
            else
            {
                //建立教师对象
                TeacherClass t = new TeacherClass(name,sex,age,a,b);
                label6.Text = t.name + "," + t.sex + "," +
                t.age.ToString() + "," + t.title + "," + t.subject;
            }
        }
        catch (Exception exp) { MessageBox.Show(exp.Message); }
}

private void radioButton1_CheckedChanged(object sender, EventArgs e)
{
    label4.Text = "学号"; label5.Text = "专业";
}

private void radioButton2_CheckedChanged(object sender, EventArgs e)
{
    label4.Text = "职称"; label5.Text = "课程";
}
```

执行该程序，效果如图 6-11 所示，当选择输入学生信息时，则在 PersonClass 类的基础上多输入学号及专业，当选择教师时则多输入职称与课程。

6.3.4　模拟训练

设计一个日期时间类 MyDateTimeClass，它从上节的 MyTimeClass 派生，其中 MyDateTimeClass 加入了年、月、日的成员 m_year、m_month、m_day，并设计 MyDateTimeClass 的年、月、日属性函数 year、month、day。

```
class MyDateTimeClass:MyTimeClass
{
    private int m_year,m_month,m_day;
    private int[] months = new int[] { 31, 28, 31, 30, 31, 30, 31, 31, 30, 31, 30, 31 };
    private bool IsLeap(int y)
```

```csharp
        {
            return (y % 400 == 0 || y % 100 != 0 && y % 4 == 0);
        }
        public MyDateTimeClass(int y,int dm,int d,int h,int tm,int s):base(h,tm,s)
        {
            bool ok = false;
            if (y > 0 && dm >= 1 && dm <= 12 && d >= 1 && d <= 31)
            {
                months[1] = (IsLeap(y) ? 29 : 28);
                if (d >= 1 && d <= months[dm - 1])
                {
                    m_year = y; m_month = dm; m_day = d; ok = true;
                }
            }
            if (!ok) throw new Exception("无效的日期!");
        }
        public int year
        {
            get { return m_year; }
            set
            {
                if (value > 0) m_year = value;
                else throw new Exception("无效的年份!");
            }
        }
        public int month
        {
            get { return m_month; }
            set
            {
                if (value>=1&&value<=12) m_month = value;
                else throw new Exception("无效的月份!");
            }
        }
        public int day
        {
            get { return m_day; }
            set
            {
                months[1] = (IsLeap(m_year) ? 29 : 28);
                if (value >= 1&&value<=months[m_month-1]) m_day = value;
                else throw new Exception("无效的日期!");
```

                }
            }
        }
设计 MyDateTimeClass 并建立它的对象，显示对象表示的日期与时间。

6.3.5 应用拓展

1. 派生类成员访问规则

在一个类中，成员可以修饰为 private（私有）、protected（保护）或者 public（共有）的，类自己内部可以访问自己的所有 private、protected、public 成员。

通过类的对象只可以访问类的 public 成员，不可以访问 private 及 protected 成员。例如 StudentClass 类的对象不可以访问 private 的 m_no 成员，但可以访问 public 的 no 属性成员函数。

派生类中不可以访问基类的 private 成员，但可以访问基类的 public 成员及 protected 成员。例如 StudentClass 类中不可以访问 PersonClass 类 private 的 m_name、m_sex 及 m_age 成员变量，但可以访问其 public 的 name、sex、age 属性函数，基类的 public 成员到派生类中仍然为 public 成员。

在修饰说明中 protected 的成员修饰是专为派生类访问基类成员设计的，在派生类的函数中可以访问基类的 protected 成员，就像访问基类的 public 成员一样，既基类的 protected 成员对其派生类而言是透明的，但 protected 成员又如同 private 成员一样，不可以被一般函数中定义的对象所访问。

2. 派生类与基类对象变量的转换

如果 p 是基类 PersonClass 类的对象变量，s 是派生类 StudentClass 类的对象变量，而且正在引用一个 StudentClass 的对象，那么可以把 s 变量赋值给 p 变量，此时 p 引用的还是这个 StudentClass 对象，可以把 p 强制转换到 StudentClass 类的对象变量，例如：

StudentClass s = new StudentClass("100", "张三", "男", 23, "computer");

PersonClass p;

p = s;

StudentClass t = (StudentClass)p;

那么执行后 s 与 t 都同时引用同一个 StudentClass 的内存对象，而 p 变量引用的是 StudentClass 对象中的 PersonClass 部分，该部分包括 m_name、m_sex、m_age 的成员，但不包括 m_no、m_major 的部分。

但反过来，如 p 是一个 PersonClass 的对象变量，而且目前正在引用一个 PersonClass 对象，就不能把 p 对象强制转换到 StudentClass 类的对象变量，因为这时内存对象根本就没有 StudentClass 类中的 m_no 及 m_major 成员部分，例如下列语句是错误的：

PersonClass p=new PersonClass("张三","男",23);

StudentClass s = (StudentClass)p;

3. C#中的基类 Object 类

C#中有一个基础类 Object 类，一切的类都是从这个类派生的，例如我们熟悉的字符串类 string 是从 Object 派生的，数组对象也是从 Object 派生的，包括一切控件类都是从 Object 派生的。

我们可以在窗体上放一个 TextBox、一个 Button、一个 Label，名称分别为 textBox1、button1、label1，编写 button1 的 Click 事件函数如下：

```
private void button1_Click(object sender, EventArgs e)
{
    string s = textBox1.Text;
    Object obj = s;
    string t = (string)obj+"\r\n";
    int[] a = new int[2] { 1, 2 };
    obj = a;
    int[] b = (int[])obj;
    t=t+b.Length.ToString()+
    " b[0]="+b[0].ToString()+" b[1]="+b[1].ToString()+"\r\n";
    obj = textBox1;
    TextBox txt = (TextBox)obj;
    t=t+txt.Text+"\r\n";
    label1.Text=t;
}
```

在 txtBox1 中输入字符串,执行该程序结果如图 6-13 所示。由此可见,Object 类是 C#中一切系统类的基类。

图 6-13 Object 基类

项目案例 6.4 学生类的照片处理

6.4.1 案例展示

输入学生的基本信息,包括学号、姓名、性别、年龄、照片,可以设置与删除照片,如图 6-14 所示。

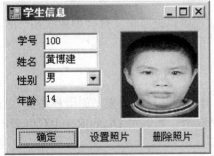

图 6-14 具有照片的学生信息

6.4.2 技术要点

1. Image 类与图形

在 C#中图形通过 System.Dawing 命名空间的 Image 类来表示,一个 Image 对象代表一个图形,它可以是 Bitmap、JPEG、GIF 等类型的图形,Image 类的主要属性与函数如下:

(1) Height 属性,获取此 Image 的高度(以像素为单位);

(2) Width 属性,获取此 Image 的宽度(以像素为单位);

(3) FromFile (string filename)方法,从指定的文件创建 Image;

(4) Save (string filename)方法,将该 Image 保存到指定的文件或流。

2. PictureBox 控件

图像框 PictureBox 主要用来显示图像,最重要的属性是 Image 属性,具体主要属性与方法如下:

(1) Image 属性,Image 的值是一个 Image 类的对象,获取或设置 PictureBox 显示的图像。

(2) ImageLocation 属性,ImageLocation 的值是字符串,获取或设置要在 PictureBox 的

图像的路径。

(3) BorderStyle 属性，BorderStyle 的值是 BorderStyle 枚举类型，为下列值之一：
① Fixed3D 三维边框；
② FixedSingle 单行边框；
③ None 无边框。

(4) SizeMode 属性，SizeMode 的值是 PictureBoxSizeMode 枚举类型，可以是下列值之一：
① AutoSize，调整 PictureBox 大小，使其等于所包含的图像大小；
② CenterImage，如果 PictureBox 比图像大，则图像将居中显示，如果图像比 PictureBox 大，则图片将居于 PictureBox 中心，而外边缘将被剪裁掉；
③ Normal，图像被置于 PictureBox 的左上角，如果图像比包含它的 PictureBox 大，则该图像将被剪裁掉；
④ StretchImage，PictureBox 中的图像被拉伸或收缩，以适合 PictureBox 的大小；
⑤ Zoom，图像大小按其原有的大小比例被增加或减小。

(5) Load()方法，显示由 PictureBox 的 ImageLocation 属性指定的图像。

(6) Load (string url)，将 ImageLocation 设置为指定的 URL，并显示指定的图像。

3. 打开文件对话框 OpenFileDialog

OpenFileDialog 是 C#中一个的控件，作用是弹出一个标准的 Windows 打开文件对话框，供用户选择一个要打开的文件。把一个 OpenFileDialog 控件放在窗体上，名称为 openFileDialog1。

FileName 属性是 OpenFileDialog 中最重要的属性，它是用户选择的要打开的文件名称。

Filter 属性控制 OpenFileDialog 对话框打开时可以选择的文件类型，是一个字符串，该字符串的格式是"文件说明|文件类型"，例如：

openFileDialog1.Filter="Bitmap|*.bmp";

那么打开的文件对话框只能选择*.bmp 的图形文件。也可以把多个文件类型组织在一起，各个文件类型用分号分开，例如：

openFileDialog1.Filter="Images|*.bmp;*.jpg;*.gif";

则打开的文件类型可以是*.bmp、*.jpg、*.gif 中的一种。

OpenFileDialog 的重要方法是 ShowDialog，它启动对话框并显示出来，如用户选择"打开"确认，则它返回值 DialogResult.OK，如用户选择"取消"则返回 DialogResult.Cancel，因此 OpenFileDialog 的一般用法如下：

if(openFileDialog1.ShowDialog()==DiaolgResult.OK)
{
    //用户选择了文件，文件名是 openFileDialog1.FileName
    String fn=openFileDialog1.FileName;
}
else
{
    //用户放弃了选择，关闭了对话框
}

4. 学生类 StudentClass

前面定义的学生类中没有包含照片信息，因此要修改学生类 StudentClass，使它包含学号(no)、姓名(name)、性别(sex)、年龄(age)、照片(photo)，其中 photo 是一个字符串，表示照片在磁盘中的对应文件，StudentClass 类如下：

```
class StudentClass
{
    private string m_no, m_name, m_sex;
    private int m_age;
    private string m_photo;
    public StudentClass()
    {
        m_no = ""; m_name = ""; m_sex = "男"; m_age = 10; m_photo = "";
    }
    public StudentClass(string xno, string xname, string xsex, int xage,string xphoto)
    {
        m_no = xno; m_name = xname;
        if (xsex == "男" || xsex == "女") m_sex = xsex;
        else throw new Exception("无效的性别!");
        if (xage >= 10 && xage <= 30) m_age = xage;
        else throw new Exception("无效的年龄!");
        m_photo = xphoto;
    }
    public string photo
    {
        get { return m_photo; }
        set { m_photo = value; }
    }
    //......
}
```

6.4.3 程序设计

1. 界面设计

在窗体 Form1 上放置四个标签 Label、三个按钮 Button、三个文本框 TextBox、一个 comboBox，一个 PictureBox，一个 OpenFileDailog，设置属性如表 6-4 所示。

表 6-4 设置属性

控件	名称	属性
窗体 Form	Form1	Text="学生信息"
按钮 Button	button1	Text="显示"
	button2	Text="设置照片"
	button3	Text="删除照片"
标签 Label	label1	Text="学号";
	label2	Text="姓名";
	label3	Text="性别"
	label4	Text="年龄"
PictureBox	pictureBox1	SizeMode=StretchImage
OpenFileDialog	openFileDailog1	FileName=""

2. 代码设计

在 StudentClassFile.cs 类文件中编写 StudentClass 类与 StudentListClass 类如下：

```
class StudentClass
{
    private string m_no, m_name, m_sex;
    private int m_age;
    private string m_photo;
    public StudentClass()
    {
        m_no = ""; m_name = ""; m_sex = "男"; m_age = 10; m_photo = "";
    }
    public StudentClass(string xno, string xname, string xsex, int xage,string xphoto)
    {
        m_no = xno; m_name = xname;
        if (xsex == "男" || xsex == "女") m_sex = xsex;
        else throw new Exception("无效的性别!");
        if (xage >= 10 && xage <= 30) m_age = xage;
        else throw new Exception("无效的年龄!");
        m_photo = xphoto;
    }
    public string no
    {
        get { return m_no; }
        set { m_no = value; }
    }
    public string name
    {
        get { return m_name; }
        set { m_name = value; }
    }
    public string sex
    {
        get { return m_sex; }
        set
        {
            if (value == "男" || value == "女") m_sex = value;
            else throw new Exception("无效的性别!");
        }
    }
    public int age
    {
        get { return m_age; }
```

```csharp
        set
        {
            if (value >= 10 && value <= 30) m_age = value;
            else throw new Exception("无效的年龄!");
        }
    }
    public string photo
    {
        get { return m_photo; }
        set { m_photo = value; }
    }
    public string Message()
    {
        string s = "学号:" + m_no + " 姓名:" + m_name;
        s = s + " 性别:" + m_sex + " 年龄:" + m_age.ToString();
        s = s + "\r\n 照片:" + m_photo;
        return s;
    }
}
```

在 Form1.cs 中编写代码如下:

```csharp
private void button2_Click(object sender, EventArgs e)
{
    //设置照片
    if (openFileDialog1.ShowDialog() == DialogResult.OK)
    {
        pictureBox1.ImageLocation = openFileDialog1.FileName;
    }
}

private void button3_Click(object sender, EventArgs e)
{
    //删除照片
    pictureBox1.ImageLocation = "";
}

private void Form1_Load(object sender, EventArgs e)
{
    openFileDialog1.Filter = "Image Files|*.jpg;*.bmp;*.gif";
    openFileDialog1.FileName = "";
    comboBox1.Items.Add("男");
    comboBox1.Items.Add("女");
    comboBox1.SelectedIndex = 0;
```

```csharp
        pictureBox1.SizeMode = PictureBoxSizeMode.StretchImage;
}

private void button1_Click(object sender, EventArgs e)
{
    //显示
    try
    {
        string no = textBox1.Text;
        string name = textBox2.Text;
        string sex = comboBox1.Text;
        int age = int.Parse(textBox3.Text);
        string photo = pictureBox1.ImageLocation;
        StudentClass s = new StudentClass(no, name, sex, age, photo);
        MessageBox.Show(s.Message());
    }
    catch (Exception exp) { MessageBox.Show(exp.Message); }
}
```

执行该程序，可以设置显示照片，效果如图 6-14。

6.4.4 模拟训练

设置 PictureBox 的不同的 SizeMode，观看照片的显示方式。在窗体上增加另外一个 ComboBox，名称为 comboBox2，设计一个类数组 SizeMode 用来存储 PictureBoxSizeMode 的各种值，编写程序如下：

```csharp
public partial class Form1 : Form
{
    PictureBoxSizeMode[] SizeMode = new PictureBoxSizeMode[]
    {PictureBoxSizeMode.AutoSize, PictureBoxSizeMode.CenterImage,
    PictureBoxSizeMode.Normal,PictureBoxSizeMode.StretchImage,
    PictureBoxSizeMode.Zoom};
    public Form1()
    {
        InitializeComponent();
    }

    private void button2_Click(object sender, EventArgs e)
    {
        //设置照片
        if (openFileDialog1.ShowDialog() == DialogResult.OK)
        {
            pictureBox1.ImageLocation = openFileDialog1.FileName;
        }
```

```csharp
            }

            private void button3_Click(object sender, EventArgs e)
            {
                //删除照片
                pictureBox1.ImageLocation = "";
            }

            private void Form1_Load(object sender, EventArgs e)
            {
                openFileDialog1.Filter = "Image Files|*.jpg;*.bmp;*.gif";
                openFileDialog1.FileName = "";
                comboBox1.Items.Add("男");
                comboBox1.Items.Add("女");
                comboBox1.SelectedIndex = 0;
                pictureBox1.SizeMode = PictureBoxSizeMode.StretchImage;
                for (int i = 0; i < SizeMode.Length; i++)
                    comboBox2.Items.Add(SizeMode[i].ToString());
                comboBox2.SelectedIndex = 0;
            }

            private void button1_Click(object sender, EventArgs e)
            {
                try
                {
                    string no = textBox1.Text;
                    string name = textBox2.Text;
                    string sex = comboBox1.Text;
                    int age = int.Parse(textBox3.Text);
                    string photo = pictureBox1.ImageLocation;
                    StudentClass s = new StudentClass(no, name, sex, age, photo);
                    MessageBox.Show(s.Message());
                }
                catch (Exception exp) { MessageBox.Show(exp.Message); }
            }

            private void comboBox2_SelectedIndexChanged(object sender, EventArgs e)
            {
                int i = comboBox2.SelectedIndex;
                pictureBox1.SizeMode = SizeMode[i];
            }
        }
```

执行程序,结果如图 6-15 所示。

6.4.5 应用拓展

学生的照片大小一般是变化的,如果设置 PictureBox 显示框的大小为固定的,则通过设置它的 SizeMode 属性来显示有时会自动缩放照片的大小,影响显示效果。一个比较好的解决方法是在加入 PicrureBox 之前先加入一个 Panel 容器控件,然后再把 PictureBox 加入到 Panel 内部,设置 Panel 控件的 AutoScroll 为 true,设置 PictureBox 的 SizeMode 为 AutoSize,这样照片在 PictureBox 中是按原始尺寸显示的,但 Panel 控件大小是固定的,PictureBox 的大小不会超过 Panel,如超过了则由于 Panel 的 AutoScroll 为 true,Panel 就会自动形成滚动条,这样照片显示就不会变形了,如图 6-16 所示。

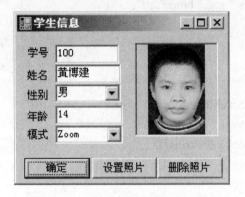
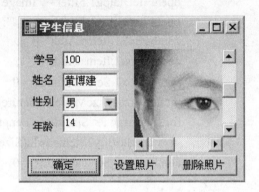

图 6-15 SizeMode 对图形显示的影响　　　　　图 6-16 滚动照片

项目案例 6.5　学生类对象与数组存储

6.5.1 案例展示

输入多个学生的基本信息(学号、姓名、性别、年龄),用列表框显示出这些学生,并实现增加与删除的动态维护,如图 6-17 所示。

6.5.2 技术要点

1. 对象与数组

前面定义了 StudentClass 类,显然一个 StudentClass 类的对象只能代表一个学生,要存储多个学生就必须要建立一个数据类型为 StudentClass[] 的数组,该数组的每个元素都是一个 StudentClass 的对象,有 n 个元素的 StudentClass 数组如下:

StudentClass[] students=new StudentClass[n];

在这个数组中最多可以存储 n 个学生,当存储第一个学生对象时,把它存储到 students[0]中,第二个学生的对象存储到 students[1]中,students[i]是序号为 i(i=0,1,……)的学生对象。

图 6-17 学生对象数组

2. 增加新学生对象

如果系统已经有了 count 个学生的数据(count<n)，再插入一个新的学生对象，则按学号的顺序排列的话，就应该把新的学生对象的学号依次与 students[0], students[1], ……的学号进行对比，如 students[i]之前的学号都比该新对象的小，而 students[i]的学号比新对象的学号大，则应把新对象插在 i 的位置，这时原来的 students[i], students[i+1], ……, students[count-1]就要依次往后面移动，最后 count 加 1，编写一个增加函数 Insert 如下：

```
private int    Insert(StudentClass s)
{
    //增加 s 对象到 students 数组中
    int i = 0, j;
    while (i < count && string.Compare(students[i].no, s.no) < 0) ++i;
    if (i < count && string.Compare(students[i].no, s.no) == 0)
    {
        //学生已经存在;
    }
    else
    {
        if (count < students.Length)
        {
            //把 s 插入到 i 的位置
            for (j = i; j < count; j++) students[j + 1] = students[j];
            students[i] = s;    ++count;
        }
    }
    //......
}
```

3. 删除学生对象

如果系统已经有了 count 个学生的数据(count<n)，再插入一个新的学生对象，它们按学号的顺序排列，如要删除序号为 i 的学生对象，则就要把原来的 students[i+1], students[i+2], ……, students[count-1]依次往前面移动，最后 count 减少 1，编写一个删除函数 RemoveAt 函数程序如下：

```
private bool RemoveAt(int i)
{
    //删除序号为 i 的数组元素 students[i]
    if (i >= 0 && i < count)
    {
        for (int j = i; j < count - 1; j++) students[j] = students[j + 1];
        --count;
    }
    //......
}
```

由此可见无论是增加对象还是删除对象都需要对数组进行移动,这种移动是比较浪费时间的,这也是数组存储数据的一个缺点。

6.5.3 程序设计

1. 界面设计

在窗体 Form1 上放置五个标签控件,个按钮控件,一个列表 ListBox,一个 ComboBox,设置属性如表 6-5 所示。

表 6-5 设置属性

控件	名称	属性
窗体 Form	Form1	Text="学生数组"
按钮 Button	button1	Text="增加"
	button2	Text="删除"
标签 Label	label1	Text="学号";
	label2	Text="姓名";
	label3	Text="性别"
	label4	Text="年龄"
ComboBox	comboBox1	
ListBox	listBox1	

2. 代码设计

StudentClassFile 类的编写与前节的完全一样,这里不再重述。在 Form1.cs 中编写代码如下:

```
public partial class Form1 : Form
{
    StudentClass[] students;   //学生数组
    int MaxCount = 10, count = 0;//学生人数
    public Form1()
    {
        InitializeComponent();
    }
    private int  Insert(StudentClass s)
    {
        //增加 s 对象到 students 数组中
        int i = 0, j;
        try
        {
            while (i < count && string.Compare(students[i].no, s.no) < 0) ++i;
            if (i < count && string.Compare(students[i].no, s.no) == 0)
            {
                throw new Exception("学号" + s.no + "的学生已经存在!");
            }
```

```csharp
        else
        {
            if (count < students.Length)
            {
                //把 s 插入到 i 的位置
                for (j = i; j < count; j++) students[j + 1] = students[j];
                students[i] = s;    ++count;
            }
            else { MessageBox.Show("数组已经满,不能再增加!"); i = -1; }
        }
    }
    catch (Exception exp) { MessageBox.Show(exp.Message); i = -1; }
    return i;
}

private bool RemoveAt(int i)
{
    //删除序号为 i 的数组元素 students[i]
    bool success = false;
    try
    {
        if (i >= 0 && i < count)
        {
            for (int j = i; j < count - 1; j++)
                students[j] = students[j + 1];
            --count; success = true;
        }
    }
    catch (Exception exp) { MessageBox.Show(exp.Message); }
    return success;
}

private void button1_Click(object sender, EventArgs e)
{
    //增加学生
    try
    {
        string no = textBox1.Text;
        string name = textBox2.Text;
        string sex = comboBox1.Text;
        int age = int.Parse(textBox3.Text);
        StudentClass s = new StudentClass(no, name, sex, age);
```

```csharp
            int i = Insert(s);
            if (i >= 0)
            {
                listBox1.Items.Insert(i, s.Message());
                label5.Text = "学生人数: " + count.ToString();
            }
        }
        catch (Exception exp) { MessageBox.Show(exp.Message); }
    }

    private void Form1_Load(object sender, EventArgs e)
    {
        students = new StudentClass[MaxCount];
        count = 0;
        comboBox1.Items.Add("男");
        comboBox1.Items.Add("女");
        comboBox1.SelectedIndex = 0;
        label5.Text = "学生人数: " + count.ToString();
    }

    private void button2_Click(object sender, EventArgs e)
    {
        //删除学生
        try
        {
            int i = listBox1.SelectedIndex;
            if (i >= 0 && i < count)
            {
                if (RemoveAt(i))
                {
                    listBox1.Items.RemoveAt(i);
                    label5.Text = "学生人数: " + count.ToString();
                }
            }
        }
        catch (Exception exp) { MessageBox.Show(exp.Message); }
    }
}
```

执行该程序,可以增加与删除学生对象,效果如图 6-17 所示。

6.5.4 模拟训练

在程序中增加一个修改按钮 button3,完成对一个学生的信息的修改工作,参考程序如下:

```csharp
private void button3_Click(object sender, EventArgs e)
{
    try
    {
        int i = listBox1.SelectedIndex;
        if (i >= 0 && i < count)
        {
            StudentClass s = students[i];
            string no = textBox1.Text;
            if (no != s.no) throw new Exception("学号不一致，不能修改！");
            s.name = textBox2.Text;
            s.sex = comboBox1.Text;
            s.age = int.Parse(textBox3.Text);
            listBox1.Items.RemoveAt(i);
            listBox1.Items.Insert(i, s.Message());
        }
    }
    catch (Exception exp) { MessageBox.Show(exp.Message); }
}
```

6.5.5 应用拓展

在设计学生数组时，已经确定了最大的数组元素个数。但有一种情况是必须考虑的，如 students[0],......,students[n-1]全部已经被使用，既 count=n，则在要插入一个新的学生对象是不可能的，此时空间已经不够了，这时必须扩展空间，比如说把空间单元再增加一定的数量，即建立一个更大空间的数组，然后把原来的值复制到个增加的空间中。设置 IncSize 为每次增加的元素个数，则 Insert 函数修改如下：

```csharp
public int Insert(StudentClass s)
{
    int i = 0,j;
    while (i < count && string.Compare(students[i].no, s.no) < 0) ++i;
    if (i < count && string.Compare(students[i].no, s.no) == 0)
    {
        throw new Exception("学号"+s.no+"的学生已经存在!"); i=-1;
    }
    else
    {
        if (count == students.Length)
        {
            //如空间已经满，则把数组增加 IncSize 个单元
            StudentClass[] st = new StudentClass[students.Length + IncSize];
            //把 s 插入到 i 的位置
            for (j = 0; j < i; j++) st[j] = students[j];
```

```
                    st[i] = s;
                    for (j = i; j < count; j++) st[j+1] = students[j];
                    //把 students 换成 st
                    students = st;
                }
                else
                {
                    //把 s 插入到 i 的位置
                    for (j = i; j < count; j++) students[j + 1] = students[j];
                    students[i] = s;
                }
                ++count;
            }
            return i;
        }
```

这样就对加入的学生人数就没有限制了,当数组空间不够时,会自动增加 IncSize 个元素,IncSize 的值可以自己设置,这个值不能太小,否则每次增加的空间不够,频繁地增加空间,降低了程序执行效率,但如 IncSize 过大,则分配的空间过多,会造成空间的浪费。

项目案例 6.6 学生类对象与列表存储

6.6.1 案例展示

输入多个学生的基本信息(学号、姓名、性别、年龄),用列表框显示出这些学生,并用学生列表对象实现增加与删除的动态维护,如图 6-18 所示。

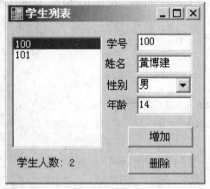

图 6-18 学生列表

6.6.2 技术要点

前节设计了学生数组管理一组学生的信息,为了更好地管理一组学生,可以设计一个 StudentListClass 类,该类有一个 StudentClass 数组,该数组在空间不够时每次空间增加 IncSize 个单元,IncSize 是一个数值,并设计一个调整函数 pack,用来释放那些不再使用的空间,则 StudentListClass 类如下:

```
class StudentListClass
{
    private StudentClass[] students;
    private int count,IncSize=10;
    public StudentListClass()
    {
        //StudentListClass 初始化时有 IncSize 个存储单元,有 0 个学生
```

```
                students = new StudentClass[IncSize]; count = 0;
        }
        public int Count
        {
            get { return count; }
        }
        public void RemoveAt(int i)     {...... }
        public int Insert(StudentClass s) { ...... }
        public void pack() {...... }
}
```

为了存取 StudentListClass 中序号为 i 的学生对象 students[i]，可以设计下列的索引函数：

```
public StudentClass this[int i]
{
    get
    {
        if (i >= 0 && i < count) return students[i];
        else throw new Exception("索引超出范围!");
    }
    set
    {
        if(i>=0&&i<count) students[i]=value;
        else throw new Exception("索引超出范围!");
    }
}
```

索引函数是一个很特别的函数，它的名称是用关键字 this 来表示的，参数是一个整数，而且参数用中括号，该函数返回对 students 数组中一个元素的引用。在 StudentListClass 类中定义索引函数后，就可以执行下列语句：

```
int i=0;
StudentListClass StudentList=new StudentListClass();
StudentClass s=StudentList[i]; //①
......
StudentList[i]=s; //②
```

其中执行语句①时会执行 this 函数 get 部分，获取 StudentList 对象中的 students[i]对象，把此对象赋值给 s 变量；执行语句②时会执行 this 函数的 set 部分，把对象 s 赋值给 StudentList 对象中的 students[i]对象。

6.6.3 程序设计

1. 界面设计

在窗体 Form1 上放置五个标签控件、两个按钮控件、一个列表 ListBox、一个 ComboBox，设置属性如表 6-6 所示。

表 6-6 设置属性

控 件	名 称	属 性
窗体 Form	Form1	Text="学生数组"
按钮 Button	button1	Text="增加"
	button2	Text="删除"
标签 Label	label1	Text="学号";
	label2	Text="姓名";
	label3	Text="性别";
	label4	Text="年龄"
ComboBox	comboBox1	
ListBox	listBox1	

2. 代码设计

（1）StudentListClass 类

在 StudentClassFile.cs 类文件中除了原来的 StudentClass 类外，再编写 StudentListClass 类如下：

```csharp
class StudentListClass
{
    private StudentClass[] students;
    private int count,IncSize=10;
    public StudentListClass()
    {
        students = new StudentClass[IncSize]; count = 0;
    }
    public int Count
    {
        get { return count; }
    }
    public StudentClass this[int i]
    {
        get
        {
            if (i >= 0 && i < count) return students[i];
            else throw new Exception("索引超出范围!");
        }
        set
        {
            if(i>=0&&i<count) students[i]=value;
            else throw new Exception("索引超出范围!");
        }
    }
    public void RemoveAt(int i)
```

```csharp
    {
        if (i >= 0 && i < count)
        {
            for (int j = i; j < count-1; j++) students[j] = students[j + 1];
            --count;
        }
        else throw new Exception("索引超出范围!");
    }
    public int Insert(StudentClass s)
    {
        int i = 0,j;
        while (i < count && string.Compare(students[i].no, s.no) < 0) ++i;
        if (i < count && string.Compare(students[i].no, s.no) == 0)
        {
            throw new Exception("学号"+s.no+"的学生已经存在!"); i=-1;
        }
        else
        {
            if (count == students.Length)
            {
                //如空间已经满，则把数组增加 IncSize 个单元
                StudentClass[] st = new StudentClass[students.Length + IncSize];
                //把 s 插入到 i 的位置
                for (j = 0; j < i; j++) st[j] = students[j];
                st[i] = s;
                for (j = i; j < count; j++) st[j+1] = students[j];
                //把 students 换成 st
                students = st;
            }
            else
            {
                //把 s 插入到 i 的位置
                for (j = i; j < count; j++) students[j + 1] = students[j];
                students[i] = s;
            }
            ++count;
        }
        return i;
    }
}
```

（2）编写窗体代码

在 Form1.cs 中编写代码如下：

```csharp
public partial class Form1 : Form
{
    StudentListClass StudentList;
    public Form1()
    {
        InitializeComponent();
    }

    private void button1_Click(object sender, EventArgs e)
    {
        //增加
        try
        {
            string no = textBox1.Text;
            string name = textBox2.Text;
            string sex = comboBox1.Text;
            int age = int.Parse(textBox3.Text);
            StudentClass s = new StudentClass(no, name, sex, age);
            int i=StudentList.Insert(s);
            if (I >= 0)
            {
                listBox1.Items.Insert(I, s.no);
                listBox1.SelectedIndex = I;
                label5.Text = "学生人数: " + StudentList.Count.ToString();
            }
        }
        catch (Exception exp) { MessageBox.Show(exp.Message); }
    }

    private void Form1_Load(object sender, EventArgs e)
    {
        StudentList = new StudentListClass();
        comboBox1.Items.Add("男");
        comboBox1.Items.Add("女");
        comboBox1.SelectedIndex = 0;
        label5.Text = "学生人数: " + StudentList.Count.ToString();
    }

    private void button2_Click(object sender, EventArgs e)
    {
        //删除
        try
```

```
            {
                int I = listBox1.SelectedIndex,j=StudentList.Count-1;
                if (I >= 0 && I < StudentList.Count)
                {
                    StudentList.RemoveAt(i);
                    listBox1.Items.RemoveAt(i);
                    if (I == j) –I;
                    listBox1.SelectedIndex = I;
                    label5.Text = "学生人数: " + StudentList.Count.ToString();
                }
            }
            catch (Exception exp) { MessageBox.Show(exp.Message); }
        }

        private void listBox1_SelectedIndexChanged(object sender, EventArgs e)
        {
            int I = listBox1.SelectedIndex;
            if (I >= 0 && I < StudentList.Count)
            {
                StudentClass s=StudentList[i];
                textBox1.Text = s.no;
                textBox2.Text = s.name;
                comboBox1.SelectedIndex = (s.sex == "男" ? 0 : 1);
                textBox3.Text = s.age.ToString();
            }
        }
```

执行该程序，可以增加与删除学生对象，这些工作都是由 StudentListClass 类的函数完成的。

6.6.4 模拟训练

在删除元素后，数组空间的大小并不会自动调整，在 StudentListClass 类中设计一个函数释放那些不用的空间，参考程序如下：

```
public void pack()
{
    if (students.Length - count > IncSize)
    {
        //如果 students 的空间过大，则缩小此空间到 count+IncSize 个元素
        StudentClass[] st = new StudentClass[count + IncSize];
        for (int i = 0; i < count; i++) st[i] = students[i];
        //把 students 换成 st
        students = st;
    }
}
```

}

编写适当的程序，调用 pack 函数测试空间的释放。

6.6.5 应用拓展

索引函数不但可以用整数下标进行索引，也可以用字符串进行索引，例如 StudentListClass 中用学生的学号进行索引，编写学号进行索引的函数如下：

```
public StudentClass this[string no]
{
    get
    {
        for (int i = 0; i < count; i++)
            if (students[i].no == no) return students[i];
        throw new Exception("无此学号学生!");
    }
    set
    {
        for (int i = 0; i < count; i++)
            if (students[i].no == no) { students[i] = value; return; }
        throw new Exception("无此学号学生!");
    }
}
```

这个函数与用整数进行索引的函数 this[int i]是可以并存的，它们是函数重载的关系，如当执行下列代码：

```
StudentList = new StudentListClass();
StudentClass s = new StudentClass("100", "张三", "男", 24, "");
StudentList.Insert(s);
StudentList[0].name = "黄博建";
StudentList["100"].age = 14;
MessageBox.Show(StudentList[0].age.ToString());
```

则 StudentList[0]与 StudentList["100"]访问的都是同一个 StudentClass 对象。

项目案例 6.7　学生信息对话框的建立

6.7.1 案例展示

输入多个学生的基本信息（学号、姓名、性别、年龄），用列表框显示出这些学生，当增加学生记录时会弹出另外一个窗体用于输入学生记录，确定后完成增加的操作，如取消则放弃增加操作，如图 6-19 所示。

6.7.2 技术要点

1. 添加窗体

前面所有的程序中往往只有一个窗体，实际上一个程序可以有多个窗体，为了在学生信息程序中用另外一个窗体增加与编辑学生信息,程序需要增加另一个窗体。

 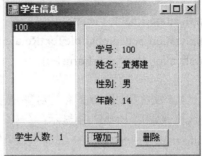

图 6-19 学生信息对话框

执行菜单"项目|添加 Windows 窗体"命令,弹出一个的对话框,在其中输入要添加的窗体程序名称"Form2.cs"后确定,在程序资源管理器中就多了一个 Form2.cs 的文件,如图 6-20 所示,双击该文件就可以看到对应窗体 Form2。

在窗体 Form2 中放一个 GroupBox、四个标签 Label、三个文本框 TextBox、一个 ComboBox 及两个按钮 Button,设置属性如表 6-7 所示。

表 6-7 Form2 设置属性

控 件	名 称	属 性
窗体 Form	Form2	Text="学生记录"
按钮 Button	button1	Text="取消";DialogResult=Cancel
	button2	Text="确定"; DialogResult=OK
标签 Label	label1	Text="学号";
	label2	Text="姓名";
	label3	Text="性别"
	label4	Text="年龄"
ComboBox	comboBox1	DropDownStyle=DownDownList
GroupBox	groupBox1	Text=""

设计好的 Form2 学生信息对话框如图 6-21 所示。

 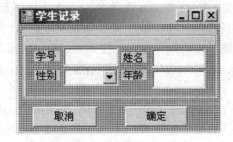

图 6-20 增加的窗体　　　　　　图 6-21 学生信息对话框

2. 窗体调用

现在程序有两个窗体类,既主窗体 Form1 类与学生信息窗体 Form2 类,仔细考察程序的 Program.cs 程序可以发现程序执行时会建立 Form1 类的对象并由程序对象 Application 来运行,下面是 Program.cs 的部分代码:

```
static void Main()
{
    Application.EnableVisualStyles();
    Application.SetCompatibleTextRenderingDefault(false);
    Application.Run(new Form1());
}
```

由此可见程序运行时 Form2 类的对象是没有建立的，必须自己建立。因此在 Form1 类的程序代码中这样来调用 Form2 并显示：

Form2 dlg=new Form2();
dlg.ShowDialog();

其中 dlg 是建立的 Form2 类的对象，ShowDialog()是用模态的形式显示该窗体。如用模态的形式显示 Form2 窗体，则只有在 Form2 关闭后才可以操作 Form1，不然在 Form2 显示时是不可以操作 Form1 的。

如 Form2 以模态的形式显示，则在 Form2 关闭时应该返回一个 DialogResult.OK 或者 DialogResult.Cancel 的值，这只要设置"取消"按钮 button1 的 DialogResult 属性值为 Cancel，"确定"按钮 button2 的 DialogResult 值为 OK 就可以了，这样在 Form1 中可以根据返回的值确定用户是要确定还是取消。Form1 的程序结构如下：

Form2 dlg=new Form2();
if(dlg.ShowDialog()==Dialogresult.OK)
{
    //用户按"确定"关闭了对话框
}
else
{
    //用户按"取消"关闭了对话框
}

3．获取窗体的输入值

在 Form2 的窗体关闭后为了在 Form1 中得到用户在 Form2 的文本框 textBox1 中输入的文本，还必须修改 Form2 类中关于 textBox1 控件的说明。默认状态下 textBox1 在 Form2 类中声明为 private 成员，这样在 Form1 类中不可以访问 textBox1，为了在 Form1 中能够访问 textBox1，必须把 textBox1 修改为 public 成员。为此需要找到 Form2 类的 InitializeComponent() 函数并显示该函数的内容，找到 textBox1 的语句：

private System.Windows.Forms.TextBox textBox1;

把它改为：

public System.Windows.Forms.TextBox textBox1;

同样的道理把 textBox2、textBox3、comboBox1 等的 private 修饰改为 public 修饰。这样在 Form1 的函数中就可以访问到 Form2 中的这些控件了。方法很简单：

Form2 dlg=new Form2();
if(dlg.ShowDialog()==Dialogresult.OK)
{
    String no=dlg.textBox1.Text; //获取 Form2 的 dlg 对象中 textBox1 输入的文本
}

如果 Form2 中的 textBox1 是 private 说明的，则 dlg.textBox1 是错误的，dlg 不可以访问到 Form2 的 textBox1 成员。

4．增加学生记录

增加学生记录时先显示 Form2 窗体对象，根据返回的值来增加学生记录，程序结构如下：

```
try
{
    //dlg 是 Form2 窗体对象
    //......
    //设置 dlg 中各个控件的值
    if (dlg.ShowDialog() == DialogResult.OK)
    {
        //获取 dlg 中的输入值
        string no = dlg.textBox1.Text;
        string name = dlg.textBox2.Text;
        string sex = dlg.comboBox1.Text;
        int age = int.Parse(dlg.textBox3.Text);
        //......
        //增加
    }
}
catch (Exception exp) { MessageBox.Show(exp.Message); }
```

6.7.3 程序设计

1．界面设计

在窗体 Form1 上放置五个 label 标签控件、两个 Button 按钮控件、一个 ListBox、一个 GroupBox，设置属性如表 6-8 所示。

表 6-8　Form1 控件设置属性

控　　件	名　　称	属　　性
窗体 Form	Form1	Text="学生信息"
按钮 Button	button1	Text="增加"
	button2	Text="删除"
标签 Label	label1	Text="学号";
	label2	Text="姓名";
	label3	Text="性别"
	label4	Text="年龄"
	label5	Text=""
ListBox	listBox1	
GroupBox	groupBox1	Text=""

2．代码设计

在 StudentClassFile.cs 类文件中编写 StudentClass 类与 StudentListClass 类，它们与前节一样，这里不再重述。

根据在 Form1 中如何启动 Form2 的对话框窗体的原理，编写代码如下：
```csharp
public partial class Form1 : Form
{
    StudentListClass StudentList;
    Form2 dlg;      //Form2 的对象
    public Form1()
    {
        InitializeComponent();
    }

    private void showStudent()
    {
        //显示函数
        int i = listBox1.SelectedIndex;
        if (i >= 0 && i < StudentList.Count)
        {
            StudentClass s = StudentList[i];
            label1.Text = "学号: " + s.no;
            label2.Text = "姓名: " + s.name;
            label3.Text = "性别: " + s.sex;
            label4.Text = "年龄: " + s.age.ToString();
        }
        else
        {
            label1.Text = "学号: ";
            label2.Text = "姓名: ";
            label3.Text = "性别: ";
            label4.Text = "年龄: ";
        }
    }

    private void button1_Click(object sender, EventArgs e)
    {
        //增加
        try
        {
            dlg.textBox1.Text="";
            dlg.textBox2.Text="";
            dlg.comboBox1.SelectedIndex = 0;
            dlg.textBox3.Text="";
            dlg.textBox1.Enabled=true;
            if (dlg.ShowDialog() == DialogResult.OK)
```

```csharp
            {
                string no = dlg.textBox1.Text;
                string name = dlg.textBox2.Text;
                string sex = dlg.comboBox1.Text;
                int age = int.Parse(dlg.textBox3.Text);
                StudentClass s = new StudentClass(no, name, sex, age);
                int i = StudentList.Insert(s);
                if (i >= 0)
                {
                    listBox1.Items.Insert(i, s.no);
                    listBox1.SelectedIndex = i;
                    label5.Text = "学生人数: " +
                        StudentList.Count.ToString();
                }
            }
        }
        catch (Exception exp) { MessageBox.Show(exp.Message); }
}

private void Form1_Load(object sender, EventArgs e)
{
    try
    {
        StudentList = new StudentListClass();
        dlg=new Form2();     //建立 Form2 对象
        dlg.comboBox1.Items.Add("男");
        dlg.comboBox1.Items.Add("女");
    }
    catch (Exception exp) { MessageBox.Show(exp.Message); }
    label5.Text = "学生人数: " + StudentList.Count.ToString();
}

private void listBox1_SelectedIndexChanged(object sender, EventArgs e)
{
    showStudent();   //在列表选择变化时显示学生信息
}

private void button2_Click(object sender, EventArgs e)
{
    //删除
    try
    {
```

```
                int i = listBox1.SelectedIndex, j = StudentList.Count - 1;
                if (i >= 0 && i < StudentList.Count)
                {
                    StudentList.RemoveAt(i);
                    listBox1.Items.RemoveAt(i);
                    if (i == j) --i;
                    listBox1.SelectedIndex = i;
                    label5.Text = "学生人数: " + StudentList.Count.ToString();
                }
            }
            catch (Exception exp) { MessageBox.Show(exp.Message); }
        }
    }
```

程序的 listBox1 中列出的是学生的学号，它起到索引的作用，当用户选择一个学生后就触发 listBox1_SelectedIndexChanged 事件函数，从而调用 showStudent 函数显示学生信息。当增加或者删除学生时，不但要在 StudentList 中增加或者删除学生，也要在 listBox1 列表中增加与删除学生。

6.7.4 模拟训练

添加一个按钮 button3 用于实现对现有记录的编辑更新，编辑时弹出编辑窗体 Form2，编辑完成后实现更新，注意在编辑时学号是不可以更改的，如图 6-22 所示。

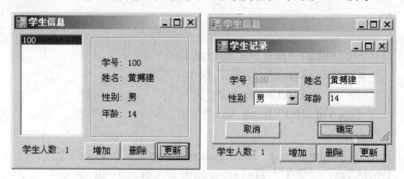

图 6-22 编辑与更新

编写更新代码如下：

```
private void button3_Click(object sender, EventArgs e)
{
    //更新
    try
    {
        int i = listBox1.SelectedIndex, j = StudentList.Count - 1;
        if (i >= 0 && i < StudentList.Count)
        {
            StudentClass s = StudentList[i];
```

```
                dlg.textBox1.Text = s.no;
                dlg.textBox2.Text = s.name;
                dlg.comboBox1.SelectedIndex = (s.sex == "男" ? 0 : 1);
                dlg.textBox3.Text = s.age.ToString();
                dlg.textBox1.Enabled = false;
                if (dlg.ShowDialog() == DialogResult.OK)
                {
                    string no = dlg.textBox1.Text;
                    string name = dlg.textBox2.Text;
                    string sex = dlg.comboBox1.Text;
                    int age = int.Parse(dlg.textBox3.Text);
                    s.name = name;
                    s.sex = sex;
                    s.age = age;
                    showStudent();
                }
            }
        }
        catch (Exception exp) { MessageBox.Show(exp.Message); }
    }
```

6.7.5 应用拓展

在 Windows 程序中大量用到对话框窗体,我们熟悉的 MessageBox 就是一个对话框窗体类,当调用它的 Show 方法时就显示一个模态的消息对话框。实际上我们自己也可以做一个类似的消息对话框,例如做一个对话框询问在删除学生记录时是否的确要删除。

增加第三个窗体 Form3,在窗体上放一个 Label、两个 Button,设置属性如表 6-9 所示,设计好的窗体如图 6-23 所示,这是一个删除确认用的对话框,在删除学生记录前调用显示该对话框以便确认是否真要删除。

表 6-9 Form3 控件设置属性

控 件	名 称	属 性
窗体 Form	Form3	Text="确认" MaximizeBox=false MinimizeBox=false FormBorderStyle=FixedDialog
按钮 Button	button1	Text="取消" DialogResult=Cancel
	button2	Text="确定" DialogResult=OK
标签 Label	label1	Text="确认要删除该记录吗? ";

把原来程序中的删除按钮的代码改写如下:
```
private void button2_Click(object sender, EventArgs e)
```

```
{
    //删除
    try
    {
        int i = listBox1.SelectedIndex, j = StudentList.Count - 1;
        if (i >= 0 && i < StudentList.Count)
        {
            Form3 frm = new Form3();
            if (frm.ShowDialog() == DialogResult.OK)
            {
                StudentList.RemoveAt(i);
                listBox1.Items.RemoveAt(i);
                if (i == j) --i;
                listBox1.SelectedIndex = i;
                label5.Text = "学生人数: " + StudentList.Count.ToString();
            }
        }
    }
    catch (Exception exp) { MessageBox.Show(exp.Message); }
}
```

则在执行删除命令时会有一个确认对话框，如图 6-24 所示。

图 6-23　删除确认对话框

图 6-24　确认删除对话框

实训 6　学生信息管理程序

1. 程序功能简介

该程序是综合管理学生信息的程序，学生信息包括学号、姓名、性别、年龄、照片等数据，程序窗体右边的列表框显示了当前所有学生记录的学号，这些学号按顺序排列，选择一个学生后就显示出该学生的信息，如图 6-25 所示。当增加学生记录时会弹出一个对话框用于输入新学生记录，在编辑更新现有学生记录时也弹出同样的对话框供修改原来数据，但学生学号不可以修改，如图 6-26 所示。删除学生记录时要求确认后才可以删除。

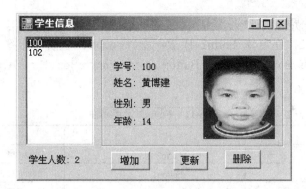

图 6-25　学生信息管理程序

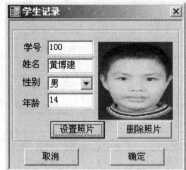 

图 6-26　增加与修改学生记录

2．程序技术要点

定义一个学生类 StudentClass 管理一个学生的信息，定义一个学生列表类 StudentListClass 管理一组学生的信息，设计一个窗体对话框来进行学生新记录的增加与原记录的修改。这些技术在本项目的各个案例中都讲解过了，这里不再重述。

3．程序界面设计

（1）主窗体界面设计

在主窗体 Form1 上放置五个 label 标签控件、三个 Button 按钮控件，一个 ListBox、一个 GroupBox、一个 PictureBox，设置属性如表 6-10 所示。

表 6-10　Form1 控件设置属性

控　　件	名　　称	属　　性
窗体 Form	Form1	Text="学生信息"
按钮 Button	button1	Text="增加"
	button2	Text="更新"
	button3	Text="删除"
标签 Label	label1	Text="学号";
	label2	Text="姓名";
	label3	Text="性别"
	label4	Text="年龄"
	label5	Text=""
ListBox	listBox1	
GroupBox	groupBox1	Text=""
PictureBox	pictureBox1	SizeMode=StretchImage

（2）对话框窗体界面设计

添加窗体 Form2，在窗体 Form2 中放一个 GroupBox、四个标签 Label、三个文本框 TextBox、一个 ComboBox、四个按钮 Button、一个 PictureBox、一个 OpenFileDialog，设置属性如表 6-11 所示。

表 6-11　Form2 设置属性

控件	名称	属性
窗体 Form	Form2	Text="学生记录"
按钮 Button	button1	Text="取消";DialogResult=Cancel
	button2	Text="确定"；DialogResult=OK
	button3	Text="设置照片"
	button4	Text="删除照片"
标签 Label	label1	Text="学号";
	label2	Text="姓名";
	label3	Text="性别"
	label4	Text="年龄"
ComboBox	comboBox1	DropDownStyle=DownDownList
GroupBox	groupBox1	Text=""
PictureBox	pictureBox1	SizeMode=StretchImage
OpenFileDialog	openFileDialog1	FileName=""

4. 程序代码设计

（1）StudentClass 与 StudentListClass 类设计

添加一个类文件 ClassFile.cs，在文件中设计 StudentClass 与 StudentListClass 类，代码如下：

```
class StudentClass
{
    private string m_no, m_name, m_sex;
    private int m_age;
    private string m_photo;
    public StudentClass()
    {
        m_no = ""; m_name = ""; m_sex = "男"; m_age = 10; m_photo = "";
    }
    public StudentClass(string xno, string xname, string xsex, int xage, string xphoto)
    {
        m_no = xno; m_name = xname;
        if (xsex == "男" || xsex == "女") m_sex = xsex;
        else throw new Exception("无效的性别!");
        if (xage >= 10 && xage <= 30) m_age = xage;
        else throw new Exception("无效的年龄!");
        m_photo = xphoto;
    }
```

```csharp
        public string no
        {
            get { return m_no; }
            set { m_no = value; }
        }
        public string name
        {
            get { return m_name; }
            set { m_name = value; }
        }
        public string photo
        {
            get { return m_photo; }
            set { m_photo = value; }
        }
        public string sex
        {
            get { return m_sex; }
            set
            {
                if (value == "男" || value == "女") m_sex = value;
                else throw new Exception("无效的性别!");
            }
        }
        public int age
        {
            get { return m_age; }
            set
            {
                if (value >= 10 && value <= 30) m_age = value;
                else throw new Exception("无效的年龄!");
            }
        }
    }

class StudentListClass
{
    private StudentClass[] students;
    private int count, IncSize = 10;
    public StudentListClass()
    {
        students = new StudentClass[IncSize]; count = 0;
```

```
    }
    public int Count
    {
        get { return count; }
    }
    public StudentClass this[int i]
    {
        get
        {
            if (i >= 0 && i < count) return students[i];
            else throw new Exception("索引超出范围!");
        }
        set
        {
            if (i >= 0 && i < count) students[i] = value;
            else throw new Exception("索引超出范围!");
        }
    }
    public void RemoveAt(int i)
    {
        if (i >= 0 && i < count)
        {
            for (int j = i; j < count - 1; j++) students[j] = students[j + 1];
            --count;
        }
        else throw new Exception("索引超出范围!");
    }
    public int Insert(StudentClass s)
    {
        int i = 0, j;
        while (i < count && string.Compare(students[i].no, s.no) < 0) ++i;
        if (i < count && string.Compare(students[i].no, s.no) == 0)
        {
            throw new Exception("学号" + s.no + "的学生已经存在!"); i = -1;
        }
        else
        {
            if (count == students.Length)
            {
                //如空间已经满，则把数组增加 IncSize 个单元
                StudentClass[] st = new StudentClass[students.Length + IncSize];
                //把 s 插入到 i 的位置
```

```csharp
                    for (j = 0; j < i; j++) st[j] = students[j];
                    st[i] = s;
                    for (j = i; j < count; j++) st[j + 1] = students[j];
                    //把 students 换成 st
                    students = st;
                }
                else
                {
                    //把 s 插入到 i 的位置
                    for (j = i; j < count; j++) students[j + 1] = students[j];
                    students[i] = s;
                }
                ++count;
            }
            return i;
        }
    }
```

(2) 对话框程序代码设计

Form2 中主要是设置与删除照片，程序如下：

```csharp
public partial class Form2 : Form
    {
        public Form2()
        {
            InitializeComponent();
        }

        private void button3_Click(object sender, EventArgs e)
        {
            //设置照片
            if (openFileDialog1.ShowDialog() == DialogResult.OK)
                pictureBox1.ImageLocation = openFileDialog1.FileName;
        }

        private void button4_Click(object sender, EventArgs e)
        {
            pictureBox1.ImageLocation="";   //删除照片
        }

        private void Form2_Load(object sender, EventArgs e)
        {
            openFileDialog1.Filter = "Image Files|*.jpg;*.bmp;*.gif";
        }
```

}
(3）主窗体程序代码设计

Form1 主窗体的程序代码如下：

```csharp
public partial class Form1 : Form
{
    StudentListClass StudentList;
    Form2 dlg;
    public Form1()
    {
        InitializeComponent();
    }

    private void showStudent()
    {
        int i = listBox1.SelectedIndex;
        if (i >= 0 && i < StudentList.Count)
        {
            StudentClass s = StudentList[i];
            label1.Text = "学号: " + s.no;
            label2.Text = "姓名: " + s.name;
            label3.Text = "性别: " + s.sex;
            label4.Text = "年龄: " + s.age.ToString();
            pictureBox1.ImageLocation=s.photo;
        }
        else
        {
            label1.Text = "学号: ";
            label2.Text = "姓名: ";
            label3.Text = "性别: ";
            label4.Text = "年龄: ";
            pictureBox1.Image = null;
        }
    }

    private void button1_Click(object sender, EventArgs e)
    {
        //增加
        try
        {
            dlg.textBox1.Text="";
            dlg.textBox2.Text="";
            dlg.comboBox1.SelectedIndex = 0;
```

```csharp
                dlg.textBox3.Text="";
                dlg.textBox1.Enabled=true;
                dlg.pictureBox1.ImageLocation = "";
                if (dlg.ShowDialog() == DialogResult.OK)
                {
                    string no = dlg.textBox1.Text;
                    string name = dlg.textBox2.Text;
                    string sex = dlg.comboBox1.Text;
                    int age = int.Parse(dlg.textBox3.Text);
                    string photo = dlg.pictureBox1.ImageLocation;
                    StudentClass s = new StudentClass(no, name, sex, age,photo);
                    int i = StudentList.Insert(s);
                    if (i >= 0)
                    {
                        listBox1.Items.Insert(i, s.no);
                        listBox1.SelectedIndex = i;
                        label5.Text = "学生人数: " + StudentList.Count.ToString();
                    }
                }
            }
            catch (Exception exp) { MessageBox.Show(exp.Message); }
        }

        private void Form1_Load(object sender, EventArgs e)
        {
            try
            {
                StudentList = new StudentListClass();
                dlg=new Form2();
                dlg.comboBox1.Items.Add("男");
                dlg.comboBox1.Items.Add("女");
            }
            catch (Exception exp) { MessageBox.Show(exp.Message); }
            label5.Text = "学生人数: " + StudentList.Count.ToString();
        }

        private void button2_Click(object sender, EventArgs e)
        {
            //编辑
            try
            {
                int i = listBox1.SelectedIndex, j = StudentList.Count - 1;
```

```csharp
                if (i >= 0 && i < StudentList.Count)
                {
                    StudentClass s = StudentList[i];
                    dlg.textBox1.Text = s.no;
                    dlg.textBox2.Text = s.name;
                    dlg.comboBox1.SelectedIndex = (s.sex == "男" ? 0 : 1);
                    dlg.textBox3.Text = s.age.ToString();
                    dlg.pictureBox1.ImageLocation = s.photo;
                    dlg.textBox1.Enabled = false;
                    if (dlg.ShowDialog() == DialogResult.OK)
                    {
                        string no = dlg.textBox1.Text;
                        string name = dlg.textBox2.Text;
                        string sex = dlg.comboBox1.Text;
                        string photo = dlg.pictureBox1.ImageLocation;
                        int age = int.Parse(dlg.textBox3.Text);
                        s.name = name;
                        s.sex = sex;
                        s.age = age;
                        s.photo = photo;
                        showStudent();
                    }
                }
            }
            catch (Exception exp) { MessageBox.Show(exp.Message); }

        }

        private void listBox1_SelectedIndexChanged(object sender, EventArgs e)
        {
            showStudent();
        }

        private void button3_Click(object sender, EventArgs e)
        {
            //删除
            try
            {
                int i = listBox1.SelectedIndex, j = StudentList.Count - 1;
                if (i >= 0 && i < StudentList.Count)
                {
                    if (MessageBox.Show("确实要删除该记录吗?",
```

```
                    "确认",MessageBoxButtons.OKCancel,
                    MessageBoxIcon.Question)==DialogResult.OK)
                {
                    StudentList.RemoveAt(i);
                    listBox1.Items.RemoveAt(i);
                    if (i == j) --i;
                    listBox1.SelectedIndex = i;
                    label5.Text = "学生人数: " + StudentList.Count.ToString();
                }
            }
        }
        catch (Exception exp) { MessageBox.Show(exp.Message); }
    }
}
```

5. 程序性能评述

该程序可以管理一组学生的基本信息。但不能存储学生的数据，输入的学生记录在程序退出后会消失，如要存储这些数据就必须把数据存储到磁盘文件中或者数据库中，这些技术在后面的项目中会进一步讲解。

练 习 题

1. 说明类的结构。
2. 说明 private 与 public 成员的区别。
3. 定义一个日期类 date，输入一个日期，判断它是否有效。
4. 定义一个圆类 circle，它包含半径与圆点，并有计算面积与周长的函数。
5. 类的属性与成员变量有什么不同？
6. 简述构造函数的特性。
7. 说明基类与派生类的关系。
8. 定义一个数学中的复数类 Complex，它有一个构造函数与一个显示函数，建立一个 Complex 对象并调用该显示函数显示。
9. 定义一个计算机类 MyComputer，它包含 CPU 类型(string 类型)、RAM 内存大小(int 类型)、HD 硬盘大小(int 类型)，设计它的构造函数，并设计一个显示函数，建立一个 MyComputer 对象并调用该显示函数显示。
10. 设计一个整数类 Integer，它有一个整数变量，并有一个 Value 属性，可以通过为 Value 存取该变量的值，还有一个转二进制字符串的成员函数 toBin 及转十六进制字符串的成员函数 toHex，既:

    public int Value();

    public string toBin();

    public string toHex();

11. 设计一个字符串集合 StringSet 类，该类中用一个动态的字符串数组来存储对象的所有字符串，使它有以下成员函数：

    public int count();

'返回字符串集合中的字符串数。
public bool add(string v);
'增加一个字符串 v, 如成功则返回 true, 不然返回 false
public bool remove(string v);
'删除一个字符串 v, 如成功则返回 true, 不然返回 false
public string this[int index];
'返回[index]单元的字符串, 如 index 不在范围内则返回 null。
public bool contains(string v);
'在集合数组中查找字符 v, 如找到则返回 true, 不然返回 false。
public bool indexOf(string v);
'在集合数组中查找字符 v, 如找到则返回它所在位置下标, 不然返回-1
public string[] getAll();
'返回所有字符串的数组。

项目实训 7 我的记事本

项目功能： 编写一个类似 Windows 记事本的程序，实现文本编辑。
学习范围： 菜单应用、工具栏应用、文本字体与颜色控制、文件对话框、自定义对话框、字符串函数、文本文件操作。
练习内容： 针对该知识与能力范围的知识练习与多个项目实训练习。

项目案例 7.1 记事本程序文件的读写

7.1.1 案例展示

选择磁盘中一个文本文件，并把其内容读到文本框中，编辑后的文本又可以保存到原来文件，如图 7-1 所示。

7.1.2 技术要点

1. 文件概要

文件是相关的数据组成的集合，是用来存储数据的对象，根据存储的内容，文件一般分为文本文件与二进制文件。

文本文件中存储的数据是文本数据，它的主要特征就是可以通过 Windows 的记事本打开后可以清楚地看到文件的内容，它们一般是英文词句或汉字词句，例如一般以 TXT 为扩展名称的文件就是这种文本文件。

图 7-1 编辑文本文件

C#中文件处理类 StreamReader 与 StreamWriter 用于读写文本文件，文件操作类都定义在 System.IO 的命名空间中，所以在用这些类之前，请在程序开头写语句：

using System.IO;

文件操作有下列几个基本步骤。

（1）打开文件：就是从磁盘中读取文件到内存中，程序获取该文件的控制权。
（2）读文件数据：就是把文件中磁盘文件读到程序中。
（3）写文件数据：就是把程序中的数据存储到磁盘文件中。
（4）关闭文件：就是把写入到文件的数据永久地存储到磁盘中，程序释放对该文件的控制权。

注意文件的操作有时是不成功的，例如读取一个不存在的文件就会出现错误，因此所有操作一般放在 try...catch 语句的保护之中，以便程序能随时捕捉到错误。

2. StreamWriter 类

StreamWriter 类用来处理写文本到文件中，在建立该类的对象时就可以把它与一个磁盘文件进行关联并打开该文件，例如：

StreamWriter sw=new StreamWriter("c:\\test.txt");
则建立 StreamWriter 对象 sw，并打开文件 c:\test.txt 用于写数据。

StreamWriter 可以通过 Write 或者 WriteLine 函数写整数、浮点数、字符、字符串、布尔等各种类型的数据到文本文件中，这些数据在写入文件之前全部先被转为文本字符串，例如：

```
try
{
    StreamWriter sw = new StreamWriter("c:\\test.txt");
    sw.WriteLine(123);
    sw.WriteLine("Test");
    sw.WriteLine(3.14);
    sw.Write("Write 不换行");
    sw.WriteLine("是吗？");
    sw.Close();
}
catch (Exception exp) { MessageBox.Show(exp.Message); }
```

执行这段程序后，会在 c:盘中建立 test.txt 文件，用记事本打开文件后结果如图 7-2 所示。

Write 与 WriteLine 的不同就在于 Write 写完数据后不写入回车换行，但 WriteLine 写完数据后另外加一个回车换行到文件中。

在程序把数据写入到文件时，这些数据一般都存储在系统的缓冲区里，而没有真正存储到磁盘里，因此要通过关闭文件来实现数据在磁盘文件的永久存储，StreamWriter 的 Close 方法用来关闭文件。

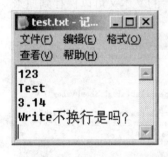

图 7-2 保存的文件

3. StreamReader 类

StreamReader 类用来读文本文件数据，在建立该类的对象时就可以把它与一个文件进行关联并打开该文件，例如：

StreamReader sr=new StreamReader("c:\\test.txt");
则建立 StreamReader 对象 sr，并打开文件 c:\test.txt 用于读数据。

ReadToEnd()是读取从当前位置到末尾的所有文本，如果当前位置位于流的末尾，则返回空字符串 ("")，例如程序：

```
try
{
    StreamReader sr = new StreamReader("c:\\test.txt");
    string t=sr.ReadToEnd();
    sr.Close();
    MessageBox.Show(t,"结果");
}
catch (Exception exp) { MessageBox.Show(exp.Message); }
```

执行后可以读取 c:\test.txt 中存储的文本，执行后结果如图 7-3 所示。

StreamReader 类的 ReadLine()方法用于读一行文本字符串数据，返

图 7-3 读出的结果

回一行的字符串，如已经到了文件尾部则返回空值 null，例如程序：
```
try
{
        StreamReader sr = new StreamReader("c:\\test.txt");
        string s,t="";
        while((s=sr.ReadLine())!=null)    t=t+s+"\r\n";
        sr.Close();
        MessageBox.Show(t,"结果");
}
catch (Exception exp) { MessageBox.Show(exp.Message); }
```
执行后可以读取 c:\test.txt 中存储的文本。

StreamReader 类的 Read()方法读一个字符，返回该字符的整数编码，如已经到了文件尾部则返回-1，例如程序：
```
try
{
        StreamReader sr = new StreamReader("c:\\test.txt");
        string s,t="";
        while((s=sr.ReadLine())!=null)    t=t+s+"\r\n";
        sr.Close();
        MessageBox.Show(t,"结果");
}
catch (Exception exp) { MessageBox.Show(exp.Message); }
```
执行后可以读取 c:\test.txt 中存储的文本。

StreamReader 的 Read()、ReadLine()及 ReadToEnd()方法读的数据范围不同，根据程序的需要，可以选择其中一种读取的方式。

7.1.3 程序设计

1．界面设计

在窗体 Form1 上放置一文本框 TextBox、两个按钮 Button 控件，设置属性如表 7-1 所示。

表 7-1 设置属性

控　件	名　　称	属　　性
窗体 Form	Form1	Text="文本文件"
按钮 Button	button1	Text="打开"
	button2	Text="保存"
文本框 TextBox	textBox1	MultiLine=true; Scrollbars=Both; WordWrap=false

2．代码设计

根据文件读取与保存的严厉，编写程序的"打开"与"保存"按钮程序如下：
```
private void button1_Click(object sender, EventArgs e)
{
        //打开文件
```

```
        try
        {
            if (openFileDialog1.ShowDialog() == DialogResult.OK)
            {
                //建立读文件对象
                StreamReader sr = new StreamReader(openFileDialog1.FileName);
                textBox1.Text = sr.ReadToEnd(); //读文件
                sr.Close();    //关闭文件
                button2.Enabled = true; //保存按钮可用
            }
        }
        catch (Exception exp) { MessageBox.Show(exp.Message);   }
    }

    private void button2_Click(object sender, EventArgs e)
    {
        //保存文件
        try
        {
        //建立保存文件对象
            StreamWriter sw = new StreamWriter(openFileDialog1.FileName);
            sw.Write(textBox1.Text); //写文件
            sw.Close();    //关闭文件
        }
        catch (Exception exp) { MessageBox.Show(exp.Message); }
    }

    private void Form1_Load(object sender, EventArgs e)
    {
        button2.Enabled = false; //保存按钮不用
    }
```

执行该程序,可以打开一个文本文件,编辑后可以保存该文件。

7.1.4 模拟训练

添加一个"另存为"按钮及一个保存文件对话框 saveFileDialog1,实现"另存为"的功能,把文本存入另一个文件,如图 7-4 所示。

主要程序如下:

if (saveFileDialog1.ShowDialog() ==Dialog-Result.OK)
{

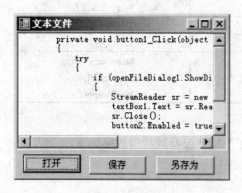

图 7-4 另存为按钮

```
try
{
    StreamWriter sw = new StreamWriter(saveFileDialog1.FileName);
    sw.Write(textBox1.Text);
    sw.Close();
}
catch (Exception exp) { MessageBox.Show(exp.Message); }
}
```

7.1.5 应用拓展

1．文件字节流

文件的本质是二进制文件，一切文件都是由一个个字节组成的。二进制文件存放的数据是各种各样的二进制字节，用 Windows 的记事本打开后看到的是一堆乱码，例如一般以 EXE 为扩展名称的文件就是这种二进制文件。

在程序看来，文件就是由一连串的字节组成的字节流，文件的每个字节都有一个位置编号，一个有 n 个字节的文件字节编号依次为 0、1、2、……、n–1 号，在第 n–1 字节的后面有一个文件结束标志 EOF (End Of File)。

文件的操作就是打开这样一个文件流，对各个字节进行读写操作，操作完后关闭这个流，保存到磁盘。

文件是一个字节流，读写哪个字节必须要指定这个字节的位置，这是由文件指针来决定的。如字节流有 n 个字节，p 是指针的位置（0<=p<=n-1），那么读写的规则如下。

（1）0<=p<=n–1 时，指针指向一个文件字节，可以读出该字节，读完后指针会自动指向下一个字节，既 p 会自动加 1；若 p 指向 EOF 的位置，则不能读出任何文件字节，EOF 通常是循环读文件的循环结束条件。

（2）0<=p<=n-1 时，指针指向一个文件字节，可以写入一个新的字节，新的字节将覆盖旧的字节，之后指针会自动指向下一个字节，既 p 会自动加 1；

（3）若 p 指向 EOF 的位置，则新写入的字节会变成第 n+1 个字节，EOF 向后移动一个位置，在字节流的末尾写入会加长文件字节流。

2．FileStream 类

FileStream 类用二进制数据流的方式来读写一个文件，在建立该类的对象时就可以把它与一个文件进行关联并声明是读文件还是写文件，例如：

FileStream fs=new FileStream("c:\\test.dat",FileMode.Open);

用于打开 c:\test.dat 文件进行读，打开时文件指针指向文件头。而如要写文件，则：

FileStream fs=new FileStream("c:\\test.dat",FileMode.Create);

如 c:\test.dat 不存在则会在 c:\中建立 test.dat 文件，如原文件 c:\test.dat 存在那么文件数据会被清空，得到一个长度为 0 的等待写的文件。

方法 WriteByte(byte b)方法可以向文件写入一个字节。

而方法 Write(byte[] buf,int offset,int count)把 buf 数组中的 offset 开始的连续 count 个字节写到文件中。

ReadByte()方法从文件中读一个字节，或者如果从流的末尾读取则为 -1。

Read(byte[] buf,int offset,int count)从文件中试图读 count 个字节到 buf 中，存储在 buf[offset]、buf[offset+1]、......，buf[offset+count-1]的位置，如还没有读到 count 个字节就到

了文件尾部，则就返回实际读到的字节数。

Length 属性是流当前的长度值。

3. 复制文件程序

选择磁盘中一个文件把它复制到另外一个文件，例如把 D:\Windows XP.jpg 图形文件复制到 C:\Windows .jpg，如图 7-5 所示。

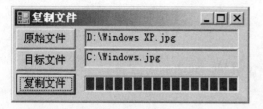

图 7-5 复制文件

在窗体 Form1 上放两个文本框 TextBox、一个进度条 ProgressBar、三个按钮 Button、一个打开文件对话框 OpenFileDialog、一个保存文件对话框 SveFileDialog，设置属性如表 7-2 所示。

表 7-2 属性设置

控　件	名　称	属　性
窗体	Form1	Text="文件复制"
文本框	TextBox1	Text=""
	TextBox2	
按钮	button1	Text="原始文件"
	button2	Text="目标文件"
	button3	Text="复制"
进度条	ProgressBar1	
打开文件对话框	openFileDialog1	
打开文件对话框	SaveFileDialog1	

编写各个按钮的程序如下：

```
private void button1_Click(object sender, EventArgs e)
{
    //设置原始文件
        if (openFileDialog1.ShowDialog() == DialogResult.OK)
        textBox1.Text = openFileDialog1.FileName;
}


private void button2_Click(object sender, EventArgs e)
{
    //设置目标文件
    if (saveFileDialog1.ShowDialog() == DialogResult.OK)
        textBox2.Text = saveFileDialog1.FileName;
}

private void button3_Click(object sender, EventArgs e)
{
    //复制文件
    try
    {
        string fsn = textBox1.Text; //原始文件
```

```
            string ftn = textBox2.Text; //目标文件
            if (fsn!=""&&ftn!=""&&fsn.ToLower() != ftn.ToLower())
            {
                textBox1.Text = fsn;
                textBox2.Text = ftn;
                progressBar1.Value = 0;
                //打开原始文件
                FileStream fs = new FileStream(fsn, FileMode.Open);
                //打开目标文件
                FileStream ft = new FileStream(ftn, FileMode.Create);
                //获取原始文件长度
                int x,k = 0, len =(int) fs.Length;
                while ((x = fs.ReadByte()) != -1)
                {
                    //读一字节并写一字节
                    ft.WriteByte((byte)x); ++k;
                    progressBar1.Value = 100 * k / len;
                }
                //关闭文件
                fs.Close();
                ft.Close();
            }
            else MessageBox.Show("原始文件与目标文件相同或者为空!");
        }
        catch (Exception exp) { MessageBox.Show(exp.Message); }
```

}

执行该程序，选择原始文件与目标文件，就可以把原始文件复制到目标文件。

项目案例 7.2　记事本程序的菜单设计

7.2.1　案例展示

设计一个类似 Windows 中的记事本的程序，可以实现用菜单打开文件、保存文件等功能，如图 7-6 所示。

7.2.2　技术要点

1．菜单设计

菜单对象的建立是比较简单的，它是一中所见即所得的编辑过程。

（1）建立主菜单

① 主菜单在 C#中用 MenuStrip 类来建立，在一个菜单中包含很多菜单项。开始一个

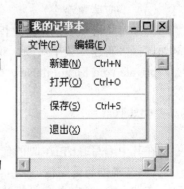

图 7-6　我的记事本程序

Windows 程序，在工具箱中找到"菜单与工具栏"分类，选择 MenuStrip 后双击，一个 MenuStrip1 控件出现在窗体的下方。

② 在 MenuStrip1 上点击，就可以看到窗体上方出现菜单输入的编辑框，先输入"文件"，再在"文件"下方输入"新建"对象，再输入另外一个对象"打开"。

③ 在"打开"的后面一项中点击右边的下拉按钮，出现插入对象，其中 MenuItem 是普通菜单对象，前面的"新建"与"文件"菜单对象就是这种 MenuItem 对象，ComboBox 与 TextBox 对象比较复杂，在此不做介绍。在此插入 Separator 对象，它为一分隔线。

④ 依次可以建立如图 7-6 所示各个菜单项目。

（2）设置菜单对象属性

菜单的框架设计好后，就可以设置每个对象的属性了。一个菜单对象主要有名称 Name、显示文本（Text）、快捷键（ShortcutKeys）、选择标志（Checked）等属性。以"新建"菜单对象为例，属性设置过程如下：

① 选择"新建"对象，把它的文本 Text 属性改名为"新建（&F）"，其中 F 为文件菜单的热键，&为引导热键的符号。

② 选择"新建"对象，在属性窗口中找到 ShortcutKeys 属性，选择它的快捷键为 Ctrl+N，也可以直接输入 Ctrl+N。

③ 按同样的方法，各个菜单对象的属性设置如表 7-3 所示。

表 7-3 菜单属性设置

菜 单 对 象	Name	Text	ShortcutKesy
文件	MenuFile	文件(&F)	
新建	MenuFileNew	新建(&N)	Ctrl+N
打开	MenuFileOpen	打开(&O)	Ctrl+O
分隔线	ToolStripSeparator1		
保存	MenuFileSave	保存(&S)	Ctrl+S
分隔线	ToolStripSeparator2		
退出	MenuFileExit	退出(&X)	
编辑	MenuEdit	编辑(&E)	
剪切	MenuEditCut	剪切(&T)	Ctrl+X
复制	MenuEditCopy	复制(&C)	Ctrl+C
粘贴	MenuEditPaste	粘贴(&P)	Ctrl+V
视图	MenuView	视图(&V)	

（3）响应菜单命令

菜单对象最重要的事件过程为它的 Click 点击过程，在执行菜单命令时便触发此过程。例如选择"新建"菜单对象，双击该对象，进入编码窗口，可以看到以下的菜单过程：

```
private void MenuFileNew_Click(object sender, EventArgs e)
{
    txt.Text = "";
}
```

在其中编写 txt.Text=""的代码，同样可以为每个菜单对象编写对应的过程代码。

2．文本框与剪贴板

在 TextBox 中很容易把文本复制到 Windows 的剪贴板中或从剪贴板中粘贴文本到 TextBox 中，其用到的方法主要有：

（1）Copy()方法把文本框中选择的文本复制到剪贴板；
（2）Cut()把文本框中选择的文本剪切到剪贴板；
（3）Paste()用"剪贴板"的内容替换文本框中的当前选定的文本。

在用 Paste 方法时要注意此时剪贴板中有文本数据，判断剪贴板中是否有文本数据的方法可以如下：

if(Clipboard.ContainsText()) // 剪贴板有文本数据
else // 剪贴板无文本数据

其中 Clipboard 是剪贴板类，ContainsText()是该类的一个静态函数，条件表示当剪贴板中有文本数据存在时就可以执行粘贴操作。

7.2.3 程序设计

1．界面设计

在窗体上放一个 MenuStrip、一个 TextBox、一个 OpenFileDialog、一个 SaveFileDialog，设置属性如表 7-4 所示，菜单项目设置同表 7-3。

表 7-4 属性设置

控 件	名 称	属 性
窗体	Form1	Text="我的记事本"
文本框	Txt	Text="" MultiLine=true ScrollBars=Both WordWrap=false Dock=Fill
OpenFileDialog	openFileDialog1	
SaveFileDialog	saveFileDialog1	

2．代码设计

编写各个菜单项目的函数，程序如下：

```
private void MenuFileNew_Click(object sender, EventArgs e)
{
    txt.Text = ""; //新建
}

private void MenuFileOpen_Click(object sender, EventArgs e)
{
    //打开
    if (openFileDialog1.ShowDialog() == DialogResult.OK)
    {
        try
        {
            StreamReader sr = new StreamReader(openFileDialog1.FileName);
            txt.Text = sr.ReadToEnd();
            sr.Close();
```

```csharp
            }
            catch (Exception exp) { MessageBox.Show(exp.Message); }
        }
    }

    private void MenuFileSave_Click(object sender, EventArgs e)
    {
        //保存
        if (saveFileDialog1.ShowDialog() == DialogResult.OK)
        {
            try
            {
                StreamWriter sw=new StreamWriter(saveFileDialog1.FileName);
                sw.Write(txt.Text);
                sw.Close();
            }
            catch (Exception exp) { MessageBox.Show(exp.Message); }
        }
    }

    private void MenuFileExit_Click(object sender, EventArgs e)
    {
        Close();   //关闭
    }

    private void MenuEditCut_Click(object sender, EventArgs e)
    {
        txt.Cut(); //剪切
    }

    private void MenuEditCopy_Click(object sender, EventArgs e)
    {
        txt.Copy(); //复制
    }

    private void MenuEditPaste_Click(object sender, EventArgs e)
    {
        if (Clipboard.ContainsText()) txt.Paste();    //粘贴
    }
```

执行该程序，可以用文件菜单的打开、保存等打开文件与保存文件，功能与 Windows 记事本的很相似。

7.2.4 模拟训练

在我的记事本程序中增加一个视图菜单，用于设置文本框的颜色，并编写对应的程序代码实现对字体颜色的控制，如图 7-7 所示。

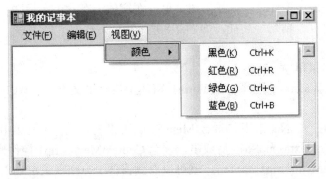

图 7-7 增加视图菜单

设置视图菜单的属性如表 7-5 所示。

表 7-5 视图菜单的属性

颜 色	MenuViewColor	颜 色	ShortcutKey
黑色	MenuViewColor	黑色（&K）	Ctrl+K
红色	MenuViewColorRed	红色（&R）	Ctrl+R
绿色	MenuViewColorGreen	绿色（&G）	Ctrl+G
蓝色	MenuViewColorBlue	蓝色（&B）	Ctrl+B

现在为各个视图菜单编写程序：

```
private void MenuViewColorRed_Click(object sender, EventArgs e)
{
    txt.ForeColor = Color.Red; //红色
}

private void MenuViewColorGreen_Click(object sender, EventArgs e)
{
    txt.ForeColor = Color.Green; //绿色
}

private void MenuViewColorBlue_Click(object sender, EventArgs e)
{
    txt.ForeColor = Color.Blue; //蓝色
}

private void MenuViewColorBlack_Click(object sender, EventArgs e)
{
    txt.ForeColor = Color.Black; //黑色
}
```

执行该程序就可以设置文本框字体的各种颜色。

7.2.5 应用拓展

弹出菜单是 Windows 程序中应用很多的一种，弹出菜单总是依附于某个控件的，一般不显示，但当右键点击该控件时，就弹出该菜单。在窗体上有一个多行文本框，设计一个弹出菜单实现剪切、复制、粘贴等功能，如图 7-8 所示。

1. 界面设计

（1）建立弹出菜单

① 开始一个 Windows 程序，在 Form1 窗体上放一个文本框 TextBox1，设置它为多行文本。

② 弹出菜单在 VB.Net 中用 ContextMenuStrip 类来表示，在工具箱中找到"菜单与工具栏"分类，选择 ContextMenuStrip 后双击，一个 ContextMenuStrip1 控件出现在窗体的下方。

③ 在 ContextMenuStrip1 上点击，就可以看到窗体上方出现菜单输入的编辑框，先输入"剪切"、"复制"、"粘贴"。

④ 菜单对象的建立是比较简单的，它是一种所见既所得的编辑过程。建立过程如图 7-9 所示。

图 7-8 弹出菜单

图 7-9 建立菜单

（2）设置菜单对象属性

菜单建立好后设置各个菜单项目如表 7-6 所示。

表 7-6 属性设置

对象	Name	Text
剪切	CMenuCut	剪切（&T）
复制	CMenuCopy	复制（&C）
粘贴	CMenuPaste	粘贴（&P）

把弹出菜单 ContextMenuStrip1 与文本框 txt 相捆绑在一起是十分简单的，实际上在 C# 中任何一个控件都有一个 ContextMenuStrip 属性，只要把该属性设置为一个具体的 ContextMenuStrip 对象就可以了。

2. 编写程序

```
private void CMenuCut_Click(object sender, EventArgs e)
{
    txt.Cut(); //剪切
```

}

private void CMenuCopy_Click(object sender, EventArgs e)
{
    txt.Copy(); //复制
}

private void CMenuPaste_Click(object sender, EventArgs e)
{
    if (Clipboard.ContainsText()) txt.Paste();   //粘贴
}

执行该程序可以看到文本框的弹出菜单。由此可见弹出菜单与窗体菜单的设计方法十分相似，总的来说 C#的菜单设计都是十分简单的，基本是所见即所得。

项目案例 7.3　记事本程序工具栏与状态栏设计

7.3.1　案例展示

我的记事本程序中建立工具栏与状态栏，工具栏执行"复制"、"剪切"、"粘贴"、"字体名称"、"字体大小"等命令操作，用于控制文本操作与字体，如图 7-10 所示。

7.3.2　技术要点

工具栏（ToolBar）与状态栏（StatusBar）是一个程序主界面中常常用到的栏目，一般工具栏中在窗体主菜单的下面，由很多带图标的按钮组成，与菜单配合使用，执行一些菜单命令。状态栏在窗体的下面，表示一些程序当前状态。

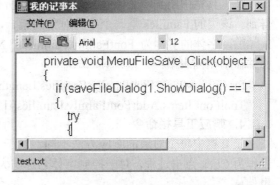

图 7-10　工具栏与状态栏

1. 建立工具栏

在 C#中工具栏是由 ToolStrip 控件来建立的，把一个 ToolStrip 控件放在程序中，一个 tooStrip1 就出现在窗体的下面。点击 toolStrip1，像编辑菜单一样来设计工具栏中的项目，这些项目包含按钮（Button）、标签（Label）、分割按钮（SplitButton）、分隔线（Separator）、下拉按钮（DropDownButton）、组合框（ComboBox）、文本框（TextBox）、进度条（ProgressBar）等。具体操作步骤如下。

（1）在工具栏中依次建立三个按钮（Button），一个分隔线（Separator）、两个组合框（ComboBox）。通过图形软件制作好剪切、复制、粘贴的图标（在 Visual Studio 2005 的图形库中有这些图标）。

（2）选择第一个按钮 ToolStripButton1，设置它的 Name 属性为 ToolCut；设置它的 ToolTiptext 设置为"剪切"，这个属性用来产生提示信息；设置它的 Image 属性为剪切的图标。选择第二个按钮作为复制按钮、第三个按钮为粘贴按钮，同样的方法设置它们的 Name、ToolTiptext、Image 属性。

(3) 增加组合框 ComboBox1，设置它的 Name 属性为 ToolFont，设置它的 DropDownStyle 为 DropDownList。

(4) 增加组合框 ComboBox2，设置它的 Name 属性为 ToolSize，设置它的 DropDownStyle 为 DropDown。

设置各个对象如表 7-7 所示。

表 7-7 工具栏的对象属性设置

对象	Name	属性
剪切	ToolCut	ToolTipText="剪切", Image 为剪切图标
复制	ToolCopy	ToolTipText="复制", Image 为复制图标
粘贴	ToolPaste	ToolTipText="粘贴", Image 为粘贴图标
字体名称	ToolFont	DropDownStyle=DropDownList
字体大小	ToolSize	DropDownStyle=DropDown

2. 建立状态栏

实际上状态栏与工具栏十分相似，在 C#中用 StatusStrip 控件来设计状态栏，把一个 StatusStrip 控件放在程序中，它与工具栏、菜单等一样，一个 statusStrip1 出现在窗体的下面。点击 statusStrip1，可以在状态栏中建立状态标签（StatusLabel）、进度条（ProgressBar）、下拉按钮（DropDownButton）、分割按钮（SplitButton）等，一般在状态栏中常见的是标签与进度条，程序中建立一个名称为 StatusMsg 的标签用来显示打开的文件。

3. 获取系统的字体

在工具栏中用到一个下拉列表显示系统所有字体，这些字体通过 C# 中的 FontFamily 类得到。该类的 Families 是一个字体对象的集合，每个字体对象是 FontFamily.Families[i],i=0、1、......，字体的名称为 FontFamily.Families[i].Name，因此下面的代码可以获取所有的字体名称并显示在列表中：

for (int i = 0; i < FontFamily.Families.Length; i++)
ToolFont.Items.Add(FontFamily.Families[i].Name);

4. 响应工具栏命令

工具栏中每个对象的响应方法不同，对于"剪切"、"复制"、"粘贴"按钮最重要的事件过程为 Click 点击过程，对于控制字体名称与大小的列表框最重要的是 SelectedIndexChanged 事件。

例如工具栏的剪切过程代码如下：

```
private void ToolCut_Click(object sender, EventArgs e)
{
    if(txt.SelectedText!="") txt.Cut();
}
```

而对于字体名称的列表框，事件过程代码如下：

```
private void ToolFont_SelectedIndexChanged(object sender, EventArgs e)
{
    try
    {
        //根据选择的字体名称与大小设置新的字体对象
        txt.Font = new Font(ToolFont.Text, int.Parse(ToolSize.Text));
```

```
            }
            catch (Exception exp) { MessageBox.Show(exp.Message); }
}
```
其中文本框的字体要用 new Font 的方法建立一个字体对象,把该对象赋值给文本框的字体属性。

7.3.3 程序设计

1. 界面设计

在窗体上放一个 MenuStrip、一个 TextBox、一个 OpenFileDialog、一个 SaveFileDialog、一个 ToolStrip、一个 StatusStrip,设计工具栏与状态栏,设计属性见表 7-8。

表 7-8 属性设置

控件	名称	属性
窗体	Form1	Text="我的记事本"
文本框	Txt	Text="" MultiLine=true ScrollBars=Both WordWrap=false Dock=Fill
OpenFileDialog	openFileDialog1	
SaveFileDialog	saveFileDialog1	

2. 代码设计

设计工具栏中各个按钮的程序代码如下:

```
public partial class Form1 : Form
{
    bool startFlag = false;
    public Form1()
    {
        InitializeComponent();
    }

    private void Form1_Load(object sender, EventArgs e)
    {
        //获取全部系统字体,显示在 ToolFont 中
        for (int i = 0; i < FontFamily.Families.Length; i++)
            ToolFont.Items.Add(FontFamily.Families[i].Name);
        //设置字体的大小在 8~72 之间
        for (int i = 8; i <= 72; i += 2)
            ToolSize.Items.Add(i.ToString());
        ToolFont.SelectedIndex = 0;
        ToolSize.SelectedIndex = 2;
        ToolSize.Width = 40;
        //设置文本的字体
```

```csharp
            txt.Font = new Font(ToolFont.Text, int.Parse(ToolSize.Text));
            StatusMsg.Text = "";
            //在 ToolFont 与 ToolSize 的值确定后才设置 startFlag 为 true，允许 SelectedIndex-
            Changed 事件执行
            startFlag = true;
        }

        private void ToolFont_SelectedIndexChanged(object sender, EventArgs e)
        {
            if (startFlag)
            {
                try
                {
                    //根据选择的字体名称与大小设置新的字体对象
                    txt.Font = new Font(ToolFont.Text, int.Parse(ToolSize.Text));
                }
                catch (Exception exp) { MessageBox.Show(exp.Message);   }
            }
        }

        private void ToolSize_SelectedIndexChanged(object sender, EventArgs e)
        {
            if (startFlag)
            {
                try
                {
                    //根据选择的字体名称与大小设置新的字体对象
                    txt.Font = new Font(ToolFont.Text, int.Parse(ToolSize.Text));
                }
                catch (Exception exp) { MessageBox.Show(exp.Message); }
            }
        }

        private void ToolCut_Click(object sender, EventArgs e)
        {
            if(txt.SelectedText!="") txt.Cut();    //剪切
        }

        private void ToolCopy_Click(object sender, EventArgs e)
        {
            if (txt.SelectedText != "") txt.Copy();    //复制
```

}

```
private void ToolPaste_Click(object sender, EventArgs e)
{
    if (Clipboard.ContainsText()) txt.Paste();        //粘贴
}
```

程序中设置了一个类变量 startFlag 是十分重要的，因为在 Form1_Load 中向 ToolFont 与 ToolSize 增加字体及字体大小时，ToolFont 与 ToolSize 的项目在不断变化，这种变化会引起对应的 SelectedIndexChanged 事件的执行，而显然这个时候不需要它们的 SelectedChanged 事件函数被执行，因此我们用一个 startFlag 变量来控制它们，保证在 Form1_Load 的过程中这些事件函数不被执行，只有在程序启动完成后，startFlag 变为 true，这两个事件函数才会被真正执行。

7.3.4 模拟训练

在我的记事本程序中的工具栏中增加一个"新建"按钮，在状态栏中增加一个标签，用来显示"程序设计:XXX 2009-5"，如图 7-11 所示。

7.3.5 应用拓展

文本的字体与颜色可以用系统的字体对话框 FontDialog 与颜色对话框 CoorDialog 来设置，它们与打开与保存文件对话框有相似的地方，都用 ShowDialog()来显示。

1．字体对话框属性

字体对话框用 FontDialog 控件来表示，它的作用是打开一个字体选择框，用户选择一个字体后按"确定"，就可以知道用户选择的字体，如图 7-12 所示。主要属性如下：

图 7-11 增加新建按钮

（1）Font 属性，获取或设置选定的字体对象；

（2）ShowColor 属性，如果对话框显示颜色选择，值为 true；反之，值为 false。

2．颜色对话框属性

颜色对话框用 ColorDialog 控件来表示，它的作用是打开一个颜色选择框，用户选择一个颜色后按"确定"，就可以知道用户选择的颜色，如图 7-12 所示。主要属性如下：

（1）AllowFullOpen 属性，如果用户可定义自定义颜色，则为 true；否则为 false；

（2）AnyColor 属性，如果对话框显示基本颜色集中可用的所有颜色，则为 true；否则为 false，默认值为 false；

（3）Color 属性，用户选定的颜色，如果没有选定颜色，则默认值为黑色；

（4）FullOpen 属性，如果自定义颜色控件在对话框打开时是可用的，则为 true；否则为 false。

颜色与字体对话框的主要方法是 ShowDialog，如果用户在对话框中单击"确定"，则返回为 Windows.Forms.DialogResult.OK，否则返回为 Windows.Forms.DialogResult.Cancel。

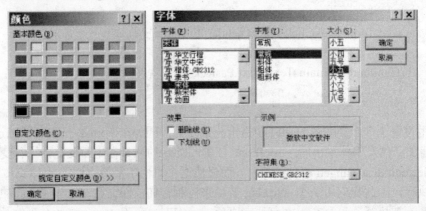

图 7-12 颜色与字体对话框

在"我的记事本"程序中增加一个"视图"菜单，设计"字体"、"颜色"、"工具栏"、"状态栏"菜单项目 MenuViewFont、MenuViewColor、MenuViewTool、MenuViewStatus，并在窗体上放一个 FontDialog 与一个 ColorDialog，编写程序如下：

```
private void MenuViewFont_Click(object sender, EventArgs e)
{
    if (fontDialog1.ShowDialog() == DialogResult.OK)
    {
        Font ft = fontDialog1.Font;
        txt.Font = ft;
        //设置 ToolSize 与 ToolFont 的值
        ToolSize.Text = ft.Size.ToString();
        ToolFont.SelectedIndex = ToolFont.Items.IndexOf(ft.Name);
    }
}

private void MenuViewColor_Click(object sender, EventArgs e)
{
    if (colorDialog1.ShowDialog() == DialogResult.OK)
        txt.ForeColor = colorDialog1.Color;
}

private void MenuViewTool_Click(object sender, EventArgs e)
{
    //显示或者隐藏工具栏
    MenuViewTool.Checked = !MenuViewTool.Checked;
    toolStrip1.Visible = MenuViewTool.Checked;
}

private void MenuViewStatus_Click(object sender, EventArgs e)
```

{
  //显示或者隐藏状态栏
  MenuViewStatus.Checked = !MenuViewStatus.Checked;
  statusStrip1.Visible = MenuViewStatus.Checked;
}

执行程序，效果如图 7-13 所示，程序可以用"工具栏"或者"状态栏"菜单控制工具栏与状态栏是否要显示，用"字体"及"颜色"菜单打开对应的对话框设置字体与颜色。

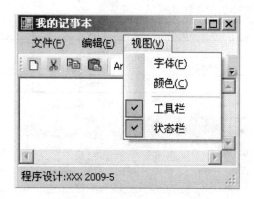

图 7-13　视图菜单

项目案例 7.4　记事本程序的模态对话框设计

7.4.1　案例展示

在我的记事本程序的"编辑"菜单中增加一个"查找"命令，执行后弹出一个查找对话框，用于查找编辑文本中的字符串，如图 7-14 所示。

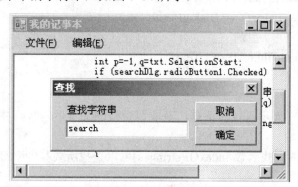

图 7-14　查找字符串

7.4.2　技术要点

1．设计查找对话框

设计我的记事本程序，方法与前面介绍的一样，但把原来的主窗体 Form1 命名为 MainForm。

执行菜单"项目|添加 Windows 窗体"命令增加一个窗体程序 SearchForm.cs，对应的窗体名称为 SearchForm，是用于查找的对话框窗体。在 SearchForm 的窗体上放一个 Label、一个 TextBox、两个 Button，设计属性如表 7-9 所示。

表 7-9　SearchForm 窗体的控件属性

对象	Name	属性
窗体 Form	SearchForm	Text="查找"; MaxximumBox=false;MinimumBox=false; FormBorderStyle=FixedDialog

续表

对象	Name	属性
Label	label1	Text="查找字符串"
Button	button1	Text="取消"; DialogResult=Cancel
	button2	Text="确定"; DialogResult=OK

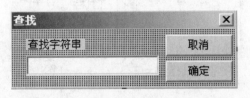

图 7-15 查找窗体

设计的窗体如图 7-15 所示。

为了在 MainForm 中得到用户在 SearchForm 的文本框 textBox1 中输入的文本, 还必须修改 SearchForm 类中关于 textBox1 控件的说明。默认状态下控件在 SearchForm 类中声明为 private 成员, 这样在 MainForm 类中不可以访问, 必须把控件改为 public 成员。为此需要找到 SearchForm 类的 InitializeComponent()函数并显示该函数的内容, 找到 textBox1 的语句:

private System.Windows.Forms.TextBox textBox1;

把它改为:

public System.Windows.Forms.TextBox textBox1;

这样在 MainForm 中就可以编写程序如下:

SearchForm searchDlg=new SearchForm();
if (searchDlg.ShowDialog() == DialogResult.OK)
{
    string s = searchDlg.textBox1.Text;
    //要查找 s 字符串
}

程序一模式的方式显示查找对话框, 获取要查找的文本后进行查找。

2. 查找字符串

字符串类 string 的查找函数 IndexOf(string s)可以查找所要找的字符串 s, 并返回它所在的位置, 如找不到就返回-1。

当字符串被查找到后, 就把找到的字符串设置为选择文本, 字符串选择的属性与方法如下:

(1) SelectionStart 属性是文本框中选定的文本的起始位置, 为 0 时表示从文本开始, 该属性也是光标所在的位置;

(2) SelectedText 属性是文本框中当前选定文本的字符串;

(3) SelectedLength 属性是文本框中选择文本的长度, 没有选择时为 0;

(4) Select(int start,int length)方法选择从 start 位置开始的长度为 length 的一段字符串;

(5) ScrollToCaret()方法把文本框选择的文本显示出来。

在查找到字符串后有必要调用 ScrollToCaret()函数, 该函数确保显示所选择的字符串。

7.4.3 程序设计

1. 界面设计

执行菜单"项目|添加 Windows 窗体"命令添加的窗体 SearchForm, 并按前面的方式设计 SearchForm 窗体, 在主程序的"编辑"菜单中添加"查找"菜单 MenuEditSearch。

2. 代码设计

在 MainForm 类中定义变量 SearchForm 类对象变量 searchDlg，并在 MainForm_Load 中建立这个对象，为 MenuEditSearch 菜单命令编写对应程序如下：

```
public partial calss MainForm:Form
{
    SearchForm searchDlg;
    private void
    {
        searchDlg=new SearchForm();
        //......
    }
    private void MenuEditSearch_Click(object sender, EventArgs e)
    {
        if (searchDlg.ShowDialog() == DialogResult.OK)
        {
            //要查找 s 字符串
            string s = searchDlg.textBox1.Text;
            int p=-1,q=txt.SelectionStart;
            //获取从目前光标往后面的子字符串
            string t = txt.Text.Substring(q);
            p = t.IndexOf(s);
            if(p>=0) txt.Select(q+ p, s.Length);
            if (p >= 0) txt.ScrollToCaret(); //滚动到选择文本
            else    MessageBox.Show("没有找到指定的字符串!","查找");
        }
    }
}
```

程序的其他功能的代码与前面的一样，这里没有再一一列出。

7.4.4 模拟训练

在"编辑"菜单中增加一个替换命令 MenuEditReplace，在程序中增加一个替换窗体 ReplaceForm，窗体如图 7-16 所示，实现全文本的替换功能。

在 MainForm 类中定义变量 ReaplaceForm 类对象变量 replaceDlg，并在 MainForm_Load 中建立这个对象，为 MenuEditReplace 菜单命令编写对应程序如下：

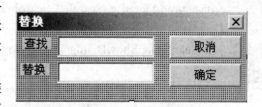

图 7-16 替换窗体

```
public partial calss MainForm:Form
{
    SearchForm searchDlg;
    ReplaceForm replaceDlg;
```

```
private void
{
    searchDlg=new SearchForm();
    replaceDlg=new ReplaceForm();
    //......
}
private void MenuEditReplace_Click(object sender, EventArgs e)
{
    if (replaceDlg.ShowDialog() == DialogResult.OK)
    {
        string s = replaceDlg.textBox1.Text;   //查找字符串
        string t = replaceDlg.textBox2.Text;   //替换字符串
        txt.Text=txt.Text.Replace(s, t);
    }
}
```

7.4.5 应用拓展

在 SearchForm 中增加两个 RadioButton，用于选择查找是从当前光标向后进行还是向前进行，radioButton1 选择向后进行，radioButton2 选择向前进行，如图 7-17 所示。

找到 SearchForm 类的 InitializeComponent() 函数并显示该函数的内容，把语句：

private System.Windows.Forms.RadioButton radioButton1;
private System.Windows.Forms.RadioButton radioButton2;

改为：

public System.Windows.Forms.RadioButton radioButton1;
public System.Windows.Forms.RadioButton radioButton2;

图 7-17　选择查找方向

修改查找函数如下：

```
private void MenuEditSearch_Click(object sender, EventArgs e)
{
    if (searchDlg.ShowDialog() == DialogResult.OK)
    {
        //要查找 s 字符串
        string s = searchDlg.textBox1.Text;
        int p=-1,q=txt.SelectionStart;
        if (searchDlg.radioButton1.Checked)
        {
            //获取从目前光标往后面的子字符串
            string t = txt.Text.Substring(q);
            p = t.IndexOf(s);
```

```
            if(p>=0) txt.Select(q+ p, s.Length);
        }
        else
        {
            //获取从目前光标往前面的子字符串
            string t = txt.Text.Substring(0, q);
            p = t.LastIndexOf(s);
            if (p >= 0) txt.Select(p, s.Length);
        }
        if (p >= 0) txt.ScrollToCaret(); //滚动到选择文本
        else    MessageBox.Show("没有找到指定的字符串!","查找");
    }
}
```

修改过的查找程序可以根据用户的选择进行向前或者向后的查找，查找到的字符串用选择文本的方式显示。

项目案例 7.5 记事本程序的非模态对话框设计

7.5.1 案例展示

在我的记事本程序中设计一个非模态的查找对话框，它出现在程序窗体的前面，并能够连续查找多次，如图 7-18 所示。

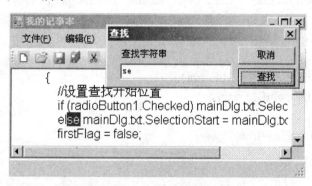

图 7-18 非模态的查找对话框

7.5.2 技术要点

在上节中查找窗体 SearchForm 是模态显示的，因此显示该窗体后，就不能再操作主窗体，除非只有关闭 SearchForm，这样只能查找一次。为了实现多次查找，SearchForm 必须要非模态显示，既用 Show()方法显示。

在连续查找时，SearchForm 必须永远处于 MainForm 的前端，需要把 SearchForm 窗体设计成最前端显示的，设置 SearchForm 的 TopMost 属性为 true，则 SearchForm 永远显示在所有窗体的前端。

整个查找过程的程序是在 SearchForm 的窗体中执行的，在 SearchForm 中去操作

MainForm 的 txt 文本的查找过程，并显示查找到的字符串。这样 SearchForm 就一直处于显示状态，查找就可以一直多次地进行下去。

为了能在 SearchForm 中访问 MainForm 的成员，在 SearchForm 中增加一个 MainForm 类的变量 mainDlg 如下：

```
public partial class SearchForm : Form
{
    public MainForm mainDlg;
    publicbool firstFlag;
    //……
}
```

其中 firstFlag 是一个布尔值，用来反映 SearchForm 是否是第一次查找字符串，如是则为 true，这时查找是从当前的光标处开始的，如 firstFlag 为 false，则表示是连续查找的动作，查找必须从现在已经查找到的字符串往后或者往前进行。

由于 searchDlg 要多次使用，因此在 MainForm 类中定义 SearchForm 类变量 searchDlg 如下：

```
public partial class MainForm : Form
{
    public SearchForm searchDlg;
    //……
}
```

在 MainForm 的 MenuEditSearch_Click 中在生成 searchDlg 对象并设置 searchDlg 的 mainDlg 成员如下：

```
private void MenuEditSearch_Click(object sender, EventArgs e)
{
    if (searchDlg == null)
    {
        searchDlg = new SearchForm();
        searchDlg.mainDlg = this;
    }
    searchDlg.firstFlag=true;
    //……
}
```

为了在 SearchForm 中访问 MianForm 中的文本框 txt，应把 MainForm 中的文本框 txt 设置成为 public 成员，即把 MainForm 中的 InitializeComponent 函数的语句：

```
private System.Windows.Forms.TextBox txt;
```

修改成

```
public System.Windows.Forms.TextBox txt;
```

由于查找时输入焦点在 SearchForm，为了让 MainForm 中的文本框能显示选择文本，必须把 txt 的 HideSelection 设置为 false。

7.5.3 程序设计

1．界面设计

修改 SearchForm 窗体，设置属性如表 7-10 所示。

表 7-10 SearchForm 窗体的控件属性

对象	Name	属性
窗体 Form	SearchForm	Text="查找"; MaxximumBox=false;MinimumBox=false; FormBorderStyle=FixedDialog; TopMost=true;
Label	label1	Text="查找字符串"
Button	button1	Text="取消"; DialogResult=None
	button2	Text="查找"; DialogResult=None

2. 代码设计

（1）MainForm 中程序设计

修改 MainForm 的类变量定义如下：

```
public partial class MainForm : Form
{
    public SearchForm searchDlg;
    //......
}
```

修改 MainForm_Load 函数，在此函数中 searchDlg 为 null 值：

```
private void MainForm_Load(object sender, EventArgs e)
{
    //......
    searchDlg=null;
}
```

修改 MainForm 中的查找命令 MenuEditSearch 函数如下：

```
private void MenuEditSearch_Click(object sender, EventArgs e)
{
    if (searchDlg == null)
    {
        searchDlg = new SearchForm();
        searchDlg.mainDlg = this;
    }
    searchDlg.firstFlag = true;
    searchDlg.Show();
}
```

（2）SearchForm 中的代码设计

在 SearchForm 类中设计程序如下：

```
public partial class SearchForm : Form
{
    public MainForm mainDlg;
    public bool firstFlag;
    public SearchForm()
    {
```

```csharp
            InitializeComponent();
        }

        private void button2_Click(object sender, EventArgs e)
        {
            //要查找 s 字符串
            string s = textBox1.Text;
            int p = -1, q = mainDlg.txt.SelectionStart;
            if (firstFlag)
            {
                //设置查找开始位置
                mainDlg.txt.SelectionStart = 0;
                firstFlag = false;
            }
            else
            {
                if (s.Length + q <= mainDlg.txt.Text.Length)
                    mainDlg.txt.SelectionStart = q + s.Length;
                else mainDlg.txt.SelectionStart = mainDlg.txt.Text.Length;
            }
            q = mainDlg.txt.SelectionStart;
            //获取从目前光标往后面的子字符串
            string t = mainDlg.txt.Text.Substring(q);
            p = t.IndexOf(s);
            if (p >= 0)
            {
                mainDlg.txt.Select(q + p, s.Length);
            }
            if (p >= 0) mainDlg.txt.ScrollToCaret(); //滚动到选择文本
            else
            {
                mainDlg.txt.SelectionLength = 0;
                MessageBox.Show("没有找到指定的字符串!", "查找");
            }
        }

        private void button1_Click(object sender, EventArgs e)
        {
            Close();    //关闭窗体
        }

        private void SearchForm_FormClosing(object sender, FormClosingEventArgs e)
```

            {
                //在窗体关闭时必须设置 mainDlg.searchDlag 为 null
                //以便下次查找时重新建立 searchDlg 对象
                mainDlg.searchDlg = null;
            }
        }

在 SearchForm 中引入了 FormClosing 事件函数是十分必须的，因为在 SearchForm 关闭时该窗体已经从内存中消失，所以必须通知 MainForm 设置它的 searchDlg 对象为 null。

程序的其他功能的代码与前面的一样，这里没有再一一列出。

7.5.4 模拟训练

把我的记事本程序中的替换窗体 ReplaceForm 设计成与 SearchForm 类似的非模态窗体，在 ReplaceForm 中完成对 MainForm 的文本框 txt 的字符串替换。

1. 设计 MainForm 的程序

修改 MainForm 的类变量定义如下：

```
public partial class MainForm : Form
{
    public SearchForm searchDlg;
    //......
}
```

修改 MainForm_Load 函数，在此函数中 replaceDlg 为 null 值：

```
private void MainForm_Load(object sender, EventArgs e)
{
    //......
    replaceDlg=null;
}
```

修改 MenuEditReplace 菜单命令的函数如下：

```
private void MenuEditReplace_Click(object sender, EventArgs e)
{
    if (txt.Text != "")
    {
        if (replaceDlg == null)
        {
            replaceDlg = new ReplaceForm();
            replaceDlg.mainDlg = this;
        }
        replaceDlg.Show();
    }
}
```

2. 设计 ReplaceForm 的程序

设计 ReplaceForm 的程序如下：

public partial class ReplaceForm : Form

```csharp
{
    public MainForm mainDlg;
    public ReplaceForm()
    {
        InitializeComponent();
    }
    private void button2_Click(object sender, EventArgs e)
    {
        string s =textBox1.Text;    //查找字符串
        string t = textBox2.Text;    //替换字符串
        mainDlg.txt.Text = mainDlg.txt.Text.Replace(s, t);
    }

    private void ReplaceForm_FormClosing(object sender, FormClosingEventArgs e)
    {
        mainDlg.replaceDlg = null;
    }

    private void button1_Click(object sender, EventArgs e)
    {
        Close(); //关闭
    }
}
```
这样修改后程序的替换窗体就是非模态的显示。

7.5.5 应用拓展

在 SearchForm 中增加两个 RadioButton，用于选择查找是从当前光标向后进行还是向前进行，rdaioButton1 选择向后进行，rdaioButton2 选择向前进行。

修改 SearchForm 中的查找函数，使它按非模态的形式显示，程序如下：

```csharp
private void button2_Click(object sender, EventArgs e)
{
    //要查找 s 字符串
    string s = textBox1.Text;
    int p = -1, q = mainDlg.txt.SelectionStart;
    if (firstFlag)
    {
        //设置查找开始位置
        if (radioButton1.Checked) mainDlg.txt.SelectionStart = 0;
        else mainDlg.txt.SelectionStart = mainDlg.txt.Text.Length;
        firstFlag = false;
    }
    else
```

```csharp
        {
            if (radioButton1.Checked)
            {
                if (s.Length + q <= mainDlg.txt.Text.Length)
                    mainDlg.txt.SelectionStart = q + s.Length;
                else mainDlg.txt.SelectionStart = mainDlg.txt.Text.Length;
            }
        }
        q = mainDlg.txt.SelectionStart;
        if (radioButton1.Checked)
        {
            //获取从目前光标往后面的子字符串
            string t = mainDlg.txt.Text.Substring(q);
            p = t.IndexOf(s);
            if (p >= 0)
            {
                mainDlg.txt.Select(q + p, s.Length);
            }
        }
        else
        {
            //获取从目前光标往前面的子字符串
            string t = mainDlg.txt.Text.Substring(0, q);
            p = t.LastIndexOf(s);
            if (p >= 0)
            {
                mainDlg.txt.Select(p, s.Length);
            }
        }
        if (p >= 0) mainDlg.txt.ScrollToCaret(); //滚动到选择文本
        else
        {
            mainDlg.txt.SelectionLength = 0;
            MessageBox.Show("没有找到指定的字符串!", "查找");
        }
    }
}
```

并在 SearchForm 中增加 radioButton1 与 radioButton2 的事件过程 CheckedChanged 的函数，以便在改变查找方向时能重新确定查找位置。

```csharp
private void radioButton1_CheckedChanged(object sender, EventArgs e)
{
    firstFlag = true; //重新确定查找位置
}
```

```
private void radioButton2_CheckedChanged(object sender, EventArgs e)
{
    firstFlag = true; //重新确定查找位置
}
```
经过这样修改后程序的查找窗体就可以在非模态的显示状态下根据用户的选择向前或者向后进行字符串的多次查找。

实训 7 我的记事本程序

1．程序功能简介

我的记事本程序是类似 Windows 中的记事本程序的一个文本编辑程序，其中加入了部分个性化的特征，如图 7-19 所示。

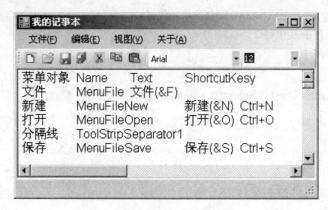

图 7-19 我的记事本程序

2．程序技术要点

用一个菜单控件 MenuStrip 建立程序主菜单，菜单包含"文件"、"编辑"、"视图"、"关于"等项目，每个项目下有自己的子菜单项目。

用 ToolStrip 控件建立一个工具栏，工具栏中包含文件操作的"新建"、"打开"、"保存"按钮及编辑用的"剪切"、"复制"、"粘贴"按钮，另外还有两个字体控制的下来列表框。

用 StatusStrip 控件建立一个状态栏，该状态栏用于显示打开文件的名称等信息。

在窗体上设计一个 Dock 属性为 Fill 的文本框，该文本框是文本编辑的重要场所。

除了主窗体外，程序还设计一个查找窗体与一个替换窗体，它们都是非模态的显示窗体，方便实现多次查找与替换。

该程序中用到的技术在各个章节中已经讲解过，这里不再重述。

3．程序界面设计

（1）设计主窗体

开始一个 Windows 程序，把解决方案管理器中的 Form1.cs 命名为 MainForm.cs，同时把主窗体命名为 MainForm。在窗体上放一个文本框 TextBox，把名称改为 txt，并设置它的 Dock 属性为 Fill，让它填满整个窗体。

（2）设计菜单

把一个 MenuStrip 控件放在程序中，一个 MenuStrip1 就出现在窗体的下面，点击 MenuStrip1，设计它的菜单项如表 7-11 所示。

表 7-11 菜单项目属性

菜单对象	Name	Text	ShortcutKesy
文件菜单	**MenuFile**	**文件（&F）**	
新建	MenuFileNew	新建（&N）	Ctrl+N
打开	MenuFileOpen	打开（&O）	Ctrl+O
分隔线	ToolStripSeparator1		
保存	MenuFileSave	保存（&S）	Ctrl+S
另存为	MenuSaveAs	另存为（&A）	
分隔线	ToolStripSeparator2		
退出	MenuFileExit	退出（&X）	
编辑菜单	**MenuEdit**	**编辑（&E）**	
剪切	MenuEditCut	剪切（&T）	Ctrl+X
复制	MenuEditCopy	复制（&C）	Ctrl+C
粘贴	MenuEditPaste	粘贴（&P）	Ctrl+V
分隔线	ToolStripSeparator2		
查找	MenuEditSearch	查找	Ctrl+F
替换	MenuEditReplace	替换	Ctrl+H
视图菜单	**MenuView**	**视图（&V）**	
字体	MenuViewFont	字体（&F）	
颜色	MenuViewColor	颜色（&C）	
分隔线	ToolStripSeparator2		
工具栏	MenuViewTool	工具栏	
状态栏	MenuViewStatus	状态栏	
关于菜单	**MenuAbout**	**关于（&A）**	
	MenuAboutMe	关于（&A）	

（3）设计工具栏

把一个 ToolStrip 控件放在程序中，一个 TooStrip1 就出现在窗体的下面，点击 ToolStrip1 并设计各个工具栏按钮，如表 7-12 所示。

表 7-12 工具栏项目的属性

对象	类型	Name	属性
新建	Button	ToolNew	ToolTipText="新建", Image 为剪切图标
打开	Button	ToolOpen	ToolTipText="打开", Image 为打开图标
保存	Button	ToolSave	ToolTipText="保存", Image 为保存图标
另存为	Button	ToolSaveAs	ToolTipText="另存为", Image 为另存为图标
剪切	Button	ToolCut	ToolTipText="剪切", Image 为剪切图标
复制	Button	ToolCopy	ToolTipText="复制", Image 为复制图标
粘贴	Button	ToolPaste	ToolTipText="粘贴", Image 为粘贴图标
字体名称	ComboBox	ToolFont	DropDownStyle=DropDownList
字体大小	ComboBox	ToolSize	DropDownStyle=DropDown

（4）设计状态栏

把一个 StatusStrip 控件放在程序中，一个 StatusStrip1 出现在窗体的下面，点击 StatusStrip1 建立一个名称为 StatusMsg 的标签用来显示打开的文件。

（5）放置对话框

在窗体中放置打开文件对话框 openFileDialog1、保存文件对话框 saveFileDialog1、字体

对话框 fontDialog1、颜色对话框 colorDialog1，

(6) 设计用户对话框

① 设计查找窗体 SearchForm 执行菜单"项目|添加 Windows 窗体"命令，添加查找窗体 SearchForm，对话框窗体在 SearchForm 的窗体上放一个 Label、一个 TextBox、两个 Button、两个 RadioButton，设计属性如表 7-13 所示。

表 7-13 SearchForm 窗体控件属性

对象	Name	属性
窗体 Form	SearchForm	Text="查找"; MaxximumBox=false;MinimumBox=false; FormBorderStyle=FixedDialog; TopMost=true;
Label	label1	Text="查找"
Button	button1	Text="取消"; DialogResult=None
	button2	Text="查找"; DialogResult=None
TextBox	textBox1	Text=""
RadioButton	radioButton1	Text="向后"
	radioButton2	Text="向前"

② 设计替换窗体 ReplaceForm 增加 ReplaceForm 窗体，在窗体上放两个 TextBox、两个按钮 Button、两个标签 Label，设置属性如表 7-14 所示。

表 7-14 ReplaceForm 窗体控件属性

对象	Name	属性
窗体 Form	ReplaceForm	Text="替换"; MaxximumBox=false;MinimumBox=false; FormBorderStyle=FixedDialog; TopMost=true
Label	label1	Text="查找"
	label2	Text="替换"
Button	button1	Text="取消"; DialogResult=None
	button2	Text="确定"; DialogResult=None
TextBox	textBox1	Text=""
	textBox2	Text=""

③ 设计替换窗体 ReplaceForm 增加 AboutBox 窗体，在窗体上放一个 Label、一个按钮 Button，设置属性如表 7-15 所示。

表 7-15 AboutBox 窗体控件属性

对象	Name	属性
窗体 Form	AboutBox	Text="关于"; MaxximumBox=false;MinimumBox=false; FormBorderStyle=FixedDialog
Label	label1	Text="我的记事本"
Button	button1	Text="确定"; DialogResult=OK

4. 程序代码设计

(1) 设计 MainForm 类程序代码

public partial class MainForm : Form

```csharp
{
    string fileName;         //编辑的文件名称
    bool modifiedFlag = false;   //是否修改的标志
    bool startFlag = false;      //开始的标志
    public SearchForm searchDlg;    //查找窗体
    public ReplaceForm replaceDlg;  //替换窗体
    AboutBox aboutBox;       //关于窗体

    public MainForm()
    {
        InitializeComponent();
    }

    DialogResult confirm()
    {
        return MessageBox.Show("该文件已经修改，是否要保存？", "确认", Message-
BoxButtons.YesNoCancel, MessageBoxIcon.Question);
    }

    void showFileName()
    {
        //int p = fileName.LastIndexOf("\\");
        //if (p >= 0) StatusMsg.Text = fileName.Substring(p + 1);
        //else StatusMsg.Text = fileName;
        StatusMsg.Text = fileName;
    }

    private bool openFile()
    {
        bool ok=false;
        if (openFileDialog1.ShowDialog() == DialogResult.OK)
        {
            try
            {
                //打开文件，把文件名称显示在状态栏的 StatusMsg 标签上
                fileName= openFileDialog1.FileName;
                //打开文件
                StreamReader sr = new StreamReader(fileName);
                txt.Text = sr.ReadToEnd();
                sr.Close();
                modifiedFlag = false;
                showFileName();
```

```csharp
                ok = true;
            }
            catch (Exception exp) { MessageBox.Show(exp.Message); }
        }
        return ok;
    }

    private bool saveFile()
    {
        bool ok = false;
        try
        {
            //保存当前文件
            StreamWriter sw = new StreamWriter(fileName);
            sw.Write(txt.Text);
            sw.Close();
            modifiedFlag = false;
            ok = true;
        }
        catch (Exception exp) { MessageBox.Show(exp.Message); }
        return ok;
    }

    private bool saveFileAs()
    {
        bool ok = false;
        try
        {
            //文件另存
            if (saveFileDialog1.ShowDialog() == DialogResult.OK)
            {
                fileName = saveFileDialog1.FileName;
                StreamWriter sw = new StreamWriter(fileName);
                sw.Write(txt.Text);
                sw.Close();
                showFileName();
                modifiedFlag = false;
                ok = true;
            }
        }
        catch (Exception exp) { MessageBox.Show(exp.Message); }
        return ok;
```

}

private void newFile()
{
    //新建立文件
    txt.Text = ""; fileName = ""; showFileName(); modifiedFlag = false;
}

private void MenuFileNew_Click(object sender, EventArgs e)
{
    if (modifiedFlag)
    {
        //如文件已经修改过，则询问是否保存
        DialogResult ans = confirm();
        if (ans == DialogResult.Yes)
        {
            //要保存
            bool ok = false;
            if (fileName == "") ok = saveFileAs();
            else ok = saveFile();
            //保存成功后新建
            if (ok) newFile();
        }
        else if (ans == DialogResult.No) newFile();   //不保存时新建
    }
    else newFile();
}

private void MenuFileOpen_Click(object sender, EventArgs e)
{
    if (modifiedFlag)
    {
        //如文件已经修改过，则询问是否保存
        DialogResult ans = confirm();
        if (ans == DialogResult.Yes)
        {
            //要保存
            bool ok = false;
            if (fileName == "") ok = saveFileAs();
            else ok = saveFile();
            //保存成功后打开
            if (ok) openFile();

```csharp
            }
            else if (ans == DialogResult.No) openFile();    //不保存时打开
        }
        else openFile();
}

private void MenuFileSave_Click(object sender, EventArgs e)
{
        if (fileName == "") saveFileAs();
        else saveFile();
}

private void MenuFileSaveAs_Click(object sender, EventArgs e)
{
        saveFileAs();
}

private void txt_TextChanged(object sender, EventArgs e)
{
        modifiedFlag = true;
}

private void MenuFileExit_Click(object sender, EventArgs e)
{
        if (modifiedFlag)
        {
            //如文件已经修改过，则询问是否保存
            DialogResult ans = confirm();
            if (ans == DialogResult.Yes)
            {
                bool ok = false;
                if (fileName == "") ok = saveFileAs();
                else ok = saveFile();
                //保存成功后退出
                if (ok) this.Close();
            }
            else if (ans == DialogResult.No) this.Close();    //不保存时退出
        }
        else this.Close();
}

private void MenuEditCut_Click(object sender, EventArgs e)
```

```csharp
{
    txt.Cut(); //剪切
}

private void MenuEditCopy_Click(object sender, EventArgs e)
{
    txt.Copy();   //复制
}

private void MenuEditPaste_Click(object sender, EventArgs e)
{
    if (Clipboard.ContainsText()) txt.Paste();   //粘贴
}

private void ToolNew_Click(object sender, EventArgs e)
{
    MenuFileNew_Click(sender, e); //新建
}

private void ToolOpen_Click(object sender, EventArgs e)
{
    MenuFileOpen_Click(sender, e);   //打开
}

private void ToolSave_Click(object sender, EventArgs e)
{
    MenuFileSave_Click(sender,e);
}

private void ToolSaveAs_Click(object sender, EventArgs e)
{
    MenuFileSaveAs_Click(sender, e); //另存为
}

private void ToolCut_Click(object sender, EventArgs e)
{
    MenuEditCut_Click(sender, e);   //剪切
}

private void ToolCopy_Click(object sender, EventArgs e)
{
```

```csharp
            MenuEditCopy_Click(sender, e);    //复制
}

private void ToolPaste_Click(object sender, EventArgs e)
{
    MenuEditPaste_Click(sender, e);    //粘贴
}

private void ToolFont_Click(object sender, EventArgs e)
{
    if (startFlag)
    {
        try
        {
            //根据选择的字体名称与大小设置新的字体对象
            txt.Font = new Font(ToolFont.Text, int.Parse(ToolSize.Text));
        }
        catch (Exception exp) { MessageBox.Show(exp.Message); }
    }
}

private void ToolSize_Click(object sender, EventArgs e)
{
    if (startFlag)
    {
        try
        {
            //根据选择的字体名称与大小设置新的字体对象
            txt.Font = new Font(ToolFont.Text, int.Parse(ToolSize.Text));
        }
        catch (Exception exp) { MessageBox.Show(exp.Message); }
    }
}

private void MainForm_Load(object sender, EventArgs e)
{
    //获取全部系统字体，显示在 ToolFont 中
    for (int i = 0; i < FontFamily.Families.Length; i++)
        ToolFont.Items.Add(FontFamily.Families[i].Name);
    for (int i = 8; i <= 72; i += 2)
        ToolSize.Items.Add(i.ToString());
    ToolFont.SelectedIndex = 0;
```

```csharp
            ToolSize.SelectedIndex = 2;
            ToolSize.Width = 40;
            //设置文本的字体
            txt.Font = new Font(ToolFont.Text, int.Parse(ToolSize.Text));
            StatusMsg.Text = "";
            //在 ToolFont 与 ToolSize 的值确定后才设置 startFlag 为 true, 允许 Selected-
            IndexChanged 事件执行
            startFlag = true;
            newFile();
            aboutBox = new AboutBox();
            searchDlg = null;
            replaceDlg = null;
            openFileDialog1.Filter = "Text Files(*txt)|*.txt";
            openFileDialog1.FileName = "";
            saveFileDialog1.Filter = "Text Files(*txt)|*.txt";
            saveFileDialog1.FileName = "";
            saveFileDialog1.DefaultExt = "txt";
        }

        private void MainForm_FormClosing(object sender, FormClosingEventArgs e)
        {
            if (modifiedFlag)
            {
                DialogResult ans = confirm();
                if (ans == DialogResult.Yes)
                {
                    bool ok = false;
                    if (fileName == "") ok = saveFileAs();
                    else ok = saveFile();
                    e.Cancel = !ok; //e.Cancel=true 是窗体不关闭
                }
                else if (ans == DialogResult.Cancel) e.Cancel = true;
            }
        }

        private void MenuViewFont_Click(object sender, EventArgs e)
        {
            if (fontDialog1.ShowDialog() == DialogResult.OK)
            {
                Font ft = fontDialog1.Font;
                txt.Font = ft;
                //设置 ToolSize 与 ToolFont 的值
```

```csharp
            ToolSize.Text = ft.Size.ToString();
            ToolFont.SelectedIndex = ToolFont.Items.IndexOf(ft.Name);
        }
    }

    private void MenuViewColor_Click(object sender, EventArgs e)
    {
        if (colorDialog1.ShowDialog() == DialogResult.OK)
            txt.ForeColor = colorDialog1.Color;
    }
    private void MenuViewTool_Click(object sender, EventArgs e)
    {
        //显示或者隐藏工具栏
        MenuViewTool.Checked = !MenuViewTool.Checked;
        toolStrip1.Visible = MenuViewTool.Checked;
    }

    private void MenuViewStatus_Click(object sender, EventArgs e)
    {
        //显示或者隐藏状态栏
        MenuViewStatus.Checked = !MenuViewStatus.Checked;
        statusStrip1.Visible = MenuViewStatus.Checked;
    }

    private void MenuEditSearch_Click(object sender, EventArgs e)
    {
        if (searchDlg == null)
        {
            searchDlg = new SearchForm();
            searchDlg.mainDlg = this;
        }
        searchDlg.firstFlag = true;
        searchDlg.Show();
    }

    private void MenuEditReplace_Click(object sender, EventArgs e)
    {
        if (txt.Text != "")
        {
            if (replaceDlg == null)
            {
                replaceDlg = new ReplaceForm();
```

```csharp
                replaceDlg.mainDlg = this;
            }
            replaceDlg.Show();
        }
    }

    private void MenuAboutMe_Click(object sender, EventArgs e)
    {
        aboutBox.ShowDialog();
    }
}
```
(2) 设计 SearchForm 类程序代码
```csharp
public partial class SearchForm : Form
{
    public MainForm mainDlg;
    public bool firstFlag;
    public SearchForm()
    {
        InitializeComponent();
    }
    private void button2_Click(object sender, EventArgs e)
    {
        //要查找 s 字符串
        string s = textBox1.Text;
        int p = -1, q = mainDlg.txt.SelectionStart;
        if (firstFlag)
        {
            //设置查找开始位置
            if (radioButton1.Checked) mainDlg.txt.SelectionStart = 0;
            else mainDlg.txt.SelectionStart = mainDlg.txt.Text.Length;
            firstFlag = false;
        }
        else
        {
            if (radioButton1.Checked)
            {
                if (s.Length + q <= mainDlg.txt.Text.Length)
                    mainDlg.txt.SelectionStart = q + s.Length;
                else mainDlg.txt.SelectionStart = mainDlg.txt.Text.Length;
            }
        }
        q = mainDlg.txt.SelectionStart;
```

```csharp
        if (radioButton1.Checked)
        {
            //获取从目前光标往后面的子字符串
            string t = mainDlg.txt.Text.Substring(q);
            p = t.IndexOf(s);
            if (p >= 0)
            {
                mainDlg.txt.Select(q + p, s.Length);
            }
        }
        else
        {
            //获取从目前光标往前面的子字符串
            string t = mainDlg.txt.Text.Substring(0, q);
            p = t.LastIndexOf(s);
            if (p >= 0)
            {
                mainDlg.txt.Select(p, s.Length);
            }
        }
        if (p >= 0) mainDlg.txt.ScrollToCaret();  //滚动到选择文本
        else
        {
            mainDlg.txt.SelectionLength = 0;
            MessageBox.Show("没有找到指定的字符串!", "查找");
        }
    }

    private void button1_Click(object sender, EventArgs e)
    {
        Close();    //关闭窗体
    }

    private void SearchForm_FormClosing(object sender, FormClosingEventArgs e)
    {
        //在窗体关闭时必须设置 mainDlg.searchDlag 为 null，以便下次查找时重新建立
        searchDlg 对象
        mainDlg.searchDlg = null;
    }

    private void radioButton1_CheckedChanged(object sender, EventArgs e)
```

```
        {
            firstFlag = true;//重新确定查找位置
        }

        private void radioButton2_CheckedChanged(object sender, EventArgs e)
        {
            firstFlag = true;//重新确定查找位置
        }
    }
```
（3）设计 ReplaceForm 类程序代码
```
public partial class ReplaceForm : Form
{
    public MainForm mainDlg;
    public ReplaceForm()
    {
        InitializeComponent();
    }
    private void button2_Click(object sender, EventArgs e)
    {
        string s =textBox1.Text;   //查找字符串
        string t = textBox2.Text;   //替换字符串
        mainDlg.txt.Text = mainDlg.txt.Text.Replace(s, t);
    }

    private void ReplaceForm_FormClosing(object sender, FormClosingEventArgs e)
    {
        mainDlg.replaceDlg = null;
    }

    private void button1_Click(object sender, EventArgs e)
    {
        Close(); //关闭
    }
}
```

5．程序性能评述

我的记事本程序完全可以实现文本文件的编辑操作，与 Windows 系统自带的记事本程序相比功能基本一样，我的记事本程序多了一个工具栏，方便进行操作，但它少了文件打印的功能，有兴趣的读者可以再进一步完善该程序的打印功能。

练 习 题

1．编写一个程序建立一个文本文件 abc.txt，向其中写入"abc"并存盘，查看 abc.txt 是几个字节的文件，说明为什么。

2．用 Windows 记事本编写一个文本文件 xyz.txt，在其中存入"123"后打"Enter"键换行，存盘后查看文件应是 5 个字节长，用 FileStream 对象读该文件，看看要读几次能把文件读完，为什么？编写程序验证。

3．在窗体上放一个文本框 textBox1，把它设置为多行的，用文件打开对话框 OpenFileDialog 打开一个文本文件，把其内容显示在 textBox1 中。

4．用二进制文件形式把 100～199 的整数存储在磁盘文件 d:\data.dat 中，之后打开再读出这些数据。

5．用文本文件形式把 100～199 的整数存储在磁盘文件 d:\data.txt 中，之后打开再读出这些数据。

6．MenuStrip 与 ContextMenuStrip 有什么不同？

7．对话框显示成为模态与非模态有什么区别？怎么样实现？

8．设计一个窗体主菜单，一个窗体弹出菜单，一个工具栏，它们包含"红色"、"绿色"、"蓝色"的项目，执行它们分别设置窗体颜色为红色、绿色、蓝色。

9．在窗体上建立了几个 Radio Button 控件，用来设置窗体的 FormBorderStyle 属性，用一个 CheckBox 设置 TopMost 属性，用一个滚动杠设置 Opacity 属性，如图 7-20 所示。编程实现各个功能，程序运行后能够通过选择它们来改变窗体的状态。

10．用 OpenFileDialog 一次性选择磁盘上的多个图形文件，把这些文件的名称存储到一个字符串数组中，在窗体中用一个图形框 PictureBox 一次显示一个图形，并用两个按钮来显示上一张或下一张图形，从而可以前后查看这些图形，如图 7-21 所示。

图 7-20 设置窗体属性

图 7-21 显示图形

11．自己编写一个消息显示对话框，功能类似于 MessageBox，但只有一个确定按钮。

12．设计一个自己的简易颜色选择对话框，用三个 NumericUpDown 来选择红、绿、蓝三个颜色分量，组成的颜色显示在一个标签上，并有确定与取消按钮，如图 7-22 所示，测试从主程序窗体中调用这个对话框。

13．设计一个自己的简易字体选择对话框，用一个 ListBox 列出所有的系统字体类型（用 FontFamily 类的 Families 属性），另一个 ListBox 列出字体的样式，一个 Label 显示字体样本，如图 7-23 所示，测试从主程序窗体中调用这个对话框。

14．设计一个文件编码查看程序，在窗体上有一个只读多行文本框，它有一个弹出菜单，执行该菜单命令后打开文件对话框选择一个磁盘文件，就用二进制的方式读出文件的每个字节，这些字节值按每行 16 个一组显示（最后一行不一定有 16 个），每行开始是这行首字节的指针偏移位置，在显示完一行后，接着显示这一行能够对应的 ASCII 码字符，把值在 32～127 的字节转为对应的字符，其他字节值转为"."小数点，如图 7-24 所示是打开 d:\test.txt 文件的样式。

图 7-22 我的颜色对话框

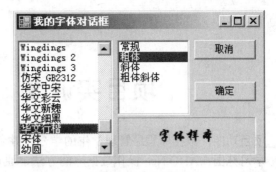
图 7-23 我的字体对话框

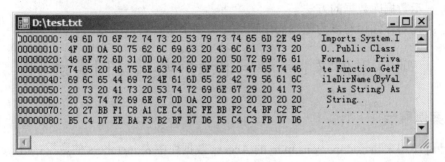
图 7-24 查看文本文件

项目实训 8 学生记录管理

项目功能：数据库程序管理学生的学号、姓名、性别、年龄、班级、照片等信息。
学习范围：ADO.Net 操作数据库的方法、通过数据访问类（Command 与 DataReader 等对象）与存储类（DataSet 与 DataAdapter 等对象）读写数据库的方法、ListView 显示数据库数据的方法。
练习内容：针对该知识与能力范围的知识练习与多个项目实训练习。

项目案例 8.1 学生记录的数据访问类读取

8.1.1 案例展示

设计程序用来显示 d:\persons.mdb 的 Access 数据库中表 members 的数据，如图 8-1 所示。

8.1.2 技术要点

1. 数据库基础

数据库（Database）是存储在计算机系统中的存储介质上，按一定的方式组织起来的相关数据的集合。数据库是结构化的，不仅仅描述数据本身，而且也对数据之间的关系进行描述。孤立的数据不能代表确切的信息，为反映某一方面的信息往往需要若干数据。数据库

图 8-1 显示 members 表数据

管理系统(Database Management System，DBMS)是数据管理软件，向用户提供了一系列的数据管理功能。一个数据库管理软件中往往管理很多数据库，一个数据库中往往又存在很多表，表与表之间存在一些关系。

（1）表（Table）

表一般都是一张二维的关系表，表中存在很多行与列，例如一个人员登记如表 8-1 所示。

表 8-1 人员记录表

姓名	性别	年龄	电话	姓名	性别	年龄	电话
黄博建	男	14	1111	赖安谷	女	3	3333
黄子昱	男	16	2222	赖尔南	男	7	4444

（2）字段（Field）

表中的列称为字段，例如表中的姓名、性别、年龄、电话等为字段，每个字段都有一些基本特性，其中重要的有以下几种。

① 名称（Name）：名称是一个字段在计算机中的标识，为了在程序应用方便，名称往往用英文形式命名。

② 类型（Type）：一个字段有特定的数据类型，例如姓名是字符串类型，年龄为整数类型，不同的字段数据类型往往不同。

③ 长度（Size）：在数据库表中，字符串类型的字段要指定长度，表示这个字段能存储的最长的字符数。

（3）记录（Record）

表中的行称为记录，一个表往往有很多记录，在人员表中一条记录表示一个人员的信息。

（4）主键（Key）

在表中一个字段或多个字段，它们的值在每个记录中是唯一的，既一个字段的值可以唯一确定一条记录，则这样的字段称为主键。例如人员表中的姓名字段是该表的主键，当姓名确定后，该人员的记录是确定的，在此表中不存在重复姓名的记录。在表中往往需要定义一个主键，数据库会为主键的字段建立一个索引，既记录按主键的值排序存放，例如人员表中姓名是主键，记录自动按姓名字符串的大小顺序自动排列存放。

2．Select 命令

Select 命令用来从一个表多个表中取出数据，这些数据组成一张二维的表，这个表就是我们看到的由字段与记录组成的表，它存储在内存中，可以通过程序的方式去读取每个记录每个字段的数据。Select 的基本命令格式如下：

Select 字段列表 From 数据库表名称 [Where 条件] [Order By 字段名称]

其中字段列表是要取出的字段，各个字段之间用逗号隔开，如要取出表中的全部字段，则可以用一个"*"符号代替。From 后的数据库表名称指定是要取出数据的是哪个表。Where 条件是可选的，如不选则表示表中所有的记录都取出来，如选择的条件，则只有满足条件的记录才被取出来。Order By 字段名称也是可选的，如进行选择，则取出来的各个记录将按指定的字段进行排序。

3．建立 Access 数据库

Access 数据库是微软提供的一个桌面数据库，简单而且功能齐全，是常用的数据库之一。C#操作各种数据库的方法大同小异，我们将以 Access 数据库为例说明数据库 C#操作数据库的基本方法。

建立一个关于人员的 Access 数据库 d:\persons.mdb，在它内部建立一张成员表 members，表中存储有姓名、性别、年龄、电话等信息，其中姓名字段 m_name 是表的主键，如表 8-2 所示。在 members 表建立后输入几条人员记录，如图 8-2 所示。

表 8-2 人员数据库 members 表

字段名称	类型	长度	说明
m_name	文本	16	姓名（主键）
m_sex	文本	2	性别
m_age	数值（长整数）		年龄
m_tel	文本	32	电话

4．放置数据库操作组件对象

C#中有一套通过 OLE 操作数据库的组件对象，它们的名称以 OleDb 开头，一般它们不在工具箱中，需要另外放置。选择工具箱的"数据"选项卡后，执行"工具|选择工具箱项"菜单命令，弹出"选择工具箱项"对话框，如图 8-3 所示。在 .Net Framework 组件中选择 OleDbConnection、OleCommand、OleDataA-

图 8-2 members 表记录

dapter、OleCommandBuilder，确定后这几个组件就出现在工具箱的"数据"选项卡中，如图 8-4 所示。在使用它们之前先简单介绍一下它们的主要应用。

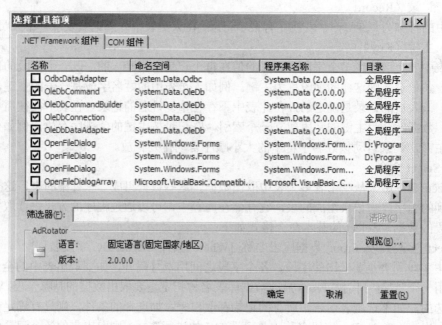

图 8-3 选择 OleDb 数据库对象

图 8-4 OleDb 对象出现在工具箱

（1）OleDbConnection 连接对象

这是一个连接数据库的对象，它有一个重要属性 ConnectionString，称为连接字符串，这个字符串指明了通过什么驱动程序连接数据库、连接数据库的名称、连接数据库所必需的一些安全信息（账户、密码）等。在指定了 ConnectionString 后，就可以调用它的 Open()方法打开连接，一旦建立起连接，就可以从数据库中读写数据，最后要调用它的 Close()方法关闭连接。

（2）OleDbCommand 命令对象

这是一个设置并执行 SQL 命令的对象，在执行 SQL 命令之前必须要明确它对哪个数据库执行 SQL 命令，因此必须通过它的 Connection 属性与一个 OleDBConnection 对象相连接，这样它的一切 SQL 命令操作就针对它连接的 OleDBConnection 对象指定的数据库了。

这个对象的 SQL 命令存储在它的 CommandText 属性中，这个 SQL 命令可以是一个 Select、Insert、Delete、Update 等的常规 SQL 命令，也可以是一个存储过程命令，为了区别是什么类型，要用到它的另外一个属性 CommandType，CommandType 有几个特定的值，表明 CommandText 中的 SQL 命令是什么类型。

在 SQL 命令指定好后，接下来就可以通过它的 ExecuteReader、ExecuteNonQuery 等方法执行该 SQL 命令。ExecuteReader 用来执行一条 Select 的查询命令，并返回一个查询结果数据集，这个数据集是一个 OleDbDataReader 对象，它实际上就是一张二维的数据库表，通过 OleDbDataReader 就可以读取表中的数据了。ExecuteNonQuery 方法用来执行 Insert、Update、

Delete 等数据修改命令,它返回被修改的记录数。

这种用 OleDbConnection 类与 OleDbCommand 类的对象访问数据库,用 OleDbDataReader 类对象读数据的访问方式称为数据访问类读取方式。

8.1.3 程序设计

1. 界面设计

(1) 开始一个 Windows 程序,在工具箱中找到 OleDbConnection,把它放在窗体上。OleDbConnection 是一个运行时不可见的对象,因此在设计窗体下面看见一个 oleDbConnection1 的对象。同样的方法再放一个 OleDbCommand 对象,它的名称是 oleDbCommand1。

(2) 选择 OleDbConnection1 对象,在属性窗体中设置它的 ConnectionString 属性,新建连接,打开一个"添加连接"对话框,选择数据源为"Microsoft Access 数据库文件 (OLE DB)",选择一个 Access 数据库 d:\persons.mdb,如图 8-5 所示。Access 数据库不需要用户名称与密码,这些项目设置为空。在设置过程中,可以通过点击"测试连接"来查看是否连接成功。

(3) 设置好数据库后点击确定关闭"添加连接"对话框,在属性窗体的 oleDbConnecton1 的 ConnectionString 属性中出现一个字符串,把它复制出来,内容基本如下:

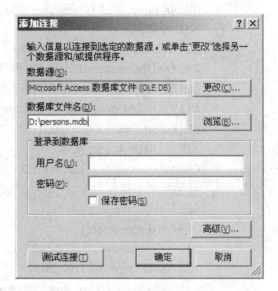

图 8-5 建立数据库连接

Provider=Microsoft.Jet.OLEDB.4.0;Data Source=D:\persons.mdb

这个字符串由两个部分组成,它们用分号隔开。第一部分指定数据库驱动程序的提供者 (Provider) 是 Microsoft.Jet.OLEDB.4.0,这是一个专门驱动 Access 数据库的程序,不同的数据库有不同的驱动程序;第二部分指定数据源 (Data Source) 是 d:\persons.mdb 数据库,由于 Access 是一个桌面数据库,因此数据源中带有数据库所在的文件夹的信息。

一般来讲连接字符串往往还包含其他更多的信息,例如对 MS SQL Server 数据库除了指定驱动程序、数据源外,还指定用户的账户、密码等。

(4) 为了简单显示 persons 数据库中 members 表的记录数据,在窗体上再放一个文本框与一个按钮 Button,设置各个对象的属性如表 8-3 所示。

表 8-3 属性设置

控件	名称	属性
窗体	Form1	Text="查询数据库数据"
文本框	textBox1	Text="" ,ScrollBars=Vertical MultiLine=True, ReadOnly=True
按钮	button1	Text="查询"
连接对象	oleDbConnection1	
命令对象	oleDbCommand1	

2. 代码设计

根据数据库连接的方法与建立数据集合的方法，编写程序如下：

```csharp
private void Form1_Load(object sender, EventArgs e)
{
    try
    {
        //建立连接字符串
        string s = "Provider=Microsoft.Jet.OLEDB.4.0;Data Source=D:\\persons.mdb";
        oleDbConnection1.ConnectionString = s;
        //打开数据库
        oleDbConnection1.Open();
        //把 OleDbCommand1 连接到 OleDbConnection1
        oleDbCommand1.Connection = oleDbConnection1;
        //设置 OleDbCommand1 的 CommandText 为 Select 命令
        oleDbCommand1.CommandText = "select * from members order by m_name";
        //建立 OleDbReader 对象
        OleDbDataReader reader = oleDbCommand1.ExecuteReader();
        //循环读数据库
        int i=1;
        while (reader.Read())
        {
            s=s+"记录"+i.ToString()+": ";
            s =s+ reader["m_name"].ToString() + "," +
            reader["m_sex"].ToString() + "," +
            reader["m_age"].ToString() + "," +
            reader["m_tel"].ToString();
            textBox1.AppendText(s + "\r\n");
        }
        //关闭 reader 对象
        reader.Close();
        //关闭数据库
        oleDbConnection1.Close();
    }
    catch (Exception exp) { textBox1.AppendText(exp.Message); }
}
```

下面对程序进行说明：

（1）System.Data.OleDb 命名空间

在程序中用到一个 OleDbDataReader 对象，它在 System.Data.OleDB 命名空间中说明，因此程序开始要引入 System.Data.OleDb 命名空间。

（2）连接数据库

连接数据库通过设置 oleDbConnection1 的 ConnectionString 连接字符串来连接，该字符串可以通过属性窗体自动产生，之后可以把它复制到程序中来应用。如连接字符串没有什么问题，则调用 oleDbConnection1.Open()就可以建立连接。

（3）设置 SQL 命令对象

设置 SQL 命令对象 oleDbCommand1 的 Connection 为 oleDbConnection1，让它与 d:\persons.mdb 数据库关联，设置 oleDbCommand1 的 CommandText 为查询 members 表所有记录的命令"select * from members order by m_name"，结果按姓名排序。并同时设置 oleDbCommand1 的 CommandType 为 CommandType.Text，表明这个 CommandText 命令是一个一般的 SQL 文本命令。

（4）执行 SQL 查询命令

在 oleDbCommand1 的 SQL 命令设置好后，调用它的 ExecuteReader()方法可以执行该命令，它返回一个 OleDbDataReader 类对象 reader。reader 实际上就是 SELECT 命令返回的一张二维表或称为记录集，这个表存储在内存中，通过 OleDbDataReader 的方法可以读取记录集的数据。

（5）读记录集数据

第一次调用 OleDbDataReader 的 read()方法把记录指针指向第一条记录，通过它的 reader["m_name"]方法获取 m_name 字段的具体值（它为"黄博建"），用同样的方法可以获取 m_sex、m_tel 等文本字段的值。当一条记录读完后，用 read()方法再把记录移动到下一条记录继续读取，因此读记录是一个循环的过程。当最后一条记录读完后再次调用 read()方法，记录指针指向结尾，read()返回值为 false，循环结束。如图 8-6 所示为记录指针的位置变化过程。

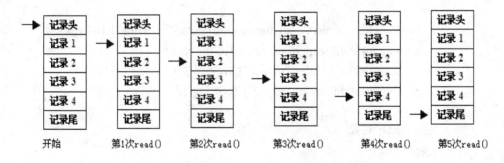

图 8-6 循环读记录的过程

（6）关闭数据库

数据库与文件一样，操作完后要关闭，首先关闭 reader 对象，再关 oleDbConnection1 对象。

8.1.4 模拟训练

设计程序用一个 ListView 控件显示 persons.mdb 数据库表 members 的数据，如图 8-7 所示。

实际上该程序与本案例子的程序十分相似，只是读出的数据放在一个 ListView 控件中显示而已，参考程序如下：

```
private void Form1_Load(object sender,
EventArgs e)
{
```

图 8-7 members 表数据

```csharp
try
{
    listView1.Columns.Add("姓名");
    listView1.Columns.Add("性别");
    listView1.Columns.Add("年龄");
    listView1.Columns.Add("电话");
    //建立连接字符串
    string s = "Provider=Microsoft.Jet.OLEDB.4.0;Data Source=D:\\persons.mdb";
    oleDbConnection1.ConnectionString = s;
    //打开数据库
    oleDbConnection1.Open();
    //把 OleDbCommand1 连接到 OleDbConnection1
    oleDbCommand1.Connection = oleDbConnection1;
    //设置 OleDbCommand1 的 CommandText 为 Select 命令
    oleDbCommand1.CommandText = "select * from members order by m_name";
    //建立 OleDbReader 对象
    OleDbDataReader reader = oleDbCommand1.ExecuteReader();
    //循环读数据库
    while (reader.Read())
    {
        ListViewItem lt=listView1.Items.Add(reader["m_name"].ToString());
        lt.SubItems.Add(reader["m_sex"].ToString());
        lt.SubItems.Add(reader["m_age"].ToString());
        lt.SubItems.Add(reader["m_tel"].ToString());
    }
    //关闭 reader 对象
    reader.Close();
    //关闭数据库
    oleDbConnection1.Close();
}
catch (Exception exp) { MessageBox.Show(exp.Message); }
```

8.1.5 应用拓展

C#提供多种操作数据库的对象与方法，主要有连接数据库对象 DbConnection，命令对象 DbCommand，数据库适配器对象 DbAdapter，数据读取对象 DbDataReader 对象等。所有的操作数据库的对象都定义在 System.Data 的命名空间中，这些数据库对象的名称都以"Db"开始。

通过 OLE 方式访问数据库，有一套名称以"OleDb"开始对象，例如 OleDbConnection 数据库连接对象，OleDbCommand 数据库命令对象，OleDbDataReader 读取数据的对象等，这一类数据库操作对象定义在 System.Data.OleDb 的命名空间中。这一章我们将通过 OLE 访问 Access 数据库，因此用到的都是这一类的对象。

如是访问 MS SQL Server 数据库，有一套在 System.Data.SqlClient 命令空间中定义的以"Sql"命名开始的对象，例如连接 SQL Server 数据库的对象 SqlConnection，命令对象 SqlCommand，数据读取对象 SqlDataReader 等。

如是通过 ODBC 访问数据库，则访问的一组对象定义在 System.Data.Odbc 命名空间中，这些对象的名称以"Odbc"开头，例如 OdbcConnection 为连接对象，OdbcCommand 为命令对象，数据读取对象 OdbcDataReader 等。

无能采取什么方式访问数据库，基本的原理是大同小异的。因此读者只要先掌握其中一种，其他的就触类旁通了。通过上面的实例，可以看到访问数据的方法。如图 8-8 所示为访问数据库的模型。在图中可以看到用 OLE 访问数据库一般用到三个对象，总结起来有下面几个过程。

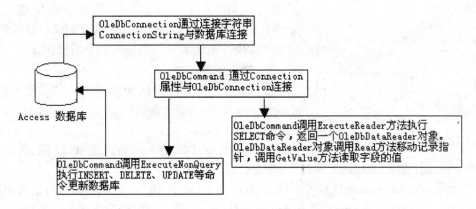

图 8-8　访问数据库的模型

1．连接数据库

连接数据库是通过 OleDbConnection 来完成的，OleDbConnection 的 ConnectionString 指定了要连接的是什么数据库，是用的什么驱动程序，如有必要还表明了连接数据库必须的账户、密码等其他信息。这个连接字符串一般可以通过对话框自动产生，产生的字符串直接可以复制到程序代码中应用。

2．连接命令对象

OleDbConnection 对象只负责连接数据库，但不能执行 SQL 命令，要执行 SQL 命令必须通过 OleDbCommand 对象来完成。OleDbCommand 执行的 SQL 命令显然要针对某个数据库，因此要通过 OleDbCommand 的 Connection 属性把 OleDbCommand 对象与 OleDbConnection 对象连接。

3．执行数据库查询命令

OleDbCommand 命令可以执行各种 SQL 命令，如果要执行的为 SELECT 数据库查询命令，则应调用 ExecuteReader 方法，该方法把 SELECT 命令提交给数据库系统执行，并返回一个 SELECT 执行后的出席结果记录集。该记录集是一张二维的表格，以 OleDbDataReader 对象的形式返回。OleDbDataReader 对象调用 Read 方法把记录指针一步步往后移动，在移动的同时可以调用 GetValue 等方法来读取各个字段的值。

4．执行数据库更新命令

OleDbCommand 如要执行数据库更新命令 INSERT、DELETE、UPDATE 等，就应该调用 ExecuteNonQuery 方法，该方法把相应的命令提交给数据库系统执行，并返回执行后受影响的行数。

项目案例 8.2 学生记录的数据访问类更新

8.2.1 案例展示

设计程序用 ListView 显示 d:\persons.mdb 数据库的 members 表数据，并实现数据记录的增加的功能，如图 8-9 所示。

图 8-9 增加记录

8.2.2 技术要点

更新数据库可以通过 OleDbCommand 对象执行 INSERT、DELETE、UPDATE 等命令来完成。通过 persons.mdb 数据库的增加记录、删除记录、修改记录等功能的实现，向读者介绍数据库的更新操作。

1．插入记录

插入记录用 INSERT 的 SQL 语句，如设连接对象是 oleDbConnection1，命令对象是 oleDbCommand1，则插入记录过程如下：

（1）用 oleDbConnection1 连接数据库，设置 oleDbCommand1 的 Connection 属性为 oleDbConnection1；

（2）设置 oleDbCommand1 的 CommandText 为 INSERT 命令，表明要插入的记录的数据；

（3）执行 oleDbCommand1 的 ExecuteNonQuery 命令，正常情况下插入一条记录，在插入成功后该函数应该返回 1。

例如在 d:\persons.mdb 数据库的 members 表中插入一条记录，姓名、性别、年龄、电话的值分别为 x_name、x_sex、x_age、x_tel，则程序主要如下：

```
//连接
oleDbConnection1.Open();
//leDbCommand1 与 OledbConnection1 连接
oleDbCommand1.Connection = oleDbConnection1;
//oleDbCommand1 的 SQL 命令
oleDbCommand1.CommandText = "insert into members values ('"
+ x_name + "','" + x_sex + "'," + x_age + ",'" + x_tel + "')"
if(oleDbCommand1.ExecuteNonQuery()==1) //数据库增加记录成功
else //数据库增加记录失败
```

2．修改记录

修改记录用 UPDATE 的 SQL 语句，如设连接对象是 oleDbConnection1，命令对象是 oleDbCommand1，则修改记录过程如下：

（1）用 oleDbConnection1 连接数据库，设置 oleDbCommand1 的 Connection 属性为 oleDbConnection1；

（2）设置 oleDbCommand1 的 CommandText 为 UPDATE 命令，表明要修改的记录的数据；

（3）执行 oleDbCommand1 的 ExecuteNonQuery 命令，返回修改的记录数目。

例如在 d:\persons.mdb 数据库的 members 表中更新姓名为 x_name 的记录，性别、年龄、电话的值分别修改为 x_sex、x_age、x_tel，则程序主要如下：

//打开连接

oleDbConnection1.Open()

//把 oleDbCommand1 与 OledbConnection1 连接

oleDbCommand1.Connection = oleDbConnection1

//设置 oleDbCommand1 的 SQL 命令

oleDbCommand1.CommandText = "update members set m_sex='" +

x_sex + "',m_age=" + x_age + ",m_tel='" + x_tel +

"' where m_name='" + x_name + "'"

if(oleDbCommand1.ExecuteNonQuery()==1) //数据库增加记录成功

else //数据库增加记录失败

3．删除记录

删除记录用 DELETE 的 SQL 语句，如设连接对象是 oleDbConnection1，命令对象是 oleDbCommand1，则删除记录过程如下：

（1）用 oleDbConnection1 连接数据库，设置 oleDbCommand1 的 Connection 属性为 oleDbConnection1；

（2）设置 oleDbCommand1 的 CommandText 为 DELETE 命令,表明要删除的记录的条件；

（3）执行 oleDbCommand1 的 ExecuteNonQuery 命令，返回删除的记录数目。

例如在 d:\persons.mdb 数据库的 members 表中删除姓名为 x_name 的记录，则程序主要如下：

//连接

oleDbConnection1.Open()

//leDbCommand1 与 OledbConnection1 连接

oleDbCommand1.Connection = oleDbConnection1

//oleDbCommand1 的 SQL 命令

oleDbCommand1.CommandText = "delete from members where m_name='"

+ x_name + "'"

if(oleDbCommand1.ExecuteNonQuery()==1) //数据库删除记录成功

else //数据库删除记录失败

8.2.3 程序设计

1．界面设计

在 Form1 中放一个 OleDbConnection 对象、一个 OleDbCommand 对象、一个按钮 Button、一个 ListView，三个 Label、三个 TextBox 及两个 RadioButton，设置属性如表 8-4 所示。

表 8-4 属性设置

控　件	名　称	属　性
窗体	Form1	Text="更新数据库"
ListView	listView1	View=Details HideSelection=false
Button	button1	Text="增加"
Label	label1	Text="姓名"
Label	label2	Text="年龄"
Label	label3	Text="电话"

续表

控件	名称	属性
TextBox	textBox1~textBox3	Text=""
RadioButton	RadioButton1	Text="男"
	radioButton2	Text="女"

2. 代码设计

程序中设计 ShowData 函数用来把数据库表的数据显示在 listView1 控件上，在程序启动的 Form1_Load 中设置数据库连接并显示数据，在增加数据记录的函数 button1_Click 中不需要再连接数据库，因为数据库没有关闭，仍然处于连接状态，在窗体关闭的函数 Form1_FormClosing 函数中才关闭数据库，程序设计如下：

```
private void ShowData()
{
    try
    {
        listView1.Items.Clear();
        //设置 oleDbCommand1 的 CommandText 为 Select 命令
        oleDbCommand1.CommandText = "select * from members order by m_name";
        //建立 OleDbReader 对象
        OleDbDataReader reader = oleDbCommand1.ExecuteReader();
        //循环读数据库
        while (reader.Read())
        {
            ListViewItem lt = listView1.Items.Add(reader["m_name"].ToString());
            lt.SubItems.Add(reader["m_sex"].ToString());
            lt.SubItems.Add(reader["m_age"].ToString());
            lt.SubItems.Add(reader["m_tel"].ToString());
        }
        //关闭 reader 对象
        reader.Close();
    }
    catch (Exception exp) { MessageBox.Show(exp.Message); }
}

private void Form1_Load(object sender, EventArgs e)
{
    try
    {
        listView1.Columns.Add("姓名");
        listView1.Columns.Add("性别");
        listView1.Columns.Add("年龄");
        listView1.Columns.Add("电话");
        //建立连接字符串
        string s = "Provider=Microsoft.Jet.OLEDB.4.0;Data Source=D:\\persons.mdb";
```

```csharp
            oleDbConnection1.ConnectionString = s;
            //打开数据库
            oleDbConnection1.Open();
            //把 oleDbCommand1 连接到 oleDbConnection1
            oleDbCommand1.Connection = oleDbConnection1;
            ShowData();
        }
        catch (Exception exp) { MessageBox.Show(exp.Message); }
    }

    private void button1_Click(object sender, EventArgs e)
    {
        try
        {
            string x_name = textBox1.Text;
            string x_sex = (radioButton1.Checked ? "男" : "女");
            int x_age = int.Parse(textBox2.Text);
            string x_tel = textBox3.Text;
            //设置 oleDbCommand1 的 CommandText 为 Insert 命令
            oleDbCommand1.CommandText = "insert into members values ('"+ x_name + "','" + x_sex + "'," + x_age.ToString() + ",'" + x_tel + "')";
            if (oleDbCommand1.ExecuteNonQuery() == 1) ShowData();
        }
        catch (Exception exp) { MessageBox.Show(exp.Message); }
    }

    private void Form1_FormClosing(object sender, FormClosingEventArgs e)
    {
        try
        {
            //关闭数据库
            oleDbConnection1.Close();
        }
        catch (Exception exp) { MessageBox.Show(exp.Message); }
    }
```

执行该程序，可以向数据库表增加一条记录，注意如果增加的记录是已经存在的，则由于数据库表的主键不能有重复的值，程序会自动抛出一个异常，这样就保证了不能增加重复键值的记录。

8.2.4 模拟训练

更新与删除记录的方法与增加记录的几乎一样，在程序中再增加一个"更新"按钮 button2 与一个"删除"按钮 button3，实现对数据库的更新与删除功能，如图 8-10 所示。

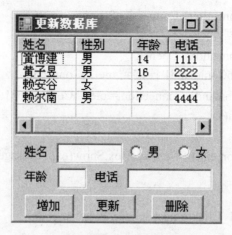

图 8-10 更新数据库

编写更新与删除程序如下：

```
private void button2_Click(object sender, EventArgs e)
{
    //更新
    try
    {
        //判断选择的记录
        if (listView1.SelectedItems.Count > 0)
        {
            string x_name = listView1.SelectedItems[0].Text;
            string x_sex = (radioButton1.Checked ? "男" : "女");
            int x_age = int.Parse(textBox2.Text);
            string x_tel = textBox3.Text;
            //设置 oleDbCommand1 的 CommandText 为 update 命令
            oleDbCommand1.CommandText = "update members set m_sex='" +
            x_sex + "',m_age=" + x_age + ",m_tel='" + x_tel +
            "' where m_name='" + x_name+"'";
            if (oleDbCommand1.ExecuteNonQuery() == 1) ShowData();
        }
    }
    catch (Exception exp) { MessageBox.Show(exp.Message); }
}

private void button3_Click(object sender, EventArgs e)
{
    //删除
    try
    {
```

```csharp
        //判断选择的记录
        if (listView1.SelectedItems.Count > 0)
        {
            string x_name = listView1.SelectedItems[0].Text;
            //设置 oleDbCommand1 的 CommandText 为 delete 命令
            oleDbCommand1.CommandText = "delete from members where m_name='"+ x_name + "'";
            if (oleDbCommand1.ExecuteNonQuery() == 1) ShowData();
        }
    }
    catch (Exception exp) { MessageBox.Show(exp.Message); }
}
```

更新数据库记录是针对某一个姓名的记录进行的，因此只能更新其性别、年龄、电话等数据，不能更新其姓名数据。

8.2.5 应用拓展

实例中的程序在每次更新数据库数据后都要从数据库中重新读取全部数据然后进行显示，这在数据库数据不是很多的情况下是可行的，但对于数据库数据很多时显然是费事的。实际上每次更新的只是一条记录，因此没必要每次都去读取全部数据，在更新后只要维持显示控件 listView1 中的数据与数据库数据一致就可以了。

例如在增加一条记录时如果增加成功，则把这条记录插到 listView1 中。由于数据库表中的数据是按姓名顺序排序的，为了在 listView1 中也保证数据按姓名顺序，只要设置 listView1 的 Sorting 属性为 Ascending，在增加记录后让这条记录插在一个顺序的位置。

改进后的程序如下：

```csharp
private void button1_Click(object sender, EventArgs e)
{
    //增加
    try
    {
        string x_name = textBox1.Text;
        string x_sex = (radioButton1.Checked ? "男" : "女");
        int x_age = int.Parse(textBox2.Text);
        string x_tel = textBox3.Text;
        //设置 oleDbCommand1 的 CommandText 为 Insert 命令
        oleDbCommand1.CommandText = "insert into members values ('" + x_name + "','" + x_sex + "'," + x_age.ToString() + ",'" + x_tel + "')";
        if (oleDbCommand1.ExecuteNonQuery() == 1)
        {
            //成功后在 listView1 中增加该记录
            ListViewItem lt = listView1.Items.Add(x_name);
            lt.SubItems.Add(x_sex);
            lt.SubItems.Add(x_age.ToString());
```

```csharp
                    lt.SubItems.Add(x_tel);
                    //设置该记录被选择
                    lt.Selected = true;
                }
            }
            catch (Exception exp) { MessageBox.Show(exp.Message); }
        }

        private void button2_Click(object sender, EventArgs e)
        {
            //更新
            try
            {
                //判断选择的记录
                if (listView1.SelectedItems.Count > 0)
                {
                    string x_name = listView1.SelectedItems[0].Text;
                    string x_sex = (radioButton1.Checked ? "男" : "女");
                    int x_age = int.Parse(textBox2.Text);
                    string x_tel = textBox3.Text;
                    //设置 oleDbCommand1 的 CommandText 为 update 命令
                    oleDbCommand1.CommandText = "update members set m_sex='" +x_sex +
                        "',m_age=" + x_age + ",m_tel='" + x_tel + "' where m_name='"   + x_name+"'";
                    if (oleDbCommand1.ExecuteNonQuery() == 1)
                    {
                        //成功后在 listView1 中更新该记录
                        ListViewItem lt=listView1.SelectedItems[0];
                        lt.SubItems[1].Text = x_sex;
                        lt.SubItems[2].Text = x_age.ToString();
                        lt.SubItems[3].Text = x_tel;
                    }
                }
            }
            catch (Exception exp) { MessageBox.Show(exp.Message); }
        }

        private void button3_Click(object sender, EventArgs e)
        {
            //删除
            try
            {
```

```
            //判断选择的记录
            if (listView1.SelectedItems.Count > 0)
            {
                string x_name = listView1.SelectedItems[0].Text;
                //设置 oleDbCommand1 的 CommandText 为 delete 命令
                oleDbCommand1.CommandText = "delete from members where m_name='"+ x_name + "'";
                if (oleDbCommand1.ExecuteNonQuery() == 1)
                {
                    ListViewItem lt=listView1.SelectedItems[0];
                    lt.Remove();
                }
            }
        }
        catch (Exception exp) { MessageBox.Show(exp.Message); }
}
```

相比之下,这组程序在每次增加记录、更新记录及删除记录时只对数据库中的一条记录作了相应的操作,在成功后也只针对这条记录在显示控件 listView1 上作操作,因此执行效率比前面一组的增加、更新、删除的程序效率高。

项目案例 8.3　学生记录的数据存储类读取

8.3.1　案例展示

设计程序用数据表 DataTable 缓存 d:\persons.mdb 数据库的 members 表数据,然后显示出来,如图 8-11 所示。

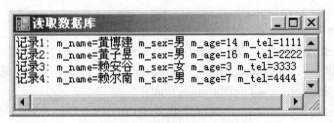

图 8-11　读取数据库表数据

8.3.2　技术要点

1. OleDbConnection 类

OleDbConnection 类负责建立连接数据库的对象,在工具栏中有一个 OleDbConnection 的对象,可以把它放置在窗体上,这样就建立了一个 OleDbConnection 对象,默认名称为 oleDbConnction1。如不在设计期间建立 OleDbConnection 对象,那么在程序执行期间也可以用 OleDbConnection 的构造函数建立连接对象,例如建立连接 c:\persons.mdb 数据库的连接对象程序如下:

OleDbConnection con=new OleDbConnection();
con.ConnectionString="Provider=Microsoft.Jet.OLEDB.4.0;Data Source=D:\\persons.mdb";
con.Open();

如果我们选择用程序的方式来动态建立 OleDbConnection 对象，那么就不用在设计期间放置 OleDbConnection 控件了。

2．OleDbDataAdapter 类

OleDbDataAdapter 类是连接数据库与内存数据集合的桥梁，OleDbDataAdapter 通过一个 SELECT 的 SQL 命令从连接的数据库中取出一张表格，把该表格的数据直接存储在一个 DataTable 表格对象中，既把数据库表的数据缓冲到内存中。

在建立 OleDbDtataAdapter 对象时必须先建立 OleDbConnection 对象，通过 OleDbConnection 对象连接数据库，当数据库连接后通过 OleDbConnection 对象来建立 OleDbDataAdapter 对象，并为 OleDbDataAdapter 对象指定一个 SELECT 命令，这样 OleDbDataAdapter 对象就知道从什么数据库中的什么表中取出数据了，程序一般如下：

OleDbConnection con=new OleDbConnection();
con.ConnectionString="Provider=Microsoft.Jet.OLEDB.4.0;Data Source=D:\\persons.mdb";
con.Open();
OleDbDataAdapter adapter=new OleDbDataAdapter("select * from members order by x_name",con);

建立 OleDbDataAdapter 对象需要两个参数，一个参数是 SELECT 命令，指示从什么表中取出数据，第二个参数指示它连接到什么数据库，这样 OleDbDataAdapter 的对象 adapter 就从 d:\persons.mdb 数据库的 members 表中取出数据。

3．DataTable 表格

DataTable 是一个二维的表格类，一个 DataTable 的对象对应一张内存中的二维表格。表由行与列组成，可以自己定义表的行列结构，然后用数据填充这张表，但大多数情况下该表是由数据库的表来建立的，整个表格对象就是数据库表的内存映射。

DataTbale 的对象建立十分简单，例如：

DataTable dt=new DataTable();

就建立了一个 DataTable 对象 d。但注意此时该对象是一张空表，没有行列的结构，更没有任何数据。可以把数据库中的一张表格填充到 dt 对象中，使它成为数据库表的内存映射。如把 d:\persons.mdb 数据库的 members 表存储在 DataTable 对象 dt 中，程序一般如下：

OleDbConnection con=new OleDbConnection();
con.ConnectionString="Provider=Microsoft.Jet.OLEDB.4.0;Data Source=D:\\persons.mdb";
con.Open();
OleDbDataAdapter adapter=new OleDbDataAdapter("select * from members order by x_name",con);
DataTable dt=new DataTable();
adapter.Fill(dt);

其中 adapter.Fill(dt)的作用就是 adapter 把从数据库中获取的整个 members 表格填充到一个 DataTable 对象 dt 中，这样 dt 对象就是这张 members 表的一个内存映射了，结构与数据都与 members 表完全一样。

DataTable 的对象 dt 获取数据后，dt.Rows 是表中行的集合，其中有 dt.Rows.Count 条记

录。dt.Rows[i]是第 i 条记录，i=0,1,2,…，第一条记录是 dt.Rows[0]，每条记录对象都是一个 DataRow 对象，通过 dt.Rows[i]["字段名称"]可以得到序号为 i 的记录的对应的字段值，该值是一个 object 对象，一般需要把它转为对应的实际数据类型。

dt.Columns 是表中的列的集合，dt.Columns.Count 是列的数目，dt.Columns[i]是序号为 i 的列，i=0,1,…，每个 dt.Columns[i]都是一个 DataColumn 对象，DataColumn 对象中重要的属性是该列的名称 ColumnName，这个值往往是该数据库表字段的名称。

从 DataTable 的对象 dt 中获取各个记录的不同字段值的程序如下：

```
OleDbConnection con;
OleDbDataAdapter adapter;
DataTable dt;
con = new OleDbConnection();
con.ConnectionString = "Provider=Microsoft.Jet.OLEDB.4.0;Data Source=D:\\persons.mdb";
//连接数据库
con.Open();
//从数据库获取 members 表格及数据
adapter = new OleDbDataAdapter("select * from members order by m_name", con);
dt = new DataTable();
//填充 DataTable 对象 dt
adapter.Fill(dt);
string s = "";
for (int i = 0; i < dt.Rows.Count; i++)
{
    //获取行对象
    DataRow row = dt.Rows[i];
    for (int j = 0; j < dt.Columns.Count; j++)
    {
        //获取列对象
        DataColumn column = dt.Columns[j];
        /*
          row[i][j]或者 row[i][column.ColumnName]是记录序号 i 的这条记录中
          对应字段名称为 column.ColumnName 的字段值
        */
    }
}
con.Close();
```

这种用 OleDbConnection 类与 OleDbDataAdapter 类对象访问数据库，用 DataTable 对象来缓存数据库表的方式称为数据存储类访问方式。

8.3.3 程序设计

1. 界面设计

在窗体 Form1 上放一个文本框 TextBox，设置属性如表 8-5 所示。

表 8-5 属性设置

控件	名称	属性
窗体	Form1	Text="查询数据库数据"
文本框	textBox1	Text="" ,ScrollBars=Vertical MultiLine=True, ReadOnly=True

2. 代码设计

根据 OleDbDataAdapter 与 DataTable 类的原理，编写程序如下：

```
private void Form1_Load(object sender, EventArgs e)
    {
        try
        {
            OleDbConnection con;
            OleDbDataAdapter adapter;
            DataTable dt;
            con = new OleDbConnection();
            con.ConnectionString = "Provider=Microsoft.Jet.OLEDB.4.0;Data Source=D:\\persons.mdb";
            //连接数据库
            con.Open();
            //从数据库获取 members 表格及数据
            adapter = new OleDbDataAdapter("select * from members order by m_name ", con);
            dt = new DataTable();
            //填充 DataTable 对象 dt
            adapter.Fill(dt);
            string s = "";
            for (int i = 0; i < dt.Rows.Count; i++)
            {
                //获取行对象
                DataRow row = dt.Rows[i];
                s = s + "记录" + (i + 1).ToString() + ": ";
                for (int j = 0; j < dt.Columns.Count; j++)
                {
                    //获取列对象
                    DataColumn column = dt.Columns[j];
                    s = s + column.ColumnName + "=" + row[j].ToString() + " ";
                }
                s = s + "\r\n";
            }
            //显示结果
            textBox1.Text = s;
            //关闭连接
```

                con.Close();
            }
            catch (Exception exp) { MessageBox.Show(exp.Message); }
        }
    }

执行该程序后程序读出了每条记录中每个字段的数据,效果如图 8-11 所示。

8.3.4 模拟训练

设计程序用一个 DataTable 对象缓冲 d:\persons.mdb 数据库中表 members 的数据,并用一个 ListView 显示控件显示这些数据,如图 8-12 所示。

实际上该程序与本案例的程序十分相似,只是读出的数据放在一个 ListView 控件中显示而已,参考程序如下:

图 8-12 members 表数据

```
private void Form1_Load(object sender, EventArgs e)
{
    try
    {
        OleDbConnection con;
        OleDbDataAdapter adapter;
        DataTable dt;
        con = new OleDbConnection();
        con.ConnectionString ="Provider=Microsoft.Jet.OLEDB.4.0;Data Source=D:\\persons.mdb";
        adapter = new OleDbDataAdapter("select * from members order by m_name", con);
        dt = new DataTable();
        adapter.Fill(dt);
        for (int i = 0; i < dt.Columns.Count; i++)
        {
            DataColumn dc = dt.Columns[i];
            string s = dc.ColumnName.ToLower();
            if(s=="m_name") s="姓名";
            else if(s=="m_sex") s="性别";
            else if(s=="m_age") s="年龄";
            else s="电话";
            listView1.Columns.Add(s);
        }
        for(int i=0;i<dt.Rows.Count;i++)
        {
            DataRow dr = dt.Rows[i];
            ListViewItem lt = listView1.Items.Add(dr["m_name"].ToString());
            lt.SubItems.Add(dr["m_sex"].ToString());
```

```
                    lt.SubItems.Add(dr["m_age"].ToString());
                    lt.SubItems.Add(dr["m_tel"].ToString());
                }
                con.Close();

            }
            catch (Exception exp) { MessageBox.Show(exp.Message); }
        }
```

8.3.5 应用拓展

把数据填充到 DataTable 对象后，数据是存储在内存中的，这时数据与数据库可以完全脱钩，下面的程序演示了这个脱钩关系，在数据库关闭连接后仍然能获取 DataTable 对象的数。

```
private void Form1_Load(object sender, EventArgs e)
{
    try
    {
        OleDbConnection con;
        OleDbDataAdapter adapter;
        DataTable dt;
        con = new OleDbConnection();
        con.ConnectionString = "Provider=Microsoft.Jet.OLEDB.4.0;Data Source=D:\\persons.mdb";
        //连接数据库
        con.Open();
        //从数据库获取 members 表格及数据
        adapter = new OleDbDataAdapter("select * from members order by m_name", con);
        dt = new DataTable();
        //填充 DataTable 对象 dt
        adapter.Fill(dt);
        //关闭连接
        con.Close();
        string s = "";
        for (int i = 0; i < dt.Rows.Count; i++)
        {
            //获取行对象
            DataRow row = dt.Rows[i];
            s = s + "记录" + (i + 1).ToString() + ": ";
            for (int j = 0; j < dt.Columns.Count; j++)
            {
                //获取列对象
                DataColumn column = dt.Columns[j];
                s = s + column.ColumnName + "=" + row[j].ToString() + " ";
```

```
        }
            s = s + "\r\n";
    }
    //显示结果
    textBox1.Text = s;
}
catch (Exception exp) { MessageBox.Show(exp.Message); }
```

因此这种用 DataTable 缓冲数据的方法与前面介绍的用 OleDbCommand 对象把数据取到 OleDbDataAdapter 对象的方法不同，读取到 OleDbDataAdapter 对象中的数据只能向前一条一条地移动记录指针读取记录，不能回头重复读取记录，既数据集没有可以随意调整位置的记录指针，不能随机读取任意一条想要读的记录。但读取到 DataTable 对象的数据是对数据库数据的内存缓冲，可以随意地调整记录指针读任何一条记录，因此如果要对数据库表进行反复的操作，用 DataTable 缓冲数据的方法会方便很多。当然用 DataTable 缓冲数据的方法会消耗比较多的计算机内存资源，尤其是数据库表的数据比较多时就比较明显，但这样做换来的好处是更方便地操作每条记录的数据。

项目案例 8.4 学生记录的数据存储类更新

8.4.1 案例展示

设计程序用数据表 DataTable 缓存 d:\persons.mdb 数据库的 members 表数据，然后实现数据记录的增加功能，如图 8-13 所示。

图 8-13 增加记录

8.4.2 技术要点

1. OleDbCommandBuilder 类

如果数据表的数据是通过 DataTable 来缓冲数据的，程序在操作数据库数据时就没必要直接面向真正的数据库，而是直接面向它的内存中数据表，一切对数据记录的增加、修改、删除等操作都只发生在内存的 DataTable 数据库表对象中，并没有立即对数据库进行更新。如果要把这些修改永远写回到数据库，则系统再根据 DataTable 的每行的状态自动生成对应的 SQL 命令，把数据写回数据库，实现数据库的真正更新。

能完成数据更新的对象是 OleDbDataAdapter, 它根据 DataTable 对象各个记录的状态产生一个个对应的 SQL 命令，向数据库发送 SQL 命令进行更新。要让 OleDbDataAdapter 对象能够向数据库发送 INSERT、UPDATE、DELETE 等数据库更新命令，就必须让这个对象具有这些命令的对象。

在建立 OleDbDataAdapter 时往往只提供了一个 SELECT 命令并建立对象，程序并没有提供 INSERT,DELETE 及 UPDATE 等必要的 SQL 命令来建立对象，要建立这些命令对象还必须使用 OleDbCommandBuilder 类，OleDbCommandBuilder 的作用是在现有的 OleDbDataAdapter 对象中 SELECT 命令对象的基础上建立相对应的 INSERT,DELETE,UPDATE 命令对象，建立的方法十分简单，只要提供 OleDbDataAdapter 对象，用 OleDbCommandBuilder 的构造函数建立一个 OleDbCommandBuilder 对象就完成了，例如：

OleDbConnection con = new OleDbConnection();
con.ConnectionString = "Provider=Microsoft.Jet.OLEDB.4.0;Data Source=D:\\persons.mdb";
//连接数据库
con.Open();
//从数据库获取 members 表格及数据
OleDbDataAdapter adapter = new OleDbDataAdapter("select * from members order by m_name", con);
//建立 OleDbCommandBuilder 对象
OleDbCommandBuilder builder=new OleDbCommandBuilder(adapter);
DataTable dt=new DataTable();
adapter.Fill(dt);
//对 dt 修改……
//更新数据库
adapter.Update(dt);

当 OleDbCommandBuilder 对象 builder 建立好后，就在 OleDbDataAdapter 的对象 adapter 中建立了完整的 INSERT、UPDATE、DELETE 等数据库更新命令，用 adapter.Update(dt)命令实现对数据库的更新。

2．增加记录

增加记录的基本步骤是：

（1）用 dt.NewRow()来建立一个新的 DataRow 行对象 row；
（2）设置该行对象 row 的字段值；
（3）通过 dt.Rows.Add(row)把这个行对象加入到 dt.Rows 集合中；
（4）调用 adapter.Update(dt)完成增加。

对 members 表增加记录的具体的程序一般如下：

//x_name,x_sex,x_age,x_tel 是要增加的记录数据
DataRow row = dt.NewRow();   //建立新的 DaataRow 对象
row["m_name"] = x_name;
row["m_sex"] = x_sex;
row["m_age"] = x_age;
row["m_tel"] = x_tel;
dt.Rows.Add(row); //增加到 dt.Rows 集合
adapter.Update(dt);   //更新数据库

3．更新记录

更新记录的基本步骤是：

（1）确定一条 row=dt.Rows[i]记录对象 row，其中 i 是要更新的记录的序号；
（2）设置该行对象 row 的字段值；
（3）调用 adapter.Update(dt)完成增加。

对 members 表的记录进行修改的具体的程序一般如下：

//其中 i 是要更新的记录的序号
//x_sex,x_age,x_tel 是要更新的记录数据
DataRow row=dt.Rows[i];
row["m_sex"] = x_sex;

row["m_age"] = x_age;
row["m_tel"] = x_tel;
adapter.Update(dt); //更新数据库
其中 m_name 是数据库的主键，这里不进行更新。

4．删除记录

删除记录的基本步骤是：
（1）确定一条 row=dt.Rows[i]记录对象 row，其中 i 是要删除的记录的序号；
（2）用 row.Delete()删除该记录；
（3）调用 adapter.Update(dt)完成增加。
对 members 表的记录进行删除的具体的程序一般如下：
//其中 i 是要编辑的记录的序号
DataRow row=dt.Rows[i];
row.Delete(); //删除记录
adapter.Update(dt);   //更新数据库

5．更新数据库

如果数据表的数据是通过 DataTable 来缓冲数据的，我们做的一切增加、删除、修改等操作都在 DataTable 对象 dt 中进行，dt 对象的每行都会记录该行的状态信息。如该行是新增加的，则这行的状态就是增加状态；如该行是被修改过，则该行的状态就是修改状态；如该行是被删除的，则该行的状态是删除状态，处于删除状态的行一般是不显示的，但在 DataTable 的对象中是存在的，只是不显示而已；如该行没有被改动过，则这行处于未改动状态。

OleDbDataAdapter 使用 Update 方法完成把 DataTable 对象的数据写回数据库，既：
adapter.Update(dt);
该语句执行时会把 dt 中处于增加状态的行用 INSERT 命令增加到数据库，把 dt 中处于修改状态的行用 UPDATE 命令修改数据库中对应的行，把 dt 中处于删除状态的行用 DELETE 命令从数据库中把对应记录删除，在 adapter.Update(dt)命令执行完成后，dt 的记录自动刷新成与实际数据库表一样的结构与数据，完成更新操作。

8.4.3 程序设计

1．界面设计

在 Form1 中放一个按钮 Button、一个 ListView、三个 Label、三个 TextBox 及两个 RadioButton，设置属性如表 8-6 所示。

表 8-6 属性设置

控件	名称	属性
窗体	Form1	Text="更新数据库"
ListView	listView1	View=Details HideSelection=false
Button	button1	Text="增加"
Label	label1	Text="姓名"
	label2	Text="年龄"
	label3	Text="电话"
TextBox	textBox1~textBox3	Text=""
RadioButton	radioButton1	Text="男"
	radioButton2	Text="女"

2. 代码设计

根据 OleDbDataAdapter 与 DataTable 类更新数据库表记录的原理，编写程序如下：

```csharp
public partial class Form1 : Form
{
    OleDbConnection con;
    OleDbDataAdapter adapter;
    OleDbCommandBuilder builder;
    DataTable dt;

    public Form1()
    {
        InitializeComponent();
    }

    private void Form1_Load(object sender, EventArgs e)
    {
        try
        {
            con = new OleDbConnection();
            con.ConnectionString = "Provider=Microsoft.Jet.OLEDB.4.0;Data Source=D:\\persons.mdb";
            //连接数据库
            con.Open();
            //从数据库获取 members 表格及数据
            adapter = new OleDbDataAdapter("select * from members order by m_name", con);
            dt = new DataTable();
            //填充 DataTable 对象 dt
            adapter.Fill(dt);
            for (int i = 0; i < dt.Columns.Count; i++)
            {
                DataColumn dc = dt.Columns[i];
                string s = dc.ColumnName.ToLower();
                if (s == "m_name") s = "姓名";
                else if (s == "m_sex") s = "性别";
                else if (s == "m_age") s = "年龄";
                else s = "电话";
                listView1.Columns.Add(s);
            }
            for (int i = 0; i < dt.Rows.Count; i++)
            {
                DataRow dr = dt.Rows[i];
```

```csharp
                ListViewItem lt = listView1.Items.Add(dr["m_name"].ToString());
                lt.SubItems.Add(dr["m_sex"].ToString());
                lt.SubItems.Add(dr["m_age"].ToString());
                lt.SubItems.Add(dr["m_tel"].ToString());
            }
            //建立 OleDbCommandBuilder 对象
            builder= new OleDbCommandBuilder(adapter);
        }
        catch (Exception exp) { MessageBox.Show(exp.Message); }
}

private void button1_Click(object sender, EventArgs e)
{
    //增加
    try
    {
        string x_name = textBox1.Text;
        for(int i=0;i<listView1.Items.Count;i++)
            if (x_name == listView1.Items[i].Text)
            {
                MessageBox.Show("该记录已经存在!"); return;
            }
        string x_sex = (radioButton1.Checked ? "男" : "女");
        int x_age = int.Parse(textBox2.Text);
        string x_tel = textBox3.Text;
        DataRow row = dt.NewRow();
        row["m_name"] = x_name;
        row["m_sex"] = x_sex;
        row["m_age"] = x_age;
        row["m_tel"] = x_tel;
        dt.Rows.Add(row);
        //更新数据库
        adapter.Update(dt);
        //成功后在 listView1 中增加该记录
        ListViewItem lt = listView1.Items.Add(x_name);
        lt.SubItems.Add(x_sex);
        lt.SubItems.Add(x_age.ToString());
        lt.SubItems.Add(x_tel);
        //设置该记录被选择
        lt.Selected = true;
    }
    catch (Exception exp) { MessageBox.Show(exp.Message); }
```

```csharp
        }
        private void Form1_FormClosing(object sender, FormClosingEventArgs e)
        {
            //关闭连接
            con.Close();
        }
    }
```

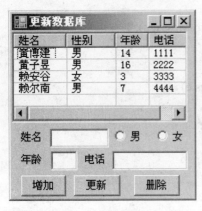

图 8-14 更新数据库

执行该程序就可以完成向数据库表 members 增加记录，效果与前面用 OleDbCommand 直接执行 INSERT 命令的方法的一样。

8.4.4 模拟训练

修改本案例的程序，再增加一个"更新"按钮 button2 与一个"删除"按钮 button3，实现对数据库的更新与删除功能，如图 8-14 所示。

编写更新与删除程序如下：

```csharp
private void button2_Click(object sender, EventArgs e)
{
    //更新
    try
    {
        //判断选择的记录
        if (listView1.SelectedItems.Count > 0)
        {
            string x_name = listView1.SelectedItems[0].Text;
            string x_sex = (radioButton1.Checked ? "男" : "女");
            int x_age = int.Parse(textBox2.Text);
            string x_tel = textBox3.Text;
            int i;
            for (i = 0; i < dt.Rows.Count; i++)
                if (dt.Rows[i]["m_name"].ToString().Trim() == x_name) break;
            if(i<dt.Rows.Count)
            {
                DataRow row=dt.Rows[i];
                row["m_sex"] = x_sex;
                row["m_age"] = x_age;
                row["m_tel"] = x_tel;
                adapter.Update(dt); ;
                //成功后在 listView1 中更新该记录
                ListViewItem lt = listView1.SelectedItems[0];
                lt.SubItems[1].Text = x_sex;
                lt.SubItems[2].Text = x_age.ToString();
```

```csharp
                lt.SubItems[3].Text = x_tel;
            }
        }
    }
    catch (Exception exp) { MessageBox.Show(exp.Message); }
}


private void button3_Click(object sender, EventArgs e)
{
    //删除
    try
    {
        //判断选择的记录
        if (listView1.SelectedItems.Count > 0)
        {
            string x_name = listView1.SelectedItems[0].Text;
            int i;
            for (i = 0; i < dt.Rows.Count; i++)
                if (dt.Rows[i]["m_name"].ToString().Trim() == x_name) break;
            if (i < dt.Rows.Count)
            {
                dt.Rows[i].Delete();
                adapter.Update(dt);
                ListViewItem lt=listView1.SelectedItems[0];
                lt.Remove();
            }
        }
    }
    catch (Exception exp) { MessageBox.Show(exp.Message); }
}
```

8.4.5 应用拓展

用 DataTable 对象缓冲数据库数据的模型如图 8-15 所示，这个方法与前面直接使用 OleDbCommand 与 OleDbDataReader 对象访问数据库的方法有些不同。用 DataTable 对象缓冲数据库数据时，所有的增加、删除、修改数据库的操作都是在该 DataTable 对象上进行的，没有立即反映到真正的数据库中，要把这些更改都写回到数据库中就必须再调用 OleDbDataAdapter 对象的 Update 方法。

另外有一点还要明确的是，一般 OleDbDataAdapter 取出的数据库表数据不只是一个表，可以是多个表，这种情况下这些数据表往往要缓冲到一个 DataSet 的数据集对象中。DataSet 对象实际上是多个 DataTable 对象的集合，在一个 DataSet 对象中包含多个 DataTable 对象，这种情况对于复杂的数据库是很有用的，因为一个复杂的数据库中有很多表，表与表之间有很多联系，DataSet 对象不但能缓冲这些表，而且能维护这些表之间的联系。关于这方面的知识已经超出本书的介绍范围，有兴趣的读者可以学习更多关于 ADO.Net 的编程知识。

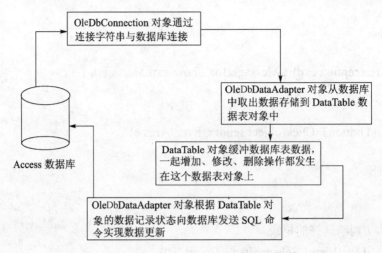

图 8-15　数据存储类方式访问数据库模型

在本案例的程序中我们采用的是每增加、修改或者删除一条记录，就调用 adapter.Update(dt)更新一次数据库，这样更新数据库的工作是频繁发生的。实际上 DataTable 对象 dt 已经对数据进行了缓冲，所有的数据改动也都缓冲在 dt 对象中，因此可以考虑在程序关闭时才使用 adapter.Update(dt) 语句更新数据库，这样的效率会更高些，读者可以尝试修改一下该程序，在程序关闭时才使用 adapter.Update(dt) 语句更新数据库。

实训 8　学生信息管理程序

1．程序功能简介

该程序可以管理学生的基本信息，可以增加、删除、修改学生记录，在程序启动时显示出所有学生的姓名、性别、年龄、电话。在记录区点鼠标右键弹出记录管理快捷菜单，效果如图 8-16 所示。

执行"增加记录"命令后弹出另一个对话框窗体用于增加记录，可以填写要增加的记录数据，点"确定"后新记录数据将增加到数据库中，同时也增加到显示控件中。执行"编辑记录"命令后弹出另一个对话框窗体用于编辑记录，对话框窗体中姓名是不可以修改的，其它数据可以修改，点"确定"后新数据将更新到数据库中，同时也更新到显示控件中。执行"删除记录"命令则会在数据库及显示列表框中删除所选择的记录，如图 8-17 所示。

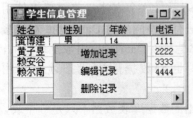

　　图 8-16　学生信息管理　　　　　　　图 8-17　增加与修改记录对话框

2．数据库设计

设计一个 d:\persons.mdb 的 Access 数据库，如表 8-7 所示。

表 8-7 Access 数据库

字段名称	类型	长度	说明
m_name	文本	16	姓名（主键）
m_sex	文本	2	性别
m_age	数值（长整数）		年龄
m_tel	文本	32	电话

3．程序界面设计

开始一个 Windows 程序，把窗体名称改为 mainform，在窗体 mainform 上放一个 ListView 对象、一个 ContextMenuStrip 对象，用一个弹出式菜单建立"增加记录"、"删除记录"、"修改记录"的菜单项目，设置各个对象的属性如表 8-8 所示。

表 8-8 属性设置

控件	名称	属性
窗体	Mainform	Text="学生信息管理"
ListView	listView1	View=Details Sorting=Ascending ContextMenuStrip=ContextMenuStrip1
菜单项目	InsertMenuItem	Text="增加记录"
菜单项目	DeleteMenuItem	Text="删除记录"
菜单项目	EditMenuItem	Text="编辑记录"

执行"项目|添加 Windows 窗体"菜单命令，增加一个 Form2.vb 在解决方案资源管理器中，把对应的 Form2 改名为 DataForm，在此窗体上放三个文本框 TextBox，两个选择按钮 RadioButton，两个按钮 Button，三个标签 Label，设置各个对象的属性如表 8-9 所示，设计好的程序界面如图 8-18 所示。

表 8-9 属性设置

控件	名称	属性
窗体	DataForm	Text="学生记录"
文本框	txtName	Text=""
文本框	txtAge	Text=""
文本框	txtTel	Text=""
标签	lbname	Text="姓名"
标签	lbage	Text="年龄"
标签	lbtel	Text="电话"
选择按钮	rdMale	Text="男"
选择按钮	rdFemale	Text="女"
按钮	button1	Text="取消" DialogResult=Cancel
按钮	button2	Text="确定" DialogResult=OK

4．程序代码设计

程序为了能在 mainform 中访问到 DataForm 的 txtName、txtAge、txtTel 及 rdMale 与

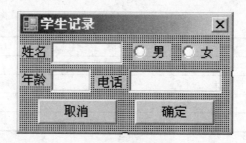

图 8-18 学生记录窗体

rdFemale 的控件，必须把它们修改为 public 声明，既把：

    private System.Windows.Forms.RadioButton rdFemale;
    private System.Windows.Forms.RadioButton rdMale;
    private System.Windows.Forms.TextBox txtTel;
    private System.Windows.Forms.TextBox txtAge;
    private System.Windows.Forms.TextBox txtName;

修改为：

    public System.Windows.Forms.RadioButton rdFemale;
    public System.Windows.Forms.RadioButton rdMale;
    public System.Windows.Forms.TextBox txtTel;
    public System.Windows.Forms.TextBox txtAge;
    public System.Windows.Forms.TextBox txtName;

实现学生信息管理可以用两种方法编写程序，一种是用 OleDbDataReader 及 OleDbCommand 直接操作数据库的形式，另一种形式是通过 OleDbDataAdapter 获取数据并由 DataTable 缓冲数据，最后又由 OleDbDataAdapter 对象发送 SQL 命令更新数据库。

（1）程序一，应用 OleDbCommand

这个程序中数据修改数据由 OleDbDataReader 读出，修改数据库的动作由 OleDbCommand 直接发送 SQL 命令到数据库完成。编写的全程序如下：

```
ublic partial class mainform : Form
{
    OleDbConnection con;
    OleDbCommand cmd;
    DataForm dlg;

    public mainform()
    {
        InitializeComponent();
    }

    private void ShowData()
    {
        try
        {
```

```csharp
            listView1.Items.Clear();
            //设置 cmd 的 CommandText 为 Select 命令
            cmd.CommandText = "select * from members order by m_name";
            //建立 OleDbReader 对象
            OleDbDataReader reader = cmd.ExecuteReader();
            //循环读数据库
            while (reader.Read())
            {
                ListViewItem lt = listView1.Items.Add(reader["m_name"].ToString());
                lt.SubItems.Add(reader["m_sex"].ToString());
                lt.SubItems.Add(reader["m_age"].ToString());
                lt.SubItems.Add(reader["m_tel"].ToString());
            }
            //关闭 reader 对象
            reader.Close();
        }
        catch (Exception exp) { MessageBox.Show(exp.Message); }
    }

    private void mainform_Load(object sender, EventArgs e)
    {
        try
        {
            con=new OleDbConnection();
            cmd=new OleDbCommand();
            listView1.Columns.Add("姓名");
            listView1.Columns.Add("性别");
            listView1.Columns.Add("年龄");
            listView1.Columns.Add("电话");
            //建立连接字符串
            string s = "Provider=Microsoft.Jet.OLEDB.4.0;Data Source=D:\\persons.mdb";
            con.ConnectionString = s;
            //打开数据库
            con.Open();
            //把 cmd 连接到 con
            cmd.Connection = con;
            ShowData();
            listView1.ContextMenuStrip = contextMenuStrip1;
            dlg = new DataForm();
        }
        catch (Exception exp) { MessageBox.Show(exp.Message); }
```

```csharp
            }

        private void InsertMenuItem_Click(object sender, EventArgs e)
        {
            //增加
            dlg.txtName.Text = "";
            dlg.txtName.ReadOnly = false;
            dlg.rdMale.Checked = true;
            dlg.rdFemale.Checked = false;
            dlg.txtAge.Text = "";
            dlg.txtTel.Text = "";
            if (dlg.ShowDialog() == DialogResult.OK)
            {
                try
                {
                    string x_name = dlg.txtName.Text;
                    string x_sex = (dlg.rdMale.Checked ? "男" : "女");
                    int x_age = int.Parse(dlg.txtAge.Text);
                    string x_tel = dlg.txtTel.Text;
                    //设置 cmd 的 CommandText 为 Insert 命令
                    cmd.CommandText =" insert into members values ('"+
                      x_name + "','" + x_sex + "'," + x_age.ToString() + ",'" + x_tel + "')";
                    if (cmd.ExecuteNonQuery() == 1)
                    {
                        //成功后在 listView1 中增加该记录
                        ListViewItem lt = listView1.Items.Add(x_name);
                        lt.SubItems.Add(x_sex);
                        lt.SubItems.Add(x_age.ToString());
                        lt.SubItems.Add(x_tel);
                        //设置该记录被选择
                        lt.Selected = true;
                    }
                }
                catch (Exception exp) { MessageBox.Show(exp.Message); }
            }
        }

        private void EditMenuItem_Click(object sender, EventArgs e)
        {
            //编辑
            if (listView1.SelectedItems.Count > 0)
            {
```

```csharp
                        ListViewItem lt = listView1.SelectedItems[0];
                        dlg.txtName.Text = lt.SubItems[0].Text;
                        dlg.txtName.ReadOnly = true;
                        dlg.rdMale.Checked = (lt.SubItems[1].Text == "男" ? true : false);
                        dlg.rdFemale.Checked = (lt.SubItems[1].Text == "男" ? false : true);
                        dlg.txtAge.Text = lt.SubItems[2].Text;
                        dlg.txtTel.Text = lt.SubItems[3].Text;
                        if (dlg.ShowDialog() == DialogResult.OK)
                        {
                            try
                            {
                                string x_name = dlg.txtName.Text;
                                string x_sex = (dlg.rdMale.Checked ? "男" : "女");
                                int x_age = int.Parse(dlg.txtAge.Text);
                                string x_tel = dlg.txtTel.Text;
                                //设置 cmd 的 CommandText 为 update 命令
                                cmd.CommandText = "update members set m_sex='" + x_sex +
                                    "',m_age=" + x_age + ",m_tel='" + x_tel + "' where m_name='" + x_name + "'";
                                if (cmd.ExecuteNonQuery() == 1)
                                {
                                    //成功后在 listView1 中更新该记录
                                    lt.SubItems[1].Text = x_sex;
                                    lt.SubItems[2].Text = x_age.ToString();
                                    lt.SubItems[3].Text = x_tel;
                                }
                            }
                            catch (Exception exp) { MessageBox.Show(exp.Message); }
                        }
                    }
                }

                private void DeleteMenuItem_Click(object sender, EventArgs e)
                {
                    //删除
                    try
                    {
                        //判断选择的记录
                        if (listView1.SelectedItems.Count > 0)
                        {
                            string x_name = listView1.SelectedItems[0].Text;
                            //设置 cmd 的 CommandText 为 delete 命令
```

```
                    cmd.CommandText = "delete from members where m_name='"+x_name+"'";
                    if (cmd.ExecuteNonQuery() == 1)
                    {
                        ListViewItem lt = listView1.SelectedItems[0];
                        lt.Remove();
                    }
                }
            }
            catch (Exception exp) { MessageBox.Show(exp.Message); }
        }
    }
```

（2）程序二，用 DataTable 缓冲

这个程序采用 DataTable 缓冲数据的形式，用 OleDbDataAdapter 读出数据，存储到一个 DataTable 对象中，对数据库的一切更新先在 DataTable 对象中进行，之后由 OleDbCommandBuilder 帮助 OleDbDataAdapter 对象建立必要的数据库更新的 SQL 命令，由 OleDbDataAdapter 对象调用 Update 方法完成更新。编写的全程序如下：

```
public partial class mainform : Form
{
    OleDbConnection con;
    OleDbDataAdapter adapter;
    OleDbCommandBuilder builder;
    DataTable dt;
    DataForm dlg;

    public mainform()
    {
        InitializeComponent();
    }

    private void InsertMenuItem_Click(object sender, EventArgs e)
    {
        //增加
        dlg.txtName.Text = "";
        dlg.txtName.ReadOnly = false;
        dlg.rdMale.Checked = true;
        dlg.rdFemale.Checked = false;
        dlg.txtAge.Text = "";
        dlg.txtTel.Text = "";
        if (dlg.ShowDialog() == DialogResult.OK)
        {
            try
```

```csharp
            {
                string x_name = dlg.txtName.Text;
                string x_sex = (dlg.rdMale.Checked ? "男" : "女");
                int x_age = int.Parse(dlg.txtAge.Text);
                string x_tel = dlg.txtTel.Text;
                for(int i=0;i<listView1.Items.Count;i++)
                    if (x_name == listView1.Items[i].Text)
                    {
                        MessageBox.Show("该记录已经存在!"); return;
                    }
                DataRow row = dt.NewRow();
                row["m_name"] = x_name;
                row["m_sex"] = x_sex;
                row["m_age"] = x_age;
                row["m_tel"] = x_tel;
                dt.Rows.Add(row);
                //更新数据库
                adapter.Update(dt);
                //成功后在 listView1 中增加该记录
                ListViewItem lt = listView1.Items.Add(x_name);
                lt.SubItems.Add(x_sex);
                lt.SubItems.Add(x_age.ToString());
                lt.SubItems.Add(x_tel);
                //设置该记录被选择
                lt.Selected = true;
            }
            catch (Exception exp) { MessageBox.Show(exp.Message); }
    }

}

private void EditMenuItem_Click(object sender, EventArgs e)
{
    //编辑
    if (listView1.SelectedItems.Count > 0)
    {
        ListViewItem lt = listView1.SelectedItems[0];
        dlg.txtName.Text = lt.SubItems[0].Text;
        dlg.txtName.ReadOnly = true;
        dlg.rdMale.Checked = (lt.SubItems[1].Text == "男" ? true : false);
        dlg.rdFemale.Checked = (lt.SubItems[1].Text == "男" ? false : true);
        dlg.txtAge.Text = lt.SubItems[2].Text;
```

```csharp
                    dlg.txtTel.Text = lt.SubItems[3].Text;
                    if (dlg.ShowDialog() == DialogResult.OK)
                    {
                        try
                        {
                            string x_name = dlg.txtName.Text;
                            string x_sex = (dlg.rdMale.Checked ? "男" : "女");
                            int x_age = int.Parse(dlg.txtAge.Text);
                            string x_tel = dlg.txtTel.Text;
                            int i;
                            for (i = 0; i < dt.Rows.Count; i++)
                                if (dt.Rows[i]["m_name"].ToString().Trim() == x_name) break;
                            if (i < dt.Rows.Count)
                            {
                                DataRow row = dt.Rows[i];
                                row["m_sex"] = x_sex;
                                row["m_age"] = x_age;
                                row["m_tel"] = x_tel;
                                adapter.Update(dt); ;
                                //成功后在 listView1 中更新该记录
                                lt = listView1.SelectedItems[0];
                                lt.SubItems[1].Text = x_sex;
                                lt.SubItems[2].Text = x_age.ToString();
                                lt.SubItems[3].Text = x_tel;

                            }
                        }
                        catch (Exception exp) { MessageBox.Show(exp.Message); }
                    }
                }
            }

            private void DeleteMenuItem_Click(object sender, EventArgs e)
            {
                //删除
                try
                {
                    //判断选择的记录
                    if (listView1.SelectedItems.Count > 0)
                    {
                        string x_name = listView1.SelectedItems[0].Text;
                        int i;
```

```csharp
                for (i = 0; i < dt.Rows.Count; i++)
                    if (dt.Rows[i]["m_name"].ToString().Trim() == x_name) break;
                if (i < dt.Rows.Count)
                {
                    dt.Rows[i].Delete();
                    adapter.Update(dt);
                    ListViewItem lt = listView1.SelectedItems[0];
                    lt.Remove();
                }
            }
        }
        catch (Exception exp) { MessageBox.Show(exp.Message); }
    }

    private void mainform_Load(object sender, EventArgs e)
    {
        try
        {
            con = new OleDbConnection();
            con.ConnectionString = "Provider=Microsoft.Jet.OLEDB.4.0;Data Source=D:\\persons.mdb";
            //连接数据库
            con.Open();
            //从数据库获取 members 表格及数据
            adapter = new OleDbDataAdapter("select * from members order by m_name", con);
            dt = new DataTable();
            //填充 DataTable 对象 dt
            adapter.Fill(dt);
            for (int i = 0; i < dt.Columns.Count; i++)
            {
                DataColumn dc = dt.Columns[i];
                string s = dc.ColumnName.ToLower();
                if (s == "m_name") s = "姓名";
                else if (s == "m_sex") s = "性别";
                else if (s == "m_age") s = "年龄";
                else s = "电话";
                listView1.Columns.Add(s);
            }
            for (int i = 0; i < dt.Rows.Count; i++)
            {
                DataRow dr = dt.Rows[i];
```

```csharp
            ListViewItem lt = listView1.Items.Add(dr["m_name"].ToString());
            lt.SubItems.Add(dr["m_sex"].ToString());
            lt.SubItems.Add(dr["m_age"].ToString());
            lt.SubItems.Add(dr["m_tel"].ToString());
        }
        //建立 OleDbCommandBuilder 对象
        builder = new OleDbCommandBuilder(adapter);
        dlg = new DataForm();
    }
    catch (Exception exp) { MessageBox.Show(exp.Message); }
}
```

5. 程序功能评述

如果应用"程序一"的方法进行数据的增加与修改，在数据输入不正确时可能会出现错误。因为 OleDbCommand 对象直接使用 INSERT 与 UPDATE 命令，这些命令是由字符串直接组织成的，例如 INSERT 命令：

cmd.CommandText =" insert into members values ('"+
x_name + "','" + x_sex + "'," + x_age.ToString() + ",'" + x_tel + "')";

该命令在正常输入的姓名、性别、年龄、电话时是可以正常执行的，但如输入的值包含一些特殊符号，例如输入姓名、性别、年龄、电话的值是 xxx、男、20、86'755'12345678，其中电话包含单引号，这个 INSERT 命令就会变为：

cmd.CommandText =" insert into members values ('xxx','男',20,'86'755'12345678')";

这个 INSERT 命令出现混乱，导致命令不正确，执行时会出现错误。

但同样的输入如采用"程序二"则不会出现错误，因为 OleDbDataAdapter 对象采用的 INSERT 命令不是简单地用字符串组成的，而是用命令参数 OleDbParameter 来组织的，对于任何输入都可以接受，程序的健壮性好得多。

实际上"程序一"也可以修改为采用 OleDbParameter 命令参数的方法，就可以接受任何字符串输入，不会再出现类似错误。关于用命令参数 OleDbParameter 的使用方法比较复杂，超出了本书的介绍范围，有兴趣的读者可以学习更多关于 ADO.Net 的编程知识。

练 习 题

1. 简述 OleDbConnection 中连接字符串中的常见组成部分与每部分的功能。
2. 简述 OleDbCommand 对象的作用。
3. 简述 OleDbDataReader 的作用，怎么样用 OleDbDataReader 读出每个字段的值？OleDbDataReader 采用什么方式向前移动读记录？
4. 用 OleDbCommand 来更新数据库时，怎么样组织编写更新数据库的 SQL 命令？
5. 简述用 OleDbCommand 来更新数据库时，如果更新的数据比较复杂，例如要写入数据库的字符串中有特殊字符，则组织编写更新数据库的 SQL 命令是比较苦难的，举例简述。
6. 简述 OleDbDataReader 与 DataTable 的差异。
7. 简述 OleDbDataAdapter 怎么样从数据库表中读到数据填充到一个 DataTable 对象中。

8. 简述 DataTable 对象怎么样缓冲数据库表的数据。
9. 简述怎么样在 DataTable 中增加记录、修改记录、删除记录。
10. 简述怎么样用 OleDbDataAdapter 根据 DataTable 的对象来更新数据库？
11. 在用 DataTable 对象缓冲数据库数据表的过程中，DataTable 对象 dt 的 Rows 集合中有一个 RemoveAt 函数是用来删除一行的，例如 dt.Rows.RemoveAt(0)表示删除行集合中的第一行，编写一个程序测试用这种方法是否可以用来删除对应数据库表的一行记录，说明为什么。
12. 修改项目 8 的程序，以便演示 OleDbDataAdapter 对象更新数据库时的过程。在项目 8 中的主窗体界面上放一个文本框 textBox1，在 mainform_Load 中加入 OleDbDataAdapter 对象 adapter 的 RowUpdating 事件函数，RowUpdating 事件是在更新数据库时触发的事件，编写程序如下：

```
private void mainform_Load(object sender, EventArgs e)
{
    try
    {
        con = new OleDbConnection();
        con.ConnectionString = "Provider=Microsoft.Jet.OLEDB.4.0;Data Source=D:\\persons.mdb";
        //连接数据库
        con.Open();
        //从数据库获取 members 表格及数据
        adapter = new OleDbDataAdapter("select * from members order by m_name", con);
        dt = new DataTable();
        //填充 DataTable 对象 dt
        adapter.Fill(dt);
        for (int i = 0; i < dt.Columns.Count; i++)
        {
            DataColumn dc = dt.Columns[i];
            string s = dc.ColumnName.ToLower();
            if (s == "m_name") s = "姓名";
            else if (s == "m_sex") s = "性别";
            else if (s == "m_age") s = "年龄";
            else s = "电话";
            listView1.Columns.Add(s);
        }
        for (int i = 0; i < dt.Rows.Count; i++)
        {
            DataRow dr = dt.Rows[i];
            ListViewItem lt = listView1.Items.Add(dr["m_name"].ToString());
            lt.SubItems.Add(dr["m_sex"].ToString());
            lt.SubItems.Add(dr["m_age"].ToString());
            lt.SubItems.Add(dr["m_tel"].ToString());
```

```csharp
        }
        //建立 OleDbCommandBuilder 对象
        builder = new OleDbCommandBuilder(adapter);
        dlg = new DataForm();
        //RowUpdating 事件是在更新数据库时触发的事件
        adapter.RowUpdating+=new
OleDbRowUpdatingEventHandler(adapter_RowUpdating);
    }
    catch (Exception exp) { MessageBox.Show(exp.Message); }
}

void adapter_RowUpdating(object sender, OleDbRowUpdatingEventArgs e)
{
    //RowUpdating 事件是在更新数据库时触发的事件
    //e.Command 是向数据库发送的 SQL 命令对象
    if (e.Command != null)
    {
        string s = e.Command.CommandText;
        textBox1.AppendText(s + "\r\n");
    }
}
```

程序的其他部分保持不变，执行该程序时可以看到当增加一条记录时，adapter 向数据库发送一条 INSERT 命令，修改记录时发送 UPDATE 命令，删除记录时发送 DELETE 命令，这些命令一般带有命令参数，如图 8-19 所示。

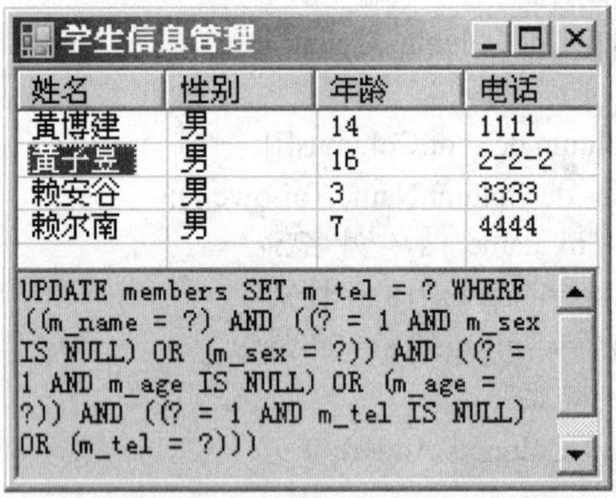

图 8-19 OleDbDataAdapter 对象更新数据库

综合实训 我的日记本

"我的日记本"是一个用于编写日记的程序,每个日期可以用文本编写一个日记主题,其日记的详细内容用富文本 RichText 控件编写,因此可以编写格式化的日记。日记中可以有图片等,使日记内容丰富多彩,有很强的趣味性与实用性。

程序可以管理各个日期的日记,可以增加、删除、修改日记记录,在程序启动时显示出所有日期与其主题的列表,在右边显示当前选择日期的日记内容,效果如图 1 所示。

执行"新建"命令后弹出另一个对话框窗体用于新建一个日期的日记记录,如图 2 所示,可以填写对应的主题,"确定"后新记录数据将增加到数据库中,同时也增加到显示控件中。执行"删除"命令则会在数据库及显示列表框中删除所选择的日记记录。

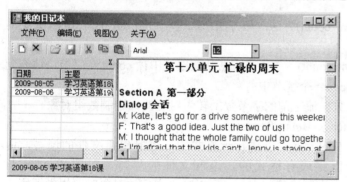

图 1 我的日记本

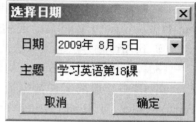

图 2 增加日记记录

该程序的数据可以存储在磁盘文件中,也可以存储在数据库中,下面介绍这两种不同的设计方法,以方便读者学习。

实训 1 基于磁盘文件存储的"我的日记本"

1. 程序主要技术

(1) RichText 的文本格式化

RichText 是富文本控件,它的字体可以格式化为丰富多彩的形式,这样文本就有各种格式各种大小的字体了。要控制 RichText 的字体实际上很简单,只要设置 RichText 的 SelectionFont 属性就可以了。例如用一个名称为 fontDialog1 的字体对话框选择好字体,执行:

if (fontDialog1.ShowDialog()== DialogResult.OK)

richtxt.SelectionFont = fontDialog1.Font;

就可以把选择文字的字体设置为字体对话框选择的字体。

同样如果要设置选择文字的颜色,则颜色选择对话框 colorDialog1 确认颜色后执行:

if (colorDialog1.ShowDialog()== DialogResult.OK)

richtxt.SelectionColor = colorDialog1.Color;

就可以设置颜色。

如果要在 RichText 控件中拥有图形，则可以先把图形存储在剪贴板中，然后执行粘贴就可以把图形放在 RichText 中了。

RichText 是一个富文本的控件，一般用 Word 编写的文件存盘为*.rtf 的格式后都可以被 RichText 使用，而且保持原来格式不变。

（2）二进制数据流与数组对象

二进制数据流实际上是一连串的二进制字节值组成的，它与二进制数组可以互相转化。C#中的 MemoryStream 是一个常用的二进制内存数据流，用 MemoryStream 的构造函数可以建立一个这种数据流对象：

MemoryStream ms=new MemoryStream();

其中 ms 是一个二进制数据流对象。MemoryStream 类提供了一些常用的方法，主要有：

① SetLength(long len) 方法：该方法把数据流设置为长 len 个字节，如 len 为 0，则表示清空数据流。

② Seek(long offset,SeekOrigin.Begin)方法：该方法把数据流的读写指针调整到距离开始位置 offset 个字节的位置。

③ Write(byte[] buf,int offset,int count)方法：该方法把二进制数组 buf 中从 offset 开始的后面 count 个字节写到数据流中。

④ Read(byte[] buf,int offset,int count)方法：该方法从数据流中读 count 个字节，填充到 buf 数组从 offset 开始的后面连续 count 个字节中。

⑤ ToArray()方法：该方法把数据流全部的字节数据转为对应的二进制数组对象。

（3）二进制数据流 BinaryWriter 及 BinaryReader 类

在 C#中一般的文件数据流 FileStream 能进行无格式的二进制磁盘文件的读写，而 BinaryReader 与 BinaryWriter 可以完成有格式的二进制文件的读写。BinaryReader 与 BinaryWriter 都是建立在无格式的二进制流基础上的，所以建立它们的对象时要提供无格式二进制流 FileStream 的对象作为它们的参数。

BinaryWriter 的主要方法是 Write，它是一个多重载的方法，可以写任何 C#的数据类型的数据到流中。BinaryWriter 的主要方法有：

① ReadString()方法：从流中读一个字符串。

② ReadInt32()方法：从流中读一个 32 位的整数。

③ ReadBytes(int count)方法：从流中读 count 个字节，返回所读到的二进制数据的数组。

（4）DiaryClass 与 DiaryListClass 类设计

磁盘存储的关键是设计一个管理日记对象的类 DiaryClass，它包含日期 date、主题 title、数据 buf，其中 date 是日期 DateTime 类型，title 是 String 类型，buf 是控件 RichText 的数据，不是纯文本数据，一般为二进制数据，因此把 buf 设计为二进制字节数组。日记类 DiaryClass 类包含了日期 date、主题 title 及 RichText 控件的二进制数据数组 buf，设计如下：

```
public class DiaryClass
{
    private DateTime mdate;
    private String mtitle;
    private byte[] mbuf;
    public DiaryClass()
```

```csharp
    {
        mdate = DateTime.Now; mtitle = ""; mbuf = new byte[0];
    }
    public DateTime date
    {
        get { return mdate; }
        set { mdate = value; }
    }
    public String title
    {
        get { return mtitle; }
        set { mtitle = value; }
    }
    public byte[] buf
    {
        get { return mbuf; }
        set { mbuf = value; }
    }
}
```

DiaryClass 只是一个日记对象,为了管理一组日记的记录,还要设计一个 DiaryListClass 的列表类,它用一个 list 数组管理一组 DiaryClass 的对象,同时管理存盘与读盘的工作。该类设计如下:

```csharp
public class DiaryListClass
{
    private DiaryClass[] list;
    private int IncSize;
    private int count;
    public DiaryListClass()
    {
        IncSize = 20; list = new DiaryClass[IncSize]; count = 0;
    }
    public int Count
    {
        get { return count; }
    }
    public DiaryClass this[int index]
    {
        get
        {
            if (index >= 0 && index < count) return list[index];
```

```
                else throw new Exception("超出边界");
        }
        set
        {
            if (index >= 0 && index < count) list[index]=value;
            else throw new Exception("超出边界");
        }
    }

    public void InsertAt(int i,DiaryClass d)
    {
        int j;
        if (count == list.Length)
        {
            //如空间已经满，则把数组增加 IncSize 个单元
            DiaryClass[] st = new DiaryClass[list.Length + IncSize];
            //把 s 插入到 i 的位置
            for (j = 0; j < i; j++) st[j] = list[j];
            st[i] = d;
            for (j = i; j < count; j++) st[j + 1] = list[j];
            //把 list 换成 st
            list = st;
        }
        else
        {
            //把 s 插入到 i 的位置
            for (j = i; j < count; j++) list[j + 1] = list[j];
            list[i] = d;
        }
        ++count;
    }

    public void RemoveAt(int i)
    {
        if (i >= 0 && i < count)
        {
            for (int j = i; j < count - 1; j++) list[j] = list[j + 1];
            --count;
        }
        else throw new Exception("索引超出范围!");
```

}

```csharp
public void SaveFile(string fn)
{
    //保存的文件格式十分重要，读取文件时必须遵守该格式进行
    try
    {
        FileStream fs = new FileStream(fn, FileMode.Create);
        BinaryWriter sw = new BinaryWriter(fs);
        sw.Write(count);        //保存记录数目
        for (int i = 0; i < count; i++)
        {
            string s=list[i].date.ToString("yyyy-MM-dd");
            sw.Write(s);                        //保存日期
            sw.Write(list[i].title);            //保存标题
            int n=list[i].buf.Length;           //保存二进制字节数组长度
            sw.Write(n);
            sw.Write(list[i].buf);              //保存二进制字节数组
        }
        sw.Close();
        fs.Close();
    }
    catch (Exception exp) { throw exp;  }
}

public void LoadFile(string fn)
{
    try
    {
        //读取文件时必须遵守写文件的格式进行
        //如文件不存在，则 count=0
        FileStream fs = new FileStream(fn, FileMode.Open);
        BinaryReader sr = new BinaryReader(fs);
        count=sr.ReadInt32();              //读记录个数
        list = new DiaryClass[count];
        for (int i = 0; i < count; i++)
        {
            list[i] = new DiaryClass();
            string s=sr.ReadString();      //读日期
            list[i].date=DateTime.Parse(s);
```

```
                list[i].title = sr.ReadString();      //读标题
                int n = sr.ReadInt32();              //读字节数组长度
                list[i].buf=sr.ReadBytes(n);         //读字节数组
            }
            sr.Close();
            fs.Close();
        }
        catch (Exception exp) { }
    }
}
```

DiaryListClass 类中 list 是一个 DiaryClass 对象数组，count 是数组中包含的对象的数目，IncSize 是动态增加数组的长度时所增加的量，因为增加记录时原来的数组空间可能不够用了，必须随时增大数组空间。

this 是索引函数，用于索引一个 DiaryClass 对象；InsertAt 是插入函数，用于在某个位置插入一个对象；而 RemoveAt 是删除函数，用于删除一个对象。

SaveFile 是保存磁盘的函数，把整个 list 数组保存到磁盘文件中；LoadFile 函数把磁盘文件中的数据读到 list 数组中。为了能正确能正确读取，必约定一种文件存盘格式，这里约定的格式如下：

第一个整数是 list 的对象记录数目 count；

之后的数据是各个 DiaryClass 对象的数据记录，每个数据记录的格式约定为：

日期 date，用 string 存储；

主题 title，用 string 存储；

数据 buf，先存储 buf 的长度整数，再存储 buf 的字节值；

如图 3 显示了文件数据的结构。为了能够很有效地写这些数据，程序用 BinaryWriter 类的对象来完成，它是建立在 FileStream 二进制文件流的基础上的数据格式化存储类。

记录数 count	日期 date	主题 title	buf 的长度整数	buf 数组数据	……
	第 1 记录				第 2 记录

图 3　文件数据结构

读数据也必须按照文件的存储格式进行，先读出有多少个记录 count，建立 list 数组，然后读每个 DiaryClass 记录对象的数据。

2．程序界面设计

（1）设计主界面

开始一个 Windows 程序，把窗体名称改为 mainform，在窗体 mainform 上放一个 SpliterContainer 对象 spliterContainer1，在 spliterContainer1.Panel1 中放一个 Panel1 对象 panel1，设置 Dock 属性为 Top，在 panel1 中放一个 Label 对象 lbdate，设置 Dock 属性为 Right，这个 lbdate 的作用是显示一个"X"，用来关闭左边的日期栏。再在 spliterContainer1.Panel1 中放一个 ListView 对象 listdate，设置 Dock 属性为 Fill，用来显示日期与主题。最后在 spliterContainer1.Panel2 中放一个 RichText 对象 richtxt，设置 Dock 属性为 Fill，用来显示日记的内容。设置的属性表 1 所示。

表 1　属性设置

控件	名称	属性
窗体	mainform	Text="我的日记本"
SpliterContainer	spliterContainer1	
Panel	pane1	Dock=Fill
Label	lbdate	Dock=Right
ListView	listdate	View=Details, Dock=Fill HideSelection=false
RichText	richtxt	Dock=Fill, WordWrap=false

（2）设计菜单

在窗体上放一个 MenuStrip 对象 menuStrip1，建立"文件"、"编辑"、"视图"、"关于"的菜单项目及对应的子菜单栏目，设置各个菜单栏的属性如表 2 所示。

表 2　菜单栏项目属性

菜单对象	Name	Text	ShortcutKesy
文件菜单	**MenuFile**	**文件(&F)**	
新建	MenuFileNew	新建(&N)	Ctrl+N
分隔线	ToolStripSeparator1		
打开	MenuFileOpen	打开(&O)	Ctrl+O
保存	MenuFileSave	保存(&S)	Ctrl+S
分隔线	ToolStripSeparator2		
退出	MenuFileExit	退出(&X)	
编辑菜单	**MenuEdit**	**编辑(&E)**	
剪切	MenuEditCut	剪切(&T)	Ctrl+X
复制	MenuEditCopy	复制(&C)	Ctrl+C
粘贴	MenuEditPaste	粘贴(&P)	Ctrl+V
分隔线	ToolStripSeparator3		
删除	MenuEditDel	删除	Ctrl+D
视图菜单	**MenuView**	**视图(&V)**	
字体	MenuViewFont	字体(&F)	
颜色	MenuViewColor	颜色(&C)	
分隔线	ToolStripSeparator4		
工具栏	MenuViewTool	工具栏	
状态栏	MenuViewStatus	状态栏	
日期栏	MenuViewDate	日期栏	
关于菜单	**MenuAbout**	关于(&A)	
	MenuAboutMe	关于(&A)	

（3）设计工具栏

把一个 ToolStrip 控件放在程序中，一个 tooStrip1 就出现在窗体的下面，点击 toolStrip1 并设计各个工具栏按钮，如表 3 所示。

表3 工具栏项目的属性

对象	类型	Name	属性
新建	Button	ToolNew	ToolTipText="新建", Image 为剪切图标
删除	Button	ToolDel	ToolTipText="删除", Image 为删除图标
打开	Button	ToolOpen	ToolTipText="打开", Image 为打开图标
保存	Button	ToolSave	ToolTipText="保存", Image 为保存图标
剪切	Button	ToolCut	ToolTipText="剪切", Image 为剪切图标
复制	Button	ToolCopy	ToolTipText="复制", Image 为复制图标
粘贴	Button	ToolPaste	ToolTipText="粘贴", Image 为粘贴图标
字体名称	ComboBox	ToolFont	DropDownStyle=DropDownList
字体大小	ComboBox	ToolSize	DropDownStyle=DropDown

（4）设计状态栏

把一个 StatusStrip 控件放在程序中，一个 statusStrip1 出现在窗体的下面，点击 statusStrip1 建立一个名称为 StatusMsg 的标签用来显示当前选择的日期与主题。

（5）放置对话框

在窗体中放置打开文件对话框 openFileDialog1、保存文件对话框 saveFileDialog1、字体对话框 fontDialog1、颜色对话框 colorDialog1。

（6）设计用户对话框

执行菜单"项目|添加 Windows 窗体"命令，添加增加窗体 DateForm，在对话框窗体 DateForm 的窗体上放两个 Label、一个 TextBox、两个 Button、一个 DateTimePicker 控件，设计属性如表4所示。

表4 DateForm 窗体控件属性

对象	Name	属性
窗体 Form	DateForm	Text="选择日期"; MaxximumBox=false;MinimumBox=false; FormBorderStyle=FixedDialog;
Label	label1	Text="日期"
	label2	Text="主题"
Button	button1	Text="取消"; DialogResult=None
	button2	Text="确定"; DialogResult=None
TextBox	txtTitle	Text="", MaxLength=32
DateTimePicker	datepicker	

另外再增加一个关于对话框 AboutBox，这个对话框比较简单，这里不再讲述。

3. 程序代码设计

程序为了能在 mainform 中访问到 DataForm 的 datepicker、txtTitle，必须把它们修改为 public 声明的，既把：

private System.Windows.Forms.datepicker;

private System.Windows.Forms.TextBox txtTitle;

修改为：

public System.Windows.Forms.datepicker;

public System.Windows.Forms.TextBox txtTitle;

磁盘存储的程序如下：
```csharp
public partial class mainform : Form
{

    DiaryListClass diarylist;
    MemoryStream ms;                    //内存流对象
    bool changedFlag = false,startFlag=false;
    int curIndex = -1;                  //当前记录序号
    DateForm dlg;                       //新增加的对话框对象
    AboutBox aboutbox;                  //关于对话框
    String MyDiaryFile;

    public mainform()
    {
        InitializeComponent();
    }

    DialogResult confirm()
    {
        return MessageBox.Show("是否要删除该记录？", "确认", MessageBoxButtons.YesNo, MessageBoxIcon.Question);
    }

    void showMsg(string s)
    {
        MessageBox.Show(s, "信息", MessageBoxButtons.OK, MessageBoxIcon.Information);
    }

    private void MenuViewColor_Click(object sender, EventArgs e)
    {
        //显示颜色对话框
        if (colorDialog1.ShowDialog() == DialogResult.OK)
            richtxt.SelectionColor = colorDialog1.Color;
    }

    void showIt()
    {
        //显示当前序号的记录
        if (curIndex>=0)
        {
            try
```

```csharp
            {
                byte[] buf = diarylist[curIndex].buf;
                if (buf.Length!=0)
                {
                    //把数据转到内存流，再显示在 RichText 控件中
                    ms.SetLength(0);
                    ms.Write(buf, 0, buf.Length);
                    ms.Seek(0, SeekOrigin.Begin);
                    richtxt.LoadFile(ms, RichTextBoxStreamType.RichText);
                    ms.SetLength(0);
                }
                else richtxt.Text = "";
                changedFlag = false;
            }
            catch (Exception exp) { showMsg(exp.Message); }
            StatusMsg.Text = listdate.Items[curIndex].Text + " " + listdate.Items[curIndex].SubItems[1].Text;
        }
    }

    void saveIt()
    {
        //保存当前记录
        if (changedFlag&&diarylist.Count>0)
        {
            try
            {
                //把 RichText 的数据转到内存流，再转到数据库
                ms.SetLength(0);
                richtxt.SaveFile(ms, RichTextBoxStreamType.RichText);
                diarylist[curIndex].buf= ms.ToArray();
                ms.SetLength(0);
            }
            catch (Exception exp) { showMsg(exp.Message); }
        }
    }

    void EnableThem(bool e)
    {
        //设置控件是否有效
        ToolCut.Enabled = e; MenuEditCut.Enabled = e;
        ToolCopy.Enabled = e; MenuEditCopy.Enabled = e;
```

```csharp
            ToolPaste.Enabled = e; MenuEditPaste.Enabled = e;
            ToolFont.Enabled = e; MenuViewFont.Enabled = e;
            ToolSize.Enabled = e; MenuViewColor.Enabled = e;
            ToolOpen.Enabled = e; MenuFileOpen.Enabled = e;
            ToolSave.Enabled = e; MenuFileSave.Enabled = e;
            ToolDel.Enabled = e; MenuEditDel.Enabled = e;
            richtxt.Enabled = e;
            if (!e)
            {
                richtxt.Text = ""; StatusMsg.Text = "";
            }
        }

        private void mainform_Load(object sender, EventArgs e)
        {
            //设置日期显示栏
            listdate.Columns.Add("日期");
            listdate.Columns[0].Width = 98;
            listdate.Columns.Add("主题");
            listdate.Columns[1].Width = 128;
            listdate.MultiSelect = false;
            listdate.FullRowSelect = true;
            //设置日期栏最小宽度为 0
            splitContainer1.Panel1MinSize = 0;
            //获取全部系统字体，显示在 TooFont 中
            for (int i = 0; i < FontFamily.Families.Length; i++)
                ToolFont.Items.Add(FontFamily.Families[i].Name);
            for (int i = 8; i <= 72; i += 2)
                ToolSize.Items.Add(i.ToString());
            ToolFont.SelectedIndex = 0;
            ToolSize.SelectedIndex = 2;
            ToolSize.Width = 40;
            //设置文本的字体
            richtxt.Font = new Font(ToolFont.Text, int.Parse(ToolSize.Text));
            openFileDialog1.FileName = "";
            openFileDialog1.Filter = "RichText((.rtf)|*.rtf";
            saveFileDialog1.FileName = "";
            saveFileDialog1.Filter = "RichText((.rtf)|*.rtf";
            diarylist = new DiaryListClass();
            try
            {
                //建立连接字符串
```

```csharp
            string s = Application.StartupPath;
            if (s[s.Length - 1] != '\\') s = s + "\\";
            MyDiaryFile = s + "MyDiary.dat";
            diarylist.LoadFile(MyDiaryFile);
            for (int i = 0; i < diarylist.Count; i++)
            {
                s =diarylist[i].date.ToString("yyyy-MM-dd");
                ListViewItem lt=listdate.Items.Add(s);
                lt.SubItems.Add(diarylist[i].title.Trim());
            }
            ms = new MemoryStream();
            startFlag = true;
            if (listdate.Items.Count > 0)
            {
                //有记录则显示
                curIndex = 0;
                listdate.Items[0].Selected = true;
                showIt();
                EnableThem(true);
            }
            else EnableThem(false);
            dlg = new DateForm();
            aboutbox = new AboutBox();
        }
        catch (Exception exp) { showMsg(exp.Message); }
    }

    private void ToolCopy_Click(object sender, EventArgs e)
    {
        //复制
        if (richtxt.SelectionLength > 0) richtxt.Copy();
    }

    private void ToolCut_Click(object sender, EventArgs e)
    {
        //剪切
        if (richtxt.SelectionLength > 0) richtxt.Cut();
    }

    private void ToolPaste_Click(object sender, EventArgs e)
    {
        //粘贴
```

```csharp
            if (Clipboard.GetDataObject().GetDataPresent(DataFormats.Rtf)) richtxt.Paste();
        }

        private void listdate_SelectedIndexChanged(object sender, EventArgs e)
        {
            //在日期变化时显示记录
            if (startFlag)
            {
                saveIt();
                if (listdate.SelectedIndices.Count > 0)
                {
                    curIndex = listdate.SelectedIndices[0];
                    showIt();
                }
            }
        }

        private void richtxt_TextChanged(object sender, EventArgs e)
        {
            //RichText 中变化时设置 changedFlag
            if(startFlag) changedFlag = true;
        }

        private void addIt()
        {
            //增加记录
            dlg.txttitle.Text = "";
            dlg.datepicker.Value = DateTime.Now;
            if (dlg.ShowDialog() == DialogResult.OK)
            {
                string s = dlg.datepicker.Value.ToString("yyyy-MM-dd");
                int i = 0;
                if (listdate.Items.Count > 0)
                {
                    while (i < listdate.Items.Count && String.Compare(listdate.Items[i].Text, s) < 0) ++i;
                    if (i < listdate.Items.Count && String.Compare(listdate.Items[i].Text, s) == 0)
                    {
                        listdate.Items[i].Selected = true;
                        curIndex = i; showIt();
```

```csharp
                    return;
                }
            }
            try
            {
                //新记录插入到 i 的位置
                DiaryClass obj = new DiaryClass();
                obj.date = dlg.datepicker.Value;
                obj.title = dlg.txttitle.Text.Trim();
                obj.buf = new byte[0];
                diarylist.InsertAt(i,obj);
                ListViewItem lt = listdate.Items.Insert(i, s);
                lt.SubItems.Add(dlg.txttitle.Text.Trim());
                lt.Selected = true;
                curIndex = i; showIt();
                EnableThem(true);
            }
            catch (Exception exp) { showMsg(exp.Message); }
        }
    }

    private void ToolNew_Click(object sender, EventArgs e)
    {
        addIt();
    }

    private void mainform_FormClosing(object sender, FormClosingEventArgs e)
    {
        //关闭程序
        try
        {
            saveIt();    diarylist.SaveFile(MyDiaryFile);
        }
        catch (Exception exp) { showMsg(exp.Message); }
    }

    private void ToolFont_SelectedIndexChanged(object sender, EventArgs e)
    {
        //设置字体
        if(startFlag) richtxt.SelectionFont = new Font(ToolFont.Text, int.Parse(ToolSize.Text));
    }
```

```csharp
private void ToolSize_SelectedIndexChanged(object sender, EventArgs e)
{
    //设置字体
    if(startFlag) richtxt.SelectionFont = new Font(ToolFont.Text, int.Parse(ToolSize.Text));
}

private void delIt()
{
    //删除当前记录
    if (listdate.SelectedIndices.Count > 0)
    {
        int i = listdate.SelectedIndices[0];
        int j = listdate.Items.Count - 1;
        if (i >= 0)
        {
            if (confirm() == DialogResult.Yes)
            {
                try
                {
                    diarylist.RemoveAt(i);
                    listdate.Items.RemoveAt(i);
                    if (i == j) --i;
                    if (i < 0) { curIndex = -1; EnableThem(false); }
                    else { curIndex = i; showIt(); }
                }
                catch (Exception exp) { showMsg(exp.Message); }
            }
        }
    }
}

private void ToolDel_Click(object sender, EventArgs e)
{
    delIt();
}

private void MenuViewFont_Click(object sender, EventArgs e)
{
```

```csharp
    //设置字体
    if (fontDialog1.ShowDialog()== DialogResult.OK)
        richtxt.SelectionFont = fontDialog1.Font;
}

private void MenuFileNew_Click(object sender, EventArgs e)
{
    addIt();
}

private void MenuEditCut_Click(object sender, EventArgs e)
{
    if (richtxt.SelectionLength > 0) richtxt.Cut();
}

private void MenuEditCopy_Click(object sender, EventArgs e)
{
    if (richtxt.SelectionLength > 0) richtxt.Copy();

}

private void MenuEditPaste_Click(object sender, EventArgs e)
{
    if (Clipboard.GetDataObject().GetDataPresent(DataFormats.Rtf)) richtxt.Paste();
}

private void MenuEditDel_Click(object sender, EventArgs e)
{
    delIt();
}

private void MenuViewTool_Click(object sender, EventArgs e)
{
    //显示与隐藏工具栏
    MenuViewTool.Checked=!MenuViewTool.Checked;
    toolBar.Visible = MenuViewTool.Checked;
}

private void MenuViewStatus_Click(object sender, EventArgs e)
{
    //显示与隐藏状态栏
    MenuViewStatus.Checked = !MenuViewStatus.Checked;
```

```csharp
    statusBar.Visible = MenuViewStatus.Checked;
}

private void MenuFileExit_Click(object sender, EventArgs e)
{
    //退出
    this.Close();
}

private void ToolOpen_Click(object sender, EventArgs e)
{
    //打开文件
    if (openFileDialog1.ShowDialog() == DialogResult.OK)
        richtxt.LoadFile(openFileDialog1.FileName);
}

private void ToolSave_Click(object sender, EventArgs e)
{
    //保存文件
    if(saveFileDialog1.ShowDialog()==DialogResult.OK)
        richtxt.SaveFile(saveFileDialog1.FileName);
}

private void MenuFileOpen_Click(object sender, EventArgs e)
{
    if (openFileDialog1.ShowDialog() == DialogResult.OK)
        richtxt.LoadFile(openFileDialog1.FileName);
}

private void MenuFileSave_Click(object sender, EventArgs e)
{
    if(saveFileDialog1.ShowDialog()==DialogResult.OK)
        richtxt.SaveFile(saveFileDialog1.FileName);
}

private void MenuViewDate_Click(object sender, EventArgs e)
{
    //显示与隐藏日期栏
    MenuViewDate.Checked = !MenuViewDate.Checked;
    if (MenuViewDate.Checked) splitContainer1.SplitterDistance = 200;
    else splitContainer1.SplitterDistance = 0;
```

```csharp
    }

    private void lbdate_Click(object sender, EventArgs e)
    {
        //隐藏日期栏
        splitContainer1.SplitterDistance = 0;
        MenuViewDate.Checked = false;
    }

    private void MenuAboutMe_Click(object sender, EventArgs e)
    {
        aboutbox.ShowDialog();
    }
}
```

程序启动后文件中的数据被全部读到 diarylist 对象中,任何数据的修改都存储在 diarylist 中,只有等关闭程序后数据才重新写到磁盘中。

实训 2 基于数据库存储的"我的日记本"

1. 程序主要技术

（1）数据库设计

设计一个 MyDiary.mdb 的 Access 数据库,如表 5 所示。

表 5 MyDiary 表结构

字段名称	类型	长度	说明
mDate	日期		日期（主键）
mTitle	文本	32	主题
mText	OLEDB 类型		日记内容年龄

由于日记的内容是富文本,其中可以包含图片,因此字段 mText 类型是 OLEDB 类型,该类型可以存储任何二进制数据。

这个数据库文件 MyDiary.mdb 与程序执行文件放在同一个目录下,程序执行时会自动打开该数据库文件读出其中的数据,程序修改的数据也将保存到该数据库中。

（2）RichText 数据存储到数据库

RichText 的数据实际上不是纯文本,因此数据类型不能用 String 类型表示,要用二进制数据类型表示。如 dt 是数据库中的 MyDiary 的数据表数据,则数据库表 dt 的 mText 字段的值是一个二进制数组对象,因此要把 RichText 的数据先转为二进制数组,才可以存储到数据库中。

RichText 提供了一个把数据写到数据流 Stream 的方法 SaveFile,该方法函数的形式是:
SaveFile(Stream ms, RichTextBoxStreamType.RichText);
其中第一个参数是一个二进制数据流,第二个参数指定是 RTF 格式的数据。

为了把数据写到数据库中,可以先设计一个内存的二进制流 MemoryStream 的对象 ms:

MemoryStream ms=new MemoryStream();
然后用 MemoryStream 的 ToArray 方法把这个流中的数据转为二进制字节数组：
byte[] buf=ms.ToArray();
这个二进制数组 buf 是一个数组对象，可以直接赋值给数据库表 dt 的 mText 字段，这样 RichText 的数据就存储到了数据库。具体过程大致如下：

//把 RichText 的数据转到内存流，再转到数据库
//dt---数据库表；adapter---数据库适配对象；ms---内存数据流对象
//curIndex---当前表格的行序号
ms.SetLength(0);
richtxt.SaveFile(ms, RichTextBoxStreamType.RichText);
dt.Rows[curIndex]["mText"] = ms.ToArray();
adapter.Update(dt);
ms.SetLength(0);

（3）从数据库中取出数据显示在 RichText 中

数据库表 dt 的 mText 字段的值是一个二进制数组对象，先把该对象的值写到内存二进制数据流 ms 中，然后用 RichText 的 LoadFile 方法从数据流中读出数据，数据就显示到 RichText 控件上了。LoadFile 方法与 SaveFile 方法十分相似，形式为：

LoadFile(Stream ms,RichTextFormats.RTF);

其中第一个参数是一个二进制数据流，第二个参数指定是 RTF 格式的数据。具体过程如下：

//把数据转到内存流，再显示在 RichText 控件中
//dt---数据库表；ms---内存数据流对象
//curIndex---当前表格的行序号
byte[] buf = (byte[])dt[curIndex]["mText"];
ms.SetLength(0);
ms.Write(buf, 0, buf.Length);
ms.Seek(0, SeekOrigin.Begin);
richtxt.LoadFile(ms, RichTextBoxStreamType.RichText);
ms.SetLength(0);

2．程序界面设计

程序界面设计与前面基于磁盘存储的程序完全一样，不在赘述。

3．程序代码设计

程序为了能在 mainform 中访问到 DataForm 的 datepicker、txtTitle、必须把它们修改为 public 声明的，既把：

private System.Windows.Forms.datepicker;
private System.Windows.Forms.TextBox txtTitle;

修改为：

public System.Windows.Forms.datepicker;
public System.Windows.Forms.TextBox txtTitle;

数据库存储的程序如下：

public partial class mainform : Form
{

```csharp
OleDbConnection con;              //数据库连接对象
OleDbDataAdapter adapter;         //数据库适配对象
DataTable dt;                     //数据库表对象
MemoryStream ms;                  //内存流对象
bool changedFlag = false,startFlag=false;
int curIndex = -1;                //当前记录序号
DateForm dlg;                     //新增加的对话框对象
AboutBox aboutbox;                //关于对话框

public mainform()
{
    InitializeComponent();
}

DialogResult confirm()
{
    return MessageBox.Show("是否要删除该记录？", "确认", MessageBoxButtons.YesNo, MessageBoxIcon.Question);
}

void showMsg(string s)
{
    MessageBox.Show(s, "信息", MessageBoxButtons.OK, MessageBoxIcon.Information);
}

private void MenuViewColor_Click(object sender, EventArgs e)
{
    //显示颜色对话框
    if (colorDialog1.ShowDialog() == DialogResult.OK)
        richtxt.SelectionColor = colorDialog1.Color;
}

void showIt()
{
    //显示当前序号的记录
    if (curIndex>=0)
    {
        try
        {
            Object obj = dt.Rows[curIndex]["mtext"];
            if (obj != DBNull.Value)
```

```
                {
                    //把数据转到内存流，再显示在 RichText 控件中
                    byte[] buf = (byte[])obj;
                    ms.SetLength(0);
                    ms.Write(buf, 0, buf.Length);
                    ms.Seek(0, SeekOrigin.Begin);
                    richtxt.LoadFile(ms, RichTextBoxStreamType.RichText);
                    ms.SetLength(0);
                    buf = null;
                }
                else richtxt.Text = "";
                changedFlag = false;
            }
            catch (Exception exp) { showMsg(exp.Message);   }
            StatusMsg.Text = listdate.Items[curIndex].Text + " " + listdate.Items[curIndex].SubItems[1].Text;
        }
    }

    void saveIt()
    {
        //保存当前记录
        if (changedFlag&&dt.Rows.Count>0)
        {
            try
            {
                //把 RichText 的数据转到内存流，再转到数据库
                ms.SetLength(0);
                richtxt.SaveFile(ms, RichTextBoxStreamType.RichText);
                dt.Rows[curIndex]["mtext"] = ms.ToArray();
                adapter.Update(dt);
                ms.SetLength(0);
            }
            catch (Exception exp) { showMsg(exp.Message); }
        }
    }

    void EnableThem(bool e)
    {
        //设置控件是否有效
        ToolCut.Enabled = e; MenuEditCut.Enabled = e;
        ToolCopy.Enabled = e; MenuEditCopy.Enabled = e;
```

```csharp
            ToolPaste.Enabled = e; MenuEditPaste.Enabled = e;
            ToolFont.Enabled = e; MenuViewFont.Enabled = e;
            ToolSize.Enabled = e; MenuViewColor.Enabled = e;
            ToolOpen.Enabled = e; MenuFileOpen.Enabled = e;
            ToolSave.Enabled = e; MenuFileSave.Enabled = e;
            ToolDel.Enabled = e; MenuEditDel.Enabled = e;
            richtxt.Enabled = e;
            if (!e)
            {
                richtxt.Text = ""; StatusMsg.Text = "";
            }
        }

        private void mainform_Load(object sender, EventArgs e)
        {
            //设置日期显示栏
            listdate.Columns.Add("日期");
            listdate.Columns[0].Width = 98;
            listdate.Columns.Add("主题");
            listdate.Columns[1].Width = 128;
            listdate.MultiSelect = false;
            listdate.FullRowSelect = true;
            //设置日期栏最小宽度为 0
            splitContainer1.Panel1MinSize = 0;
            //获取全部系统字体，显示在 TooFont 中
            for (int i = 0; i < FontFamily.Families.Length; i++)
                ToolFont.Items.Add(FontFamily.Families[i].Name);
            for (int i = 8; i <= 72; i += 2)
                ToolSize.Items.Add(i.ToString());
            ToolFont.SelectedIndex = 0;
            ToolSize.SelectedIndex = 2;
            ToolSize.Width = 40;
            //设置文本的字体
            richtxt.Font = new Font(ToolFont.Text, int.Parse(ToolSize.Text));
            openFileDialog1.FileName = "";
            openFileDialog1.Filter = "RichText((.rtf)|*.rtf";
            saveFileDialog1.FileName = "";
            saveFileDialog1.Filter = "RichText((.rtf)|*.rtf";
            try
            {
                //建立连接字符串
                string s = Application.StartupPath;
```

```csharp
                if (s[s.Length - 1] != '\\') s = s + "\\";
                s="Provider=Microsoft.Jet.OLEDB.4.0;Data Source="+s+"MyDiary.mdb";
                con = new OleDbConnection();
                con.ConnectionString = s;
                //打开数据库
                con.Open();
                dt = new DataTable();
                adapter = new OleDbDataAdapter("select mdate,mtitle,mtext from mydiary order by mdate", con);
                adapter.Fill(dt);
                new OleDbCommandBuilder(adapter);
                for (int i = 0; i < dt.Rows.Count; i++)
                {
                    s =((DateTime) dt.Rows[i]["mdate"]).ToString("yyyy-MM-dd");
                    ListViewItem lt=listdate.Items.Add(s);
                    lt.SubItems.Add(dt.Rows[i]["mtitle"].ToString().Trim());
                }
                ms = new MemoryStream();
                startFlag = true;
                if (listdate.Items.Count > 0)
                {
                    //有记录则显示
                    curIndex = 0;
                    listdate.Items[0].Selected = true;
                    showIt();
                    EnableThem(true);
                }
                else EnableThem(false);
                dlg = new DateForm();
                aboutbox = new AboutBox();
            }
            catch (Exception exp) { showMsg(exp.Message); }
        }

        private void ToolCopy_Click(object sender, EventArgs e)
        {
            //复制
            if (richtxt.SelectionLength > 0) richtxt.Copy();
        }

        private void ToolCut_Click(object sender, EventArgs e)
        {
```

```csharp
            //剪切
            if (richtxt.SelectionLength > 0) richtxt.Cut();
        }

        private void ToolPaste_Click(object sender, EventArgs e)
        {
            //粘贴
            if (Clipboard.GetDataObject().GetDataPresent(DataFormats.Rtf)) richtxt.Paste();

        }

        private void listdate_SelectedIndexChanged(object sender, EventArgs e)
        {
            //在日期变化时显示记录
            if (startFlag)
            {
                saveIt();
                if (listdate.SelectedIndices.Count > 0)
                {
                    curIndex = listdate.SelectedIndices[0];
                    showIt();
                }
            }
        }

        private void richtxt_TextChanged(object sender, EventArgs e)
        {
            //RichText 中变化时设置 changedFlag
            if(startFlag) changedFlag = true;
        }

        private void addIt()
        {
            //增加记录
            dlg.txttitle.Text = "";
            dlg.datepicker.Value = DateTime.Now;
            if (dlg.ShowDialog() == DialogResult.OK)
            {
                string s = dlg.datepicker.Value.ToString("yyyy-MM-dd");
                int i = 0;
                if (listdate.Items.Count > 0)
                {
```

```csharp
                    while (i < listdate.Items.Count && String.Compare(listdate.Items[i].Text, s) < 0) ++i;
                    if (i < listdate.Items.Count && String.Compare(listdate.Items[i].Text, s) == 0)
                    {
                        listdate.Items[i].Selected = true;
                        curIndex = i; showIt();
                        return;
                    }
                }
                try
                {
                    //新记录插入到 i 的位置
                    DataRow row = dt.NewRow();
                    row["mdate"] = DateTime.Parse(s);
                    row["mtitle"] = "";
                    row["mtext"] = DBNull.Value;
                    dt.Rows.InsertAt(row, i);
                    adapter.Update(dt);
                    ListViewItem lt = listdate.Items.Insert(i, s);
                    lt.SubItems.Add(dlg.txttitle.Text.Trim());
                    lt.Selected = true;
                    curIndex = i; showIt();
                    EnableThem(true);
                }
                catch (Exception exp) { showMsg(exp.Message); }
            }
        }

        private void ToolNew_Click(object sender, EventArgs e)
        {
            addIt();
        }

        private void mainform_FormClosing(object sender, FormClosingEventArgs e)
        {
            //关闭程序
            try
            {
                saveIt();   con.Close();
            }
            catch (Exception exp) { showMsg(exp.Message); }
```

```csharp
private void ToolFont_SelectedIndexChanged(object sender, EventArgs e)
{
    //设置字体
    if(startFlag) richtxt.SelectionFont = new Font(ToolFont.Text, int.Parse(ToolSize.Text));
}

private void ToolSize_SelectedIndexChanged(object sender, EventArgs e)
{
    //设置字体
    if(startFlag) richtxt.SelectionFont = new Font(ToolFont.Text, int.Parse(ToolSize.Text));
}

private void delIt()
{
    //删除当前记录
    if (listdate.SelectedIndices.Count > 0)
    {
        int i = listdate.SelectedIndices[0];
        int j = listdate.Items.Count - 1;
        if (i >= 0)
        {
            if (confirm() == DialogResult.Yes)
            {
                try
                {
                    dt.Rows[i].Delete();
                    adapter.Update(dt);
                    listdate.Items.RemoveAt(i);
                    if (i == j) --i;
                    if (i < 0) { curIndex = -1; EnableThem(false); }
                    else { curIndex = i; showIt(); }
                }
                catch (Exception exp) { showMsg(exp.Message); }
            }
        }
    }
}
```

```csharp
}

private void ToolDel_Click(object sender, EventArgs e)
{
    delIt();
}

private void MenuViewFont_Click(object sender, EventArgs e)
{
    //设置字体
    if (fontDialog1.ShowDialog()== DialogResult.OK)
        richtxt.SelectionFont = fontDialog1.Font;
}

private void MenuFileNew_Click(object sender, EventArgs e)
{
    addIt();
}

private void MenuEditCut_Click(object sender, EventArgs e)
{
    if (richtxt.SelectionLength > 0) richtxt.Cut();
}

private void MenuEditCopy_Click(object sender, EventArgs e)
{
    if (richtxt.SelectionLength > 0) richtxt.Copy();

}

private void MenuEditPaste_Click(object sender, EventArgs e)
{
    if (Clipboard.GetDataObject().GetDataPresent(DataFormats.Rtf)) richtxt.Paste();
}

private void MenuEditDel_Click(object sender, EventArgs e)
{
    delIt();
}

private void MenuViewTool_Click(object sender, EventArgs e)
{
```

```csharp
            //显示与隐藏工具栏
            MenuViewTool.Checked=!MenuViewTool.Checked;
            toolBar.Visible = MenuViewTool.Checked;
        }

        private void MenuViewStatus_Click(object sender, EventArgs e)
        {
            //显示与隐藏状态栏
            MenuViewStatus.Checked = !MenuViewStatus.Checked;
            statusBar.Visible = MenuViewStatus.Checked;
        }

        private void MenuFileExit_Click(object sender, EventArgs e)
        {
            //退出
            this.Close();
        }

        private void ToolOpen_Click(object sender, EventArgs e)
        {
            //打开文件
            if (openFileDialog1.ShowDialog() == DialogResult.OK)
                richtxt.LoadFile(openFileDialog1.FileName);
        }

        private void ToolSave_Click(object sender, EventArgs e)
        {
            //保存文件
            if(saveFileDialog1.ShowDialog()==DialogResult.OK)
                richtxt.SaveFile(saveFileDialog1.FileName);
        }

        private void MenuFileOpen_Click(object sender, EventArgs e)
        {
            if (openFileDialog1.ShowDialog() == DialogResult.OK)
                richtxt.LoadFile(openFileDialog1.FileName);

        }

        private void MenuFileSave_Click(object sender, EventArgs e)
        {
            if(saveFileDialog1.ShowDialog()==DialogResult.OK)
```

```csharp
            richtxt.SaveFile(saveFileDialog1.FileName);
    }

    private void MenuViewDate_Click(object sender, EventArgs e)
    {
        //显示与隐藏日期栏
        MenuViewDate.Checked = !MenuViewDate.Checked;
        if (MenuViewDate.Checked) splitContainer1.SplitterDistance = 200;
        else splitContainer1.SplitterDistance = 0;
    }

    private void lbdate_Click(object sender, EventArgs e)
    {
        //隐藏日期栏
        splitContainer1.SplitterDistance = 0;
        MenuViewDate.Checked = false;
    }

    private void MenuAboutMe_Click(object sender, EventArgs e)
    {
        aboutbox.ShowDialog();
    }
}
```

在启动程序后，数据库文件的数据被全部读到 dt 表格中，对数据的修改直接反映到 dt 表格中，再通过 adapter 对象直接写到数据库里，在程序关闭时关闭数据库。

参 考 文 献

[1] 黄锐军．Visual Basic.Net 程序设计．北京：人民邮电出版社，2008．
[2] 马骏．C#程序设计及应用教程．北京：人民邮电出版社，2009．
[3] 刘甫迎．C# 程序设计教程．北京：电子工业出版社，2005．
[4] 刘先省．Visual C# 程序设计教程．北京：机械工业出版社，2006．